高等职业教育"十三五"规划新形态教材

应 用 数 学

主　编　麦宏元　陆春桃
副主编　覃　州

北京理工大学出版社
BEIJING INSTITUTE OF TECHNOLOGY PRESS

内 容 简 介

为满足高职院校各专业对数学知识的需要,结合混合式教学的特点和不同专业对数学内容提出的要求,编者对高职数学课程进行了新的课程改革,编写了本教材。

本书每一章节都设有"学习目标""线上学习导学单",以"知识点"作为知识链接,章节最后还设计有以专业问题或实际问题为案例的拓展资源,供有兴趣的学生进一步深入学习,以提高学生的数学应用能力和解决实际问题的能力,培养学生的创新思维和创新精神。

本书可以作为高职高专院校电力、动力、机电类等专业的数学教材,也可以作为其他工科专业及相关行业从业人员的参考用书。

版权专有　侵权必究

图书在版编目(CIP)数据

应用数学/麦宏元,陆春桃主编. —北京:北京理工大学出版社,2019.8
ISBN 978 – 7 – 5682 – 7079 – 3

Ⅰ.①应…　Ⅱ.①麦…　②陆…　Ⅲ.①应用数学 – 高等职业教育 – 教材　Ⅳ.①O29

中国版本图书馆 CIP 数据核字(2019)第 098090 号

出版发行 / 北京理工大学出版社有限责任公司	
社　　址 / 北京市海淀区中关村南大街 5 号	
邮　　编 / 100081	
电　　话 / (010)68914775(总编室)	
(010)82562903(教材售后服务热线)	
(010)68948351(其他图书服务热线)	
网　　址 / http://www.bitpress.com.cn	
经　　销 / 全国各地新华书店	
印　　刷 / 北京国马印刷厂	
开　　本 / 787 毫米 × 1092 毫米　1/16	责任编辑 / 钟　博
印　　张 / 14.5	文案编辑 / 钟　博
字　　数 / 345 千字	责任校对 / 周瑞红
版　　次 / 2019 年 8 月第 1 版　2019 年 8 月第 1 次印刷	责任印制 / 施胜娟
定　　价 / 39.80 元	

图书出现印装质量问题,请拨打售后服务热线,本社负责调换

前言 PREFACE

随着我国高职教育的快速发展，培养生产一线高素质技能人才已成为高职教育根本性的战略任务．高职应用数学课程作为高职院校的一门重要基础课，是高职院校一年级学生的必修课程，该课程的开设为学生以后学习专业知识奠定了坚实的数学基础．

在高职教育中，数学教育的意义并不在于培养数学学术人才，也不仅仅在于作为基础学科为其他学科提供支撑，而在于培养学生的数学观念与数学素质，以及培养学生利用数学思想和方法分析和解决专业问题、实际问题的能力．为顺应当前高职高专教学改革的需要，达到"以就业为导向，以服务为宗旨"的职业教育目标，更好地实现数学教学为专业学习服务的宗旨，本校多名具有丰富教学经验的教师，在总结多年的高职高专数学教学经验、探索高职高专数学教学的发展动向、分析国内同类教材、与教学系（部）专业老师多次讨论和充分调研的基础上编写了本教材．

本教材在编写过程中，始终注意突出以培养实用型人才为目标，贯彻以"够用、实用"为度的原则，其主要特点如下：

（1）以专业需求为导向，改变高职数学教学现状，调整现有的教材体系，使高职数学更好地为专业服务．

（2）以"够用、实用"为原则，围绕专业课程精选教学内容．①以"够用"为度选择教学内容．本着为学生的后续发展、专业学习服务的原则"删减"或"增设"内容，如选择了"一元微积分""微分方程""线性代数"等高等数学内容，删减了"函数连续性""微分中值定理""多元微积分"等理论性较强的内容；同时，为突出"专业"二字，体现"电"的特色，增设"三角函数"和"复数"的相关知识．②以"实用"为主选择教学内容．打破数学自身的完整性，根据实际需要灵活地处理教学内容，以解决实际问题为目的，强调知识的应用性和使用价值，尽量避开定理的复杂逻辑推理过程，把教学的侧重点定位在应用能力的培养方面．

（3）以"数学实验"为工具，将数学建模融入教学内容．为激发学生的学习兴趣，培养学生的数学建模意识，本书将数学建模的思想和方法渗透到每节，充分体现数学的应用性，并利用 MATLAB 软件进行数学实验，对模型进行求解，进而提高学生的数学应用能力和计算能力．

（4）以"提高能力"为目标，通过课后训练来完善教学内容．重视能力的培养，备有课后训练题，并分层安排，补充相应专业的习题，习题内容丰富，适合各层次的学生练习．

（5）结合混合式教学的特点，每一章节都设有"学习目标""线上学习导学单"，以"知识点"作为知识链接，章节最后还设计有以"专业问题"或"实际问题"为案例的拓展资源，供有兴趣的学生进一步深入学习，以提高学生的数学应用能力和解决实际问题的能力，培养学生的创新思维和创新精神．

（6）本教材中出现的数学家在本书的附录中都有相关简介,方便学生了解,有利于提高学生学习的积极性.

本书的主要内容有：函数与极限、三角函数、复数、线性代数、一元函数微积分、微分方程、数学建模简介等,可根据专业情况选学.

本书由麦宏元、陆春桃主编,第1章由陆春桃编写,第2、3章由陶国飞编写,第4章由覃州编写,第5、6章由梁鹏编写,第7章由麦宏元编写,全书由麦宏元、陆春桃联合统稿.

本书可以作为高职高专院校电力、动力、机电类专业的数学教材,也可以作为其他工科专业及相关行业从业人员的参考用书.

由于编者水平有限,书中如有不足之处敬请使用本书的师生与读者批评指正,以便今后修订改进. 如读者在使用本书的过程中有其他意见或建议,请向编者踊跃提出宝贵意见.

编 者

目 录 CONTENTS

第1章 函数与极限 1
  1.1 函数的概念及性质 1
    一、学习目标 1
    二、线上学习导学单 1
    三、知识链接 1
    四、拓展资源 5
    课后训练1.1 6
  1.2 函数的分类 7
    一、学习目标 7
    二、线上学习导学单 7
    三、知识链接 7
    四、拓展资源 9
    课后训练1.2 10
  1.3 极限的概念及其运算 11
    一、学习目标 11
    二、线上学习导学单 11
    三、知识链接 12
    四、拓展资源 18
    课后训练1.3 21
    自测题1 22

第2章 三角函数及其应用 24
  2.1 三角函数的概念、公式 24
    一、学习目标 24
    二、线上学习导学单 24
    三、知识链接 24
    四、拓展资源 30
    课后训练2.1 31
  2.2 正弦型函数及图像 32
    一、学习目标 32
    二、线上学习导学单 32
    三、知识链接 32
    四、拓展资源 36

课后训练 2.2 …………………………………………………………………… 38

第 3 章　复数 …………………………………………………………………… 39

3.1　复数的概念及复数的四种形式 …………………………………………… 39
一、学习目标 ……………………………………………………………… 39
二、线上学习导学单 ……………………………………………………… 39
三、知识链接 ……………………………………………………………… 39
四、拓展资源 ……………………………………………………………… 42
课后训练 3.1 ……………………………………………………………… 43

3.2　复数的运算及应用 ………………………………………………………… 44
一、学习目标 ……………………………………………………………… 44
二、线上学习导学单 ……………………………………………………… 44
三、知识链接 ……………………………………………………………… 44
四、拓展资源 ……………………………………………………………… 47
课后训练 3.2 ……………………………………………………………… 49

第 4 章　行列式与矩阵 ………………………………………………………… 50

4.1　行列式 ……………………………………………………………………… 50
一、学习目标 ……………………………………………………………… 50
二、线上学习导学单 ……………………………………………………… 50
三、知识链接 ……………………………………………………………… 50
四、拓展资源 ……………………………………………………………… 57
课后训练 4.1 ……………………………………………………………… 58

4.2　矩阵 ………………………………………………………………………… 59
一、学习目标 ……………………………………………………………… 59
二、线上学习导学单 ……………………………………………………… 59
三、知识链接 ……………………………………………………………… 59
四、拓展资源 ……………………………………………………………… 64
课后训练 4.2 ……………………………………………………………… 66

4.3　矩阵运算 …………………………………………………………………… 67
一、学习目标 ……………………………………………………………… 67
二、线上学习导学单 ……………………………………………………… 67
三、知识链接 ……………………………………………………………… 67
四、拓展资源 ……………………………………………………………… 72
课后训练 4.3 ……………………………………………………………… 75
自测题 4 …………………………………………………………………… 75

第 5 章　导数及其应用 ………………………………………………………… 78

5.1　导数的概念 ………………………………………………………………… 78
一、学习目标 ……………………………………………………………… 78

二、线上学习导学单 ·· 78
　　三、知识链接 ··· 78
　　四、拓展资源 ··· 82
　　课后训练 5.1 ·· 83
5.2　导数的计算 ·· 83
　　一、学习目标 ··· 83
　　二、线上学习导学单 ·· 83
　　三、知识链接 ··· 84
　　四、拓展资源 ··· 86
　　课后训练 5.2 ·· 87
5.3　高阶导数与隐函数的导数 ·· 88
　　一、学习目标 ··· 88
　　二、线上学习导学单 ·· 88
　　三、知识链接 ··· 88
　　四、拓展资源 ··· 90
　　课后训练 5.3 ·· 91
5.4　微分 ·· 91
　　一、学习目标 ··· 91
　　二、线上学习导学单 ·· 92
　　三、知识链接 ··· 92
　　四、拓展资源 ··· 94
　　课后训练 5.4 ·· 95
5.5　导数的应用 ·· 95
　　一、学习目标 ··· 95
　　二、线上学习导学单 ·· 96
　　三、知识链接 ··· 96
　　四、拓展资源 ··· 100
　　课后训练 5.5 ·· 101
　　自测题 5 ··· 101

第 6 章　积分及其应用 ··· 103
6.1　定积分的概念 ·· 103
　　一、学习目标 ·· 103
　　二、线上学习导学单 ··· 103
　　三、知识链接 ·· 103
　　四、拓展资源 ·· 106
　　课后训练 6.1 ··· 108
6.2　微积分基本公式 ··· 108

    一、学习目标 ··· 108
    二、线上学习导学单 ··· 108
    三、知识链接 ··· 109
    四、拓展资源 ··· 112
    课后训练6.2 ··· 113
  6.3 换元积分法 ··· 113
    一、学习目标 ··· 113
    二、线上学习导学单 ··· 113
    三、知识链接 ··· 114
    四、拓展资源 ··· 117
    课后训练6.3 ··· 118
  6.4 分部积分法 ··· 119
    一、学习目标 ··· 119
    二、线上学习导学单 ··· 119
    三、知识链接 ··· 119
    四、拓展资源 ··· 121
    课后训练6.4 ··· 122
  6.5 定积分的应用 ·· 123
    一、学习目标 ··· 123
    二、线上学习导学单 ··· 123
    三、知识链接 ··· 123
    四、拓展资源 ··· 125
    课后训练6.5 ··· 126
  自测题6 ··· 127
第7章 常微分方程 ··· 129
  7.1 微分方程的基本概念 ··· 129
    一、学习目标 ··· 129
    二、线上学习导学单 ··· 129
    三、知识链接 ··· 129
    四、拓展资源 ··· 131
    课后训练7.1 ··· 132
  7.2 一阶微分方程 ·· 133
    一、学习目标 ··· 133
    二、线上学习导学单 ··· 133
    三、知识链接 ··· 133
    四、拓展资源 ··· 136
    课后训练7.2 ··· 140

7.3 二阶常系数线性微分方程 ·········· 140
    一、学习目标 ·········· 140
    二、线上学习导学单 ·········· 141
    三、知识链接 ·········· 141
    四、拓展资源 ·········· 143
    课后训练 7.3 ·········· 146
    自测题 7 ·········· 147

附录1 数学建模 ·········· 148
附录 1.1 数学模型的概念 ·········· 148
    1.1.1 模型 ·········· 148
    1.1.2 数学模型 ·········· 149
附录 1.2 数学建模 ·········· 149
    1.2.1 数学建模的概念 ·········· 149
    1.2.2 数学建模 ·········· 152
附录 1.3 建立数学模型的步骤 ·········· 153
附录 1.4 数学模型的特点和建模能力的培养 ·········· 154
    1.4.1 数学模型的特点 ·········· 154
    1.4.2 建模能力的培养 ·········· 155
附录 1.5 全国大学生数学建模竞赛简介 ·········· 155

附录2 数学实验 ·········· 157
附录 2.1 MATLAB 软件基础 ·········· 157
附录 2.2 微积分运算 ·········· 164
附录 2.3 常微分方程的数值解 ·········· 172
附录 2.4 图像绘制 ·········· 174
附录 2.5 线性代数实验 ·········· 178
附录 2.6 级数运算实验 ·········· 185
附录 2.7 求拉普拉斯变换实验 ·········· 189
附录 2.8 线性回归分析 ·········· 191

附录3 数学家简介 ·········· 194
附录4 常用的基本初等函数的图像和性质 ·········· 199
附录5 科学计算器的使用技巧 ·········· 203
参考答案 ·········· 210
参考文献 ·········· 222

第1章 函数与极限

【能力目标】 会求函数值，会将一个复合函数拆分成几个基本初等函数或简单函数；会计算函数的极限，并会将极限的思想与专业问题结合，解决专业问题；能建立基本的、简单的、生活中常见问题的数学模型.

【知识目标】 理解函数的基本概念；了解基本初等函数的性质和图像；理解函数极限的概念；了解无穷小与无穷大的概念；掌握无穷小的性质；掌握求函数值及函数极限的方法.

【素质目标】 培养学生分工合作、独立完成任务的能力；养成系统分析问题、解决问题的能力.

函数是数学研究的主要对象，极限方法是微积分最基本的方法. 通过构建一个实际单位的电费收入模型，进一步复习和加深函数和极限的有关知识，进而能够建立实际生活中的初等函数模型.

1.1 函数的概念及性质

一、学习目标

【能力目标】 会建立基本的、简单的、生活中常见问题的数学模型；会分析函数结构和确定函数的定义域；会求函数值.

【知识目标】 理解函数的基本概念，了解函数的特性；掌握函数求值、定义域计算的方法；掌握建立函数关系的方法.

二、线上学习导学单

观看函数的概念 PPT 课件 → 观看微课《函数的两要素》 → 完成课前任务1.1 → 完成在线测试1.1 → 在1.1讨论区发帖.

在物体的变化过程中都存在着两个量，两个量同时变化，它们不是相互独立的，而是存在一定的依赖关系，遵从一定的变化规律. 函数描述了变量之间的某种依赖关系，它是微积分研究的对象.

三、知识链接

在现实世界中存在着各种各样不停变化的量，它们之间相互依赖、相互联系. 函数是对各种变量之间相互依赖关系的一种抽象，是高等数学研究的主要对象. 函数的概念在17世纪之前一直与公式紧密关联,到了1837年,德国数学家狄利克雷(1805—1859年)抽象出了至今仍为人们易于接受且较为合理的函数概念.

知识点1:函数的定义

设 x 和 y 是两个变量,D 是一个非空实数集. 如果数集 D 中的每个数 x 按照一定的对应法则 f 都有唯一确定的实数 y 与之对应,则称 y 是定义在数集 D 上的 x 的函数,记作
$$y = f(x), x \in D.$$
其中 D 称为函数的**定义域**,x 称为**自变量**,y 称为**函数**(或因变量),如图 1-1-1 所示.

对于确定的 $x_0 \in D$,与之对应的 y_0 称为 $y = f(x)$ 在 x_0 处的**函数值**,记作
$$y_0 = f(x_0) \quad 或 \quad y_0 = y|_{x=x_0}.$$

当 x 取遍数集 D 中的所有数值时,对应的函数值全体构成的数集
$$M = \{y | y = f(x), x \in D\}$$
称为该函数的**值域**.

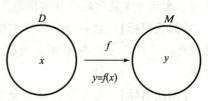

图 1-1-1

知识点2:函数的两个要素

函数的对应法则和定义域称为函数的两个要素.

(1) 对应法则:由自变量的取值确定因变量的取值的规律.

"函数"表达了因变量与自变量的一种对应规则,这种对应规则用字母 f 来表示,因此 f 是一个函数符号,它表示当自变量取值为 x 时,因变量 y 的取值为 $f(x)$.

训练 1-1-1 $y = f(x) = x^2 + 3x - 6$.
f 确定的对应法则是:
$$f(\ ) = (\ )^2 + 3(\ ) - 6.$$

(2) 定义域:使式子有意义的自变量 x 的取值范围.

给定一个函数,就意味着其定义域是同时给定的,如果所讨论的函数来自某个实际问题,则定义域必须符合实际意义;如果不考虑所讨论的函数的实际背景,则其定义域应使它在数学上有意义,为此要求:

①分母不能为零;

②偶次根号里的式子大于等于零;

③对数的真数大于零;

④正切符号下的式子不等于 $k\pi + \dfrac{\pi}{2}, k \in \mathbf{Z}$;

⑤余切符号下的式子不等于 $k\pi, k \in \mathbf{Z}$;

⑥反正弦、反余弦符号下的式子的绝对值小于等于1.

若一个函数中同时包含两部分,则其定义域为各自定义域的交集,即
$$D = D_1 \cap D_2 \cdots \cap D_n.$$

训练 1-1-2 求函数 $f(x) = \sqrt{3+2x-x^2} + \ln(x-2)$ 的定义域.

解 对于 $f(x)$, 当 $\begin{cases} 3+2x-x^2 \geq 0 \\ x-2 > 0 \end{cases}$ 时, $f(x)$ 有意义, 即 $2 < x \leq 3$, 所以函数的定义域为 $(2, 3]$.

如果两个函数的对应规则相同, 定义域也相同, 则称这两个函数为同一函数.

训练 1-1-3 下列各题中, $f(x)$ 与 $g(x)$ 是否表示同一函数? 为什么?

(1) $f(x) = |x|$, $g(x) = \sqrt{x^2}$;

(2) $f(x) = \lg x^2$, $g(x) = 2\lg x$.

解 (1) $f(x)$ 与 $g(x)$ 是同一函数, 因为尽管二者的形式不一样, 但定义域和对应法则相同.

(2) $f(x)$ 与 $g(x)$ 不是同一函数, 因为 $f(x)$ 定义域为 $x \neq 0$, 而 $g(x)$ 的定义域为 $x > 0$.

知识点3: 函数的表示法

函数通常有三种不同的表示方法: **公式法、表格法**和**图像法**.

(1) 公式法: 用数学式子表示函数, 也称为解析法, 其优点是便于理论推导和计算.

例 1-1-1 (1) [**自由落体运动方程**] 在自由落体运动中, 物体下落的距离 S 随下落时间 t 的变化而变化, 下落距离 S 与时间 t 的关系如下:

$$S = \frac{1}{2}gt^2.$$

(2) 表格法: 以表格形式表示函数的优点是所求函数值容易查得, 如三角函数表、对数表等.

例 1-1-2 [**电量问题**] 学院后勤处电工组记录了男生宿舍 5-203 某年 3—10 月在正常情况下的使用电量 (x 表示月份, y 表示当月使用电量总数), 见表 1-1-1.

表 1-1-1

x	3	4	5	6	7	8	9	10
y	40	45	50	55	25	0	55	52

表 1-1-1 给出了"月份 x"与"使用电量 y"之间的联系.

(3) 图像法: 用图形表示函数的优点是直观形象, 可以看到函数的变化趋势. 此方法在工程技术上应用较普遍.

例 1-1-3 [**单位阶跃函数**] 单位阶跃函数是电学中的一个常用函数, 如图 1-1-2 所示, 它是一个分段函数, 其表达式为

$$u(t) = \begin{cases} 0, & t < 0, \\ 1, & t \geq 0. \end{cases}$$

有些函数在其定义域的不同范围内用不同的式子表示, 这样的函数叫作**分段函数**.

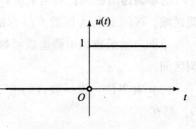

图 1-1-2

例 1-1-4 函数 $y=|x|=\begin{cases}x, & x\geq 0,\\ -x, & x<0\end{cases}$,是一个分段函数,它在 $(-\infty,0)$ 及 $[0,+\infty)$ 内的表达式不同,图形也不同,如图 1-1-3 所示.

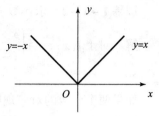

图 1-1-3

知识点 4：函数值

将 $x=a$ 代入 $y=f(x)$ 所得的 $f(a)$,称为函数在该点处的函数值,记作 $f(a)=f(x)|_{x=a}$.

训练 1-1-4 设函数 $f(x)=x^3-2x+3$,求 $f(1)$,$f(t^2)$,$f(-x)$,$f(x_0+\Delta x)$.

解 因为 $f(x)$ 对应的法则为：$f(\ )=(\ )^3-2(\ )+3$,所以

$$f(1)=1^3-2\times 1+3=2,$$
$$f(t^2)=(t^2)^3-2(t^2)+3=t^6-2t^2+3,$$
$$f(-x)=(-x)^3-2(-x)+3=-x^3+2x+3,$$
$$f(x_0+\Delta x)=(x_0+\Delta x)^3-2(x_0+\Delta x)+3.$$

知识点 5：反函数

设 $y=f(x)$ 的定义域为 D,其值域为 M. 如果对于 M 中的每一个 y 值,通过 $y=f(x)$,D 中都有唯一确定的数 x 与之对应,这就以 M 为定义域确定了一个函数,这个函数称为函数 $y=f(x)$ 的**反函数**,记为 $x=f^{-1}(y)$,其定义域为 M,值域为 D.

由于人们习惯用 x 表示自变量,用 y 表示因变量,因此将函数 $y=f(x)$ 的反函数 $x=f^{-1}(y)$ 用 $y=f^{-1}(x)$ 表示. 函数 $y=f(x)$ 与 $y=f^{-1}(x)$ 的图形关于直线 $y=x$ 对称.

知识点 6：函数的几种特性

(1) 奇偶性：设函数 $f(x)$ 的定义域 D 关于原点对称,如果对于任意的 $x\in D$ 恒有：

① $f(-x)=f(x)$,则称 $f(x)$ 为**偶函数**;

② $f(-x)=-f(x)$,则称 $f(x)$ 为**奇函数**.

偶函数的图像关于 y 轴对称,奇函数的图像关于原点对称.

(2) 单调性：设函数 $f(x)$ 在区间 D 上有定义,对于区间 D 内的任意两点 x_1,x_2,若当 $x_1<x_2$ 时,有 $f(x_1)<f(x_2)$ 成立,则称函数 $f(x)$ 在区间 D 上**单调递增**,区间 D 称为函数 $f(x)$ 的**单调递增区间**;若当 $x_1<x_2$ 时,有 $f(x_1)>f(x_2)$ 成立,则称函数 $f(x)$ 在区间 D 上**单调递减**,区间 D 称为函数 $f(x)$ 的**单调递减区间**.

单调递增函数和单调递减函数统称为单调函数,单调递增区间和单调递减区间统称为单调区间.

(3) 有界性：设函数 $f(x)$ 在 D 上有定义,如果存在某一正数 M,使得对于任意的 $x\in D$,都有

$$|f(x)|\leq M$$

成立,则称函数 $f(x)$ 在 D 内**有界**;如果找不到这样的正数 M,则称 $f(x)$ 在 D 内**无界**.

（4）**周期性**：设函数 $f(x)$ 在区间 D 上有定义，如果存在不为零的常数 T，使得对于任意的 $x \in D$，有 $x + T \in D$，且

$$f(x+T) = f(x)$$

成立，那么称 $f(x)$ 是**周期函数**，T 称为 $f(x)$ 的一个周期．通常所说的周期函数的周期是指它的最小正周期．

四、拓展资源

1. 电费问题

某院教职工住宅区收取电费的规定如下：月使用电不超过 300 度时，按生活照明用电价格收费（0.52 元/度），月使用电超过 300 度时，超过部分按工业生产用电价格收费（0.75 元/度）．（1）求住户电费与电量之间的函数关系，并指出定义域；（2）住户三、四、五月用电量分别为 250 度、300 度、420 度，求当月该住户的电费分别为多少？

解 设电量为 x 度，电费为 y 元，则依题意有：

(1) $y = \begin{cases} 0.52x, & x \leq 300, \\ 300 \times 0.52 + (x-300) \times 0.75, & x > 300. \end{cases}$

(2) 当 $x = 250$（度）时，$y = 0.52 \times 250 = 130$（元）；

当 $x = 300$（度）时，$y = 0.52 \times 300 = 156$（元）；

当 $x = 420$（度）时，$y = 0.52 \times 300 + 120 \times 0.75 = 246$（元）．

2. 税收问题

第十一届全国人民代表大会常务委员会第二十一次会议《关于修改〈中华人民共和国个人所得税法〉的决定》表决通过了关于修改个人所得税法的决定．个人所得税起征点自 2011 年 6 月 30 日起由 2 000 元提高到 3 500 元．个人所得税税率见表 1-1-2．

表 1-1-2

级数	含税级距〔即（应发工资-五险或三金）-3 500〕	税率/%	速算扣除数
1	不超过 1 500 元的部分	3	0
2	超过 1 500 元至 4 500 元的部分	10	25
3	超过 4 500 元至 9 000 元的部分	20	375

个人所得税计算公式：应缴纳的个税 =〔（应发工资-五险或三金）-3 500〕×税率-速算扣除数．

(1) 试分析月收入与所得税之间的函数关系（不考虑五险或三金）．

(2) 老王月收入为 6 600 元，他每月应交多少税？

解 (1) 设某人月收入为 x 元，应交所得税为 y 元，则

① 当 $0 \leq x \leq 3\,500$ 时，$y = 0$；

② 当 $3\,500 < x \leqslant 5\,000$ 时,$y = (x - 3\,500) \times 3\%$;

③ 当 $5\,000 < x \leqslant 8\,000$ 时,$y = (x - 3\,500) \times 10\% - 25$;

④ 当 $8\,000 < x \leqslant 12\,500$ 时,$y = (x - 3\,500) \times 20\% - 375$.

因此,所求的函数表达式为

$$y = \begin{cases} 0, & 0 \leqslant x \leqslant 3\,500, \\ 0.03(x - 3\,500), & 3\,500 < x \leqslant 5\,000, \\ 0.1(x - 3\,500) - 25, & 5\,000 < x \leqslant 8\,000, \\ 0.2(x - 3\,500) - 375, & 8\,000 < x \leqslant 12\,500. \end{cases}$$

(2) 因为 $5\,000 < 6\,600 \leqslant 8\,000$,所以老王每月应交纳的个人所得税为:

$$y\big|_{x=6\,600} = 0.1(6\,600 - 3\,500) - 25 = 285(元).$$

课后训练 1.1

1. 下列各题中的函数是否相同?为什么?

(1) $y = \dfrac{x}{x}$ 与 $y = 1$;   (2) $y = \sin^2 x + \cos^2 x$ 与 $y = 1$;

(3) $y = x$ 与 $y = \sqrt{x^2}$;   (4) $y = \ln\sqrt{x}$ 与 $y = \dfrac{1}{2}\ln x$.

2. 求下列函数的定义域:

(1) $y = \dfrac{1}{x} - \sqrt{4 - x^2}$;   (2) $y = \ln(2 - x) + \sqrt{x + 1}$;

(3) $y = \arcsin(x - 1)$;   (4) $y = \lg(\lg x)$.

3. 判断下列函数的奇偶性:

(1) $f(x) = x - \sin x$;   (2) $f(x) = x^2 + \cos x$.

4. 设 $f(x) = \begin{cases} x^2 + 1, & 0 \leqslant x < 1, \\ 0, & x = 1, \\ 1 - x, & 1 < x \leqslant 2, \end{cases}$ 求 $f(0)$,$f(1)$,$f\left(\dfrac{5}{4}\right)$.

5. 火车站收取行李费规定如下:当行李重量不超过 50 kg 时,按基本运费计算,每公斤收费 0.15 元;当行李重量超过 50 kg 时,超重部分按每公斤 0.25 元收费.

(1) 求运费与重量之间的函数关系,并指出定义域;

(2) 作出函数的图形;

(3) 当行李重量分别是 30 kg、50 kg、75 kg 时,相应的运费分别是多少?

6. 某种周期齿形波的图形如图 1-1-4 所示,试建立一个周期 $[-1, 1]$ 内的函数表达式.

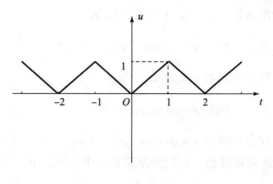

图 1-1-4

1.2 函数的分类

一、学习目标

【能力目标】 会区分基本初等函数、复合函数、初等函数,能拆分复合函数,能识别函数的类型,能建立简单的函数模型.

【知识目标】 了解基本初等函数、复合函数、初等函数的概念,理解三类函数的识别方法,掌握复合函数的拆分原则.

二、线上学习导学单

观看函数的分类 PPT 课件 → 观看微课《复合函数的拆分原则》 → 完成课前任务 1.2 → 完成在线测试 1.2 → 在 1.2 讨论区发帖

三、知识链接

知识点 1：基本初等函数

基本初等函数是指**幂函数、指数函数、对数函数、三角函数和反三角函数**.

(1) **幂函数**：$y = x^\alpha$（α 为任意实数）.

(2) **指数函数**：$y = a^x$，$x \in (-\infty, +\infty)$ $(a > 0, a \neq 1)$.

(3) **对数函数**：$y = \log_a x$，$x \in (0, +\infty)$ $(a > 0, a \neq 1)$.

(4) **三角函数**：正弦函数 $y = \sin x$，$x \in (-\infty, +\infty)$；

余弦函数 $y = \cos x$，$x \in (-\infty, +\infty)$；

正切函数 $y = \tan x$，$x \neq k\pi + \dfrac{\pi}{2}$，$k \in \mathbf{Z}$；

余切函数 $y = \cot x$，$x \neq k\pi$，$k \in \mathbf{Z}$；

正割函数 $y = \sec x$，$x \neq k\pi + \dfrac{\pi}{2}$，$k \in \mathbf{Z}$；

余割函数 $y = \csc x$, $x \neq k\pi$, $k \in \mathbf{Z}$.

(5) **反三角函数**：反正弦函数 $y = \arcsin x$, $x \in [-1, 1]$, $y \in \left[-\dfrac{\pi}{2}, \dfrac{\pi}{2}\right]$;

反余弦函数 $y = \arccos x$, $x \in [-1, 1]$, $y \in [0, \pi]$;

反正切函数 $y = \arctan x$, $x \in (-\infty, +\infty)$, $y \in \left(-\dfrac{\pi}{2}, \dfrac{\pi}{2}\right)$;

反余切函数 $y = \text{arccot } x$, $x \in (-\infty, +\infty)$, $y \in (0, \pi)$.

以上函数统称为**基本初等函数**，它们的图像和性质参见附录.

例如：$y = x$, $y = \dfrac{1}{x}$, $y = x^2$, $y = \sqrt{x}$ …都是幂函数；

$y = 2^x$, $y = \left(\dfrac{1}{3}\right)^x$, $y = 10^x$, $y = e^x$ …都是指数函数；

$y = \log_2 x$, $y = \log_{\frac{1}{3}} x$, $y = \lg x$, $y = \ln x$ …都是对数函数.

知识点 2：复合函数

设 $y = f(u)$，而 $u = \varphi(x)$，且函数 $\varphi(x)$ 的值域全部或部分包含在函数 $f(u)$ 的定义域内，如图 1-2-1 所示，那么 y 通过 u 的联系成为 x 的函数，把 y 叫作 x 的**复合函数**，记为 $y = f[\varphi(x)]$，其中 u 叫作**中间变量**.

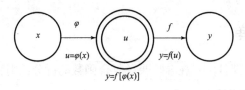

图 1-2-1

(1) **复合条件**：$u = \varphi(x)$ 中的值域 $M \subseteq y = f(u)$ 的定义域 D.

由函数 $y = \sqrt{u}$, $u = x + 1$ 可以构成复合函数 $y = \sqrt{x+1}$. 为了使 u 的值域包含在 $y = \sqrt{u}$ 的定义域 $[0, +\infty)$ 内，必须有 $x \in [-1, +\infty)$，所以复合函数 $y = \sqrt{x+1}$ 的定义域应为 $x \in [-1, +\infty)$. 又如由函数 $y = \ln u$, $u = x^2 + 1$ 可以构成复合函数 $y = \ln(x^2 + 1)$. 由函数 $y = \arcsin u$, $u = x^2 + 2$ 不能构成复合函数，因为 u 的值域为 $[2, +\infty)$，不在 $y = \arcsin u$ 的定义域 $[-1, 1]$ 内.

(2) **拆分原则**：拆分的每个函数必须是五大基本初等函数之一或多项式. 为了研究函数的需要，今后经常需要将一个复合函数分解成若干个基本初等函数或多项式.

注：多项式形式为 $a_1 x^n + a_2 x^{n-1} + \cdots + a_n$.

(3) **拆分方法**：**由外向里，逐层分解**.

按与未知量的距离来定义"外"和"里"，离未知量近的称为"里层"，离未知量远的称为"外层".

训练 1-2-1 指出下列函数的复合过程：

(1) $y = e^{\sqrt{x}}$; (2) $y = (2x+3)^2$;

(3) $y = 2\sin\sqrt{1-x^2}$; (4) $y = \ln(\arcsin 2x)$;

(5) $y = \dfrac{1}{\ln(\ln x)}$.

解 采用"由外向里，逐层分解"的方法，可得：

(1) $y = e^{\sqrt{x}}$ 由 $y = e^u$，$u = \sqrt{x}$ 复合而成；

(2) $y = (2x+3)^2$ 由 $y = u^2$，$u = 2x+3$ 复合而成；

(3) $y = 2\sin\sqrt{1-x^2}$ 由 $y = 2\sin u$，$u = \sqrt{v}$，$v = 1-x^2$ 复合而成；

(4) $y = \ln(\arcsin 2x)$ 由 $y = \ln u$，$u = \arcsin v$，$v = 2x$ 复合而成；

(5) $y = \dfrac{1}{\ln(\ln x)}$ 由 $y = \dfrac{1}{u}$，$u = \ln v$，$v = \ln x$ 复合而成.

知识点3：初等函数

由基本初等函数和常数 C 经过有限次四则运算和有限次复合所构成，并且能用一个式子表示的函数叫作**初等函数**. 否则不是初等函数.

例如：$y = \sqrt{\ln 5x + 2^x + \sin^2 x}$，$y = \dfrac{\sqrt[3]{2x} + \tan x}{x^2\sin x + 2^{-x}}$ 都是初等函数. 今后研究的函数主要为初等函数.

结论：除了基本初等函数、常数和不能合并成同一式子的分段函数外，其余函数均是初等函数.

训练1-2-2 识别下列函数：

(1) $y = \sin x$; (2) $y = e^{x+\ln x}$; (3) $y = \ln x \sin x$;

(4) $y = e^{-x+2}$; (5) $y = \sin 3x$; (6) $y = \ln\sin x^2$;

(7) $y = \ln(\sin x + x^2)$; (8) $y = 2\sin 3x$; (9) $y = e^{2x}$.

解：根据定义可知：(1) 是基本初等函数；(4)、(5)、(6)、(9) 是复合函数；(2)、(3)、(7)、(8) 是初等函数.

四、拓展资源

[**焊接火花的控制问题**] 如图1-2-2所示，一名焊接工人在垂直于地面的一根柱子 OA 的顶端位置处进行焊接，$OA = 1.25$ 米，由柱子顶端 A 处的喷头向外喷火花，为确保下面人员的安全，设计要求喷溅的火花在离 OA 距离为1米处达到距地面最大高度，最大高度是2.25米. 为了让喷出的火花全部落在一个有效范围内，那么这一有效范围的半径至少为多少米才能达到设计要求？

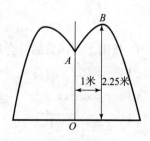

图1-2-2

1. 数学建模

1) 问题假设

(1) 火花在各个方向沿形状相同的抛物线落下，故可设通过火花为二次函数；

(2) 火花只要落到有效范围内，才可视为安全；

(3) 有效范围的半径为 x(米).

2) 问题分析

建立适当的直角坐标系，如图 1-2-3 所示，记抛物线的顶点为 B，火花下落接触地面点为 C 点，那么本题中要求有效范围的最小半径就是 OC，即 C 点的横坐标. 根据问题的条件和建立的坐标系，可以确定 A、B 点的坐标分别为 $A(0,1.25)$、$B(1,2.25)$. 这样问题就转化为 "已知抛物线顶点 B 和另外一点 A 的坐标，求抛物线的解析式".

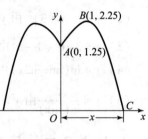

图 1-2-3

3) 建立模型

设 C 点的坐标为 $(x,0)$，抛物线的解析式为 $y = a(x-1)^2 + 2.25$，将 A 点坐标代入，得 $a = -1$，所以抛物线的解析式为

$$y = -(x-1)^2 + 2.25 \text{ 或 } y = -x^2 + 2x + 1.25.$$

4) 模型求解

为求 C 点的坐标，令 $y=0$，解一元二次方程得 $x_1 = 2.5$ 或 $x_2 = -0.5$（不合题意）. 这就是说，有效范围的半径至少为 2.5 米.

2. 数学实验

在 MATLAB 软件中输入：

```
>> solve('(-1)*x^2+2*x+1.25=0',x)      % 解方程
ans =
-.50000000000000000000000000000000
2.50000000000000000000000000000000
```

课后训练 1.2

1. 指出下列函数的复合过程：

(1) $y = (2x-3)^5$；

(2) $y = e^{-\sin x}$；

(3) $y = \sin 5x$；

(4) $y = \cos^2 x$；

(5) $y = \sqrt{x^2 - 1}$；

(6) $y = \arctan(x^2 + 1)$；

(7) $y = \arcsin\sqrt{1-x^2}$；

(8) $y = \ln\tan\dfrac{1}{x}$；

(9) $y = \sqrt{\cos 3x}$.

2. 某工厂有一水池，其容积为 100 米³，原有水 10 米³，现在每 10 分钟注入 0.5 米³ 的水．试将水池中水的体积 v 表示为时间 t 的函数，问需用多少分钟才能灌满水池？

3. 试解释现实社会中同牌子商品中大包装商品比小包装商品便宜的现象．

（1）到商店去调查××产品的价格，列表用比例的方法说明上述现象．

（2）分析商品价格的构成．

（3）分析商品价格 P 与商品重量 W 的关系．

（4）由以上关系说明这是个什么样的函数，进一步说明函数的类型．

（5）写出单位重量价格 C 与重量 W 的关系，说明 W 越大 C 越小．

1.3 极限的概念及其运算

一、学习目标

【能力目标】 会将极限思想与专业问题（或实际问题）相结合，解决专业（或实际）问题；能用极限的四则运算法则求简单函数的极限．

【知识目标】 理解函数极限的相关概念，掌握求极限的四则运算方法．

二、线上学习导学单

观看极限的概念 PPT 课件 → 观看微课《无穷大与无穷小》 → 完成课前任务 1.3 → 完成在线测试 1.3 → 在 1.3 讨论区发帖

极限的概念是微积分的最基本的概念，微积分的基本概念都用极限概念来表达，极限方法是微积分的最基本的方法，微分法与积分法都借助极限方法来描述，所以掌握极限的概念、能进行极限运算非常重要．

案例 1-3-1 ［截杖问题］

一尺之锤，日取其半，万世不竭．

这是战国时期庄周所著的《庄子·天下篇》中的一句话，意思是一根长为一尺的棒子，每天截去一半，这样的过程可以无限地进行下去．

实际上，每天截后余下的棒子的长度是（单位为尺）：

第 1 天余下 $\frac{1}{2}$，

第 2 天余下 $\frac{1}{2} \cdot \frac{1}{2} = \frac{1}{2^2}$，

第 3 天余下 $\frac{1}{2} \cdot \frac{1}{2^2} = \frac{1}{2^3}$，

⋮

第 n 天余下 $\frac{1}{2} \cdot \frac{1}{2^{n-1}} = \frac{1}{2^n}$，

⋮

可得到一个数列：$\frac{1}{2}$，$\frac{1}{2^2}$，$\frac{1}{2^3}$，…，$\frac{1}{2^n}$，….

数学描述：设 t 表示时间，y 表示余下的长度，问 $t \to +\infty$ 时，y 如何变化？

案例 1-3-2 ［割圆求周］

公元 3 世纪，我国数学家刘徽在《九章算术》中解释他的"割圆术"的时候说："割之弥细，所失弥少；割之又割，以至于不可割，则与圆周合体而无所失矣."这就是说，为了求得单位圆的面积，即圆周率 π，古人用圆内接正 n 边形的面积 $A_n(n \geq 3)$ 去逼近它，以 A_n 作为 π 的近似值．随着 n 的增大，人们不断地改进 π 的近似值的精确程度，在不断改进的过程中，逐渐产生了朴素的极限概念.

案例 1-3-3 ［水温现象］

将一盆 80℃ 的热水放在一个室温恒为 20℃ 的房间里，随着时间的推移，水温如何变化？

数学描述：设 t 表示时间，y 表示水温，问 $t \to +\infty$ 时，y 如何变化？

案例 1-3-4 ［单摆现象］

将单摆离开铅直位置的偏度用角度来度量，让单摆自己摆动，考虑机械摩擦力和空气阻力，在这个过程中角的变化趋势如何？

数学描述：设 t 表示单摆摆动的时间，y 表示单摆离开铅直位置的角度，问 $t \to +\infty$ 时，y 如何变化？

三、知识链接

知识点 1：数列极限

对于数列 $\{x_n\}$，如果当 n 无限增大时，数列 x_n 无限接近一个确定的常数 A，则称 A 为数列 $\{x_n\}$ 的**极限**，记为

$$\lim_{n \to \infty} x_n = A (或当 n \to \infty 时, x_n \to A).$$

此时，也称数列 $\{x_n\}$ 收敛于 A．

如**案例 1-3-1** ［截杖问题］：$\lim\limits_{n \to \infty} \dfrac{1}{2^n} = 0$.

训练 1-3-1 下列数列当 $n \to \infty$ 时的极限是否存在？若存在，写出其极限．

(1) $x_n = \dfrac{1}{n}$；

(2) $x_n = (-1)^n n$；

(3) $x_n = C$（C 为常数）.

解 观察数列当 $n \to \infty$ 时的变化趋势，可得：

(1) $\lim\limits_{n \to \infty} \dfrac{1}{n} = 0$；

(2) $\lim\limits_{n \to \infty} (-1)^n n$ 不存在；

(3) $\lim\limits_{n \to \infty} C = C$.

知识点2：$x \to \infty$ 时，函数 $f(x)$ 的极限

"$x \to \infty$" 表示 x 的绝对值 $|x|$ 无限增大，x 既可取正值也可取负值. 若 x 取正值且无限增大，记作 $x \to +\infty$；若 x 取负值且其绝对值 $|x|$ 无限增大，记作 $x \to -\infty$（图1-3-1）.

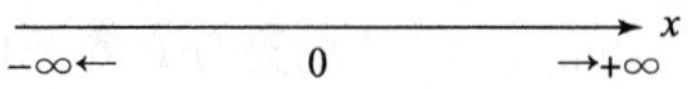

图1-3-1

(1) 如果当 x 的绝对值无限增大时，函数 $f(x)$ 无限接近一个确定的常数 A，则称 A 为函数 $f(x)$ 当 x 趋于无穷大时的**极限**，记为

$$\lim_{x \to \infty} f(x) = A \quad (\text{或当 } x \to \infty \text{ 时}, f(x) \to A).$$

由定义可知，当 $x \to \infty$ 时，$\dfrac{1}{x}$ 的极限是 0，即 $\lim\limits_{x \to \infty} \dfrac{1}{x} = 0$.

有时只需研究 $x \to +\infty$（或 $x \to -\infty$）时函数的变化趋势.

(2) 如果当 $x \to +\infty$ 时，函数 $f(x)$ 无限接近一个确定的常数 A，则称 A 为函数 $f(x)$ 当 $x \to +\infty$ 时的**极限**，记为

$$\lim_{x \to +\infty} f(x) = A \quad (\text{或当 } x \to +\infty \text{ 时}, f(x) \to A).$$

如案例1-3-3 ［水温现象］：

设 t 表示时间，y 表示水温，问 $t \to +\infty$ 时，y 如何变化?

$$\lim_{t \to +\infty} y = 20.$$

结论：将一盆 80℃ 的热水放在一个室温恒为 20℃ 的房间里，随着时间的推移，水温会达到 20℃.

又如**案例1-3-4** ［单摆现象］：$\lim\limits_{t \to +\infty} y = 0.$

如果当 $x \to -\infty$ 时，函数 $f(x)$ 无限接近一个确定的常数 A，则称 A 为函数 $f(x)$ 当 $x \to -\infty$ 时的**极限**，记为

$$\lim_{x \to -\infty} f(x) = A \quad (\text{或当 } x \to -\infty \text{ 时}, f(x) \to A).$$

(3) 极限存在的条件.

$\lim\limits_{x \to \infty} f(x) = A$ 的充分必要条件是 $\lim\limits_{x \to +\infty} f(x) = A$ 且 $\lim\limits_{x \to -\infty} f(x) = A.$

知识点3：当 $x \to x_0$ 时，函数 $f(x)$ 的极限

"$x \to x_0$" 表示 x 无限接近 x_0，但不等于 x_0.

(1) 如果当 x 无限接近定值 x_0（$f(x)$ 在点 x_0 处可以没有定义）时，函数 $f(x)$ 无限接近一个确定的常数 A，则称 A 为函数 $f(x)$ 当 x 趋向于 x_0 时的**极限**，记为

$$\lim_{x \to x_0} f(x) = A (\text{或当 } x \to x_0 \text{ 时}, f(x) \to A).$$

讨论当 $x \to x_0$ 时函数 $f(x)$ 的极限，其中 x 以任意方式趋近 x_0，但有时只需或只能讨论 x 从 x_0 的左侧无限趋近 x_0（记为 $x \to x_0^-$），或从 x_0 的右侧无限趋近 x_0（记为 $x \to x_0^+$）时函数的变化趋势.

(2) 如果当 $x \to x_0^-$ 时，函数 $f(x)$ 无限接近一个确定的常数 A，则称 A 为函数 $f(x)$ 当 $x \to x_0$ 时的**左极限**，记为 $\lim\limits_{x \to x_0^-} f(x) = A$ 或 $f(x_0 - 0) = A.$

如果当 $x \to x_0^+$ 时，函数 $f(x)$ 无限接近一个确定的常数 A，则称 A 为函数 $f(x)$ 当 $x \to x_0$ 时的**右极限**，记为 $\lim\limits_{x \to x_0^+} f(x) = A$ 或 $f(x_0 + 0) = A$.

（3）极限存在的充要条件.

$\lim\limits_{x \to x_0} f(x) = A$ 的充分必要条件是 $\lim\limits_{x \to x_0^+} f(x) = A$ 且 $\lim\limits_{x \to x_0^-} f(x) = A$.

知识点 4：极限不存在的形式

（1）$\lim\limits_{x \to x_0} f(x) = \infty$，或 $\lim\limits_{x \to \infty} f(x) = \infty$；

（2）摆动函数，如 $\lim\limits_{x \to \infty} \sin x$，$\lim\limits_{x \to \infty} \cos x$；

（3）$\lim\limits_{x \to x_0^+} f(x) \neq \lim\limits_{x \to x_0^-} f(x)$.

训练 1-3-2 求 $\lim\limits_{x \to +\infty} \arctan x$，$\lim\limits_{x \to -\infty} \arctan x$ 及 $\lim\limits_{x \to \infty} \arctan x$.

解 $\lim\limits_{x \to +\infty} \arctan x = \dfrac{\pi}{2}$，$\lim\limits_{x \to -\infty} \arctan x = -\dfrac{\pi}{2}$.

因为 $\lim\limits_{x \to +\infty} \arctan x \neq \lim\limits_{x \to -\infty} \arctan x$，所以 $\lim\limits_{x \to \infty} \arctan x$ 不存在.

训练 1-3-4 在一个电路中的电荷量 Q 由下式定义：

$$Q = \begin{cases} E, & t \leq 0, \\ Ee^{-\frac{t}{RC}}, & t > 0. \end{cases}$$

其中 C，R 为正的常数，求电荷 Q 在 $t \to 0$ 时的极限.

解 $\lim\limits_{t \to 0^-} Q = \lim\limits_{t \to 0^-} E = E$，$\lim\limits_{t \to 0^+} Q = \lim\limits_{t \to 0^+} Ee^{-\frac{t}{RC}} = E$，所以 $\lim\limits_{t \to 0} Q = E$.

知识点 5：无穷小

如果在自变量的某个变化过程中，函数 $f(x)$ 的极限为零，那么称函数 $f(x)$ 为该变化过程中的**无穷小量**，简称无穷小.

（1）**说明**：绝对值很小的常数不是无穷小，常数中只有零是无穷小. 说一个函数是无穷小，必须指明自变量的变化趋势.

（2）无穷小的性质.

性质 1-3-1 有限个无穷小的代数和仍是无穷小.

性质 1-3-2 有限个无穷小的乘积仍是无穷小.

性质 1-3-3 有界函数与无穷小的乘积仍是无穷小.

训练 1-3-5 求 $\lim\limits_{x \to 0} x \sin \dfrac{1}{x}$.

解 因为 $\lim\limits_{x \to 0} x = 0$，即 x 是当 $x \to 0$ 时的无穷小；又因为 $\left| \sin \dfrac{1}{x} \right| \leq 1$，即 $\sin \dfrac{1}{x}$ 是有界函数. 由性质 1-3-3 得

$$\lim\limits_{x \to 0} x \sin \dfrac{1}{x} = 0.$$

由性质 1-3-3 可得下面的推论：

推论 1-3-1 常数与无穷小的乘积仍是无穷小.

知识点 6：无穷大

如果在自变量的某个变化过程中，函数 $f(x)$ 的绝对值 $|f(x)|$ 无限增大，那么称函数 $f(x)$ 是该变化过程中的**无穷大量**，简称无穷大.

（1）**说明**：无穷大不是一个很大的数，它是一个绝对值无限增大的变量. 说一个函数是无穷大，必须指明自变量的变化趋势.

按极限的定义，无穷大的函数的极限是不存在的，但为了讨论问题方便，也说"函数的极限是无穷大"。当 $x \to x_0$（或 $x \to \infty$）时，$f(x)$ 为无穷大，记作 $\lim\limits_{x \to x_0} f(x) = \infty$（或 $\lim\limits_{x \to \infty} f(x) = \infty$）.

（2）无穷大与无穷小的关系.

当 $x \to 0$ 时，x^2 是无穷小，$\dfrac{1}{x^2}$ 是无穷大，这说明无穷小与无穷大存在倒数关系.

定理 1-3-1（无穷大与无穷小的关系）在自变量的同一变化过程中，无穷大的倒数是无穷小，恒不为零的无穷小的倒数为无穷大.

知识点 7：极限的运算法则

利用极限的定义只能计算一些很简单的函数的极限，而实际问题中的函数却要复杂得多. 下面介绍的极限的四则运算法则，为计算变量的极限提供了很大的方便.

定理 1-3-2 设 x 在同一变化过程中 $\lim f(x) = A$，$\lim g(x) = B$，则

（1）$\lim[f(x) \pm g(x)] = \lim f(x) \pm \lim g(x) = A \pm B$；

（2）$\lim[f(x) \cdot g(x)] = \lim f(x) \cdot \lim g(x) = AB$；

（3）$\lim \dfrac{f(x)}{g(x)} = \dfrac{\lim f(x)}{\lim g(x)} = \dfrac{A}{B}$ （$B \neq 0$）.

注：上面的极限中省略了自变量的变化趋势，下同.

由上面的法则（2）可得下面两个推论：

推论 1-3-2 $\lim[Cf(x)] = C\lim f(x) = CA$（$C$ 为常数）.

推论 1-3-3 $\lim[f(x)]^m = [\lim f(x)]^m = A^m$（$m$ 为正整数）.

注：为了方便计算，给出两个常用公式：

$\lim\limits_{x \to x_0} x = x_0$； $\lim\limits_{x \to x_0} C = C$.

训练 1-3-6 求下列函数的极限：

（1）$\lim\limits_{x \to 0}(x^2 + \cos x)$；

（2）$\lim\limits_{x \to 0}(e^x \cdot \cos x)$；

（3）$\lim\limits_{x \to 1} \dfrac{\sin x}{2x + 1}$.

解 $\lim\limits_{x \to 0}(x^2 + \cos x) = \lim\limits_{x \to 0} x^2 + \lim\limits_{x \to 0} \cos x = 0 + 1 = 1$；

$\lim\limits_{x \to 0}(e^x \cdot \cos x) = \lim\limits_{x \to 0} e^x \cdot \lim\limits_{x \to 0} \cos x = 1 \times 1 = 1$；

$$\lim_{x\to 1}\frac{\sin x}{2x+1} = \frac{\lim_{x\to 1}\sin x}{\lim_{x\to 1}(2x+1)} = \frac{\sin 1}{2\times 1+1} = \frac{\sin 1}{3}.$$

强调：应用法则求极限时必须满足各个函数的极限都存在的条件. 特别在应用除法法则时，当分母的极限为"0"，或分子、分母的极限不存在时，需要特别处理. 下面给出几种特殊的极限类型的求极限方法.

1. 类型一："$\frac{0}{0}$"型

结论有三种，$\dfrac{f(x)}{g(x)}\left(\dfrac{0}{0}\right)=\begin{cases}0, & f(x)较 g(x)低阶无穷小, \\ C, & f(x)较 g(x)同阶无穷小, \\ \infty & f(x)较 g(x)高阶无穷小.\end{cases}$

方法：约去零因子法，即分子、分母同时约去含"0"的因式.

训练 1-3-7 考察函数 $f(x)=\dfrac{x^2-1}{x-1}$ 当 $x\to 1$ 时的变化趋势.

解法一：函数 $f(x)=\dfrac{x^2-1}{x-1}$ 在点 $x=1$ 处无定义，参见表 1-3-1，当 x 无限接近 1 时，函数无限接近 2.

表 1-3-1

x	0.5	0.75	0.9	0.99	0.999	→1←	1.001	1.01	1.1	1.25	1.5
$f(x)$	1.5	1.75	1.9	1.99	1.999	→2←	2.001	2.01	2.1	2.25	2.5

由定义可知，$\lim\limits_{x\to 1}\dfrac{x^2-1}{x-1}=2$.

解法二：$\lim\limits_{x\to 1}\dfrac{x^2-1}{x-1}=\lim\limits_{x\to 1}\dfrac{(x-1)(x+1)}{x-1}=\lim\limits_{x\to 1}(x+1)=2.$

2. 类型二："$\dfrac{A}{0}$"型

方法：利用无穷小与无穷大的关系求解.

训练 1-3-8 求 $\lim\limits_{x\to 1}\dfrac{x+1}{x-1}$.

解 因为 $\lim\limits_{x\to 1}\dfrac{x+1}{x-1}=\lim\limits_{x\to 1}\dfrac{1}{\dfrac{x-1}{x+1}}$，且 $\lim\limits_{x\to 1}\dfrac{x-1}{x+1}=\dfrac{0}{2}=0$（无穷小），所以根据无穷小与无穷大的倒数关系，得 $\lim\limits_{x\to 1}\dfrac{x+1}{x-1}=\infty$.

3. 类型三："$\dfrac{\infty}{\infty}$"型

结论有三种，$\dfrac{f(x)}{g(x)}\left(\dfrac{\infty}{\infty}\right)=\begin{cases}0, & f(x)较 g(x)低阶无穷大, \\ C, & f(x)较 g(x)同阶无穷大, \\ \infty & f(x)较 g(x)高阶无穷大.\end{cases}$

方法：无穷小的因子分出法，即分子、分母同除以 x 的最高次数幂．

训练 1-3-9 求下列极限：

(1) $\lim\limits_{x\to\infty}\dfrac{3x^2-2x+1}{4x^2+4x-3}$；　　(2) $\lim\limits_{x\to\infty}\dfrac{1-x-3x^2}{1+x^2+4x^3}$；

(3) $\lim\limits_{x\to\infty}\dfrac{2x^3+3x^2+1}{x^2+4x-5}$．

解　(1) 当 $x\to\infty$ 时，分母与分子都无限增大，极限不存在，不能直接应用法则（3）．可先将分母与分子同除以 x 的最高次幂 x^2，再应用法则（3）求其极限．

$$\lim_{x\to\infty}\frac{3x^2-2x+1}{4x^2+4x-3}=\lim_{x\to\infty}\frac{3-\dfrac{2}{x}+\dfrac{1}{x^2}}{4+\dfrac{4}{x}-\dfrac{3}{x^2}}=\frac{3}{4}.$$

(2) 用与（1）同样的方法，得 $\lim\limits_{x\to\infty}\dfrac{1-x-3x^2}{1+x^2+4x^3}=\lim\limits_{x\to\infty}\dfrac{\dfrac{1}{x^3}-\dfrac{1}{x^2}-\dfrac{3}{x}}{\dfrac{1}{x^3}+\dfrac{1}{x}+4}=\dfrac{0}{4}=0.$

(3) 先求 $\lim\limits_{x\to\infty}\dfrac{x^2+4x-5}{2x^3+3x^2+1}$，得

$$\lim_{x\to\infty}\frac{x^2+4x-5}{2x^3+3x^2+1}=\lim_{x\to\infty}\frac{\dfrac{1}{x}+\dfrac{4}{x^2}-\dfrac{5}{x^3}}{2+\dfrac{3}{x}+\dfrac{1}{x^3}}=0.$$

由无穷小与无穷大的关系知，原极限 $\lim\limits_{x\to\infty}\dfrac{2x^3+3x^2+1}{x^2+4x-5}=\infty$．

训练 1-3-10 求 $\lim\limits_{x\to 1}\left(\dfrac{1}{1-x}-\dfrac{3}{1-x^3}\right)$．

分析　当 $x\to 1$ 时，上式的两项均为无穷大，所以不能用差的极限运算法则，但是可以先通分，再求极限．

解　$\lim\limits_{x\to 1}\left(\dfrac{1}{1-x}-\dfrac{3}{1-x^3}\right)=\lim\limits_{x\to 1}\dfrac{x^2+x-2}{1-x^3}=\lim\limits_{x\to 1}\dfrac{(x-1)(x+2)}{(1-x)(1+x+x^2)}$

$=\lim\limits_{x\to 1}\dfrac{-(x+2)}{(1+x+x^2)}=-1.$

知识点 8：两个重要极限

1. 极限 $\lim\limits_{x\to 0}\dfrac{\sin x}{x}=1$

特征：(1) 这是一个 "$\dfrac{0}{0}$" 型极限．

(2) 该极限含有三角函数．

(3) 其一般形式可以形象地写成 $\lim\limits_{\square\to 0}\dfrac{\sin\square}{\square}=1$（方框 $\square$ 代表同一变量）．

2. 极限 $\lim\limits_{x\to\infty}\left(1+\dfrac{1}{x}\right)^x = e$ 或 $\lim\limits_{x\to 0}(1+x)^{\frac{1}{x}} = e$

特征：(1) 这是一个"1^∞"型幂指数函数的极限.

(2) 该极限可形象地表示为 $\lim\limits_{\square\to\infty}\left(1+\dfrac{1}{\square}\right)^\square = e$（方框□代表同一变量）.

(3) 令 $\dfrac{1}{x} = u$，则 $x = \dfrac{1}{u}$，且当 $x\to\infty$ 时，$u\to 0$，于是得到这个极限的另一形式 $\lim\limits_{u\to 0}(1+u)^{\frac{1}{u}} = e$.

特别的，"1^∞"型极限 $\xrightarrow{\text{作恒等变形}} \lim(1+\alpha)^\beta = e^{\lim\alpha\cdot\beta}$（其中，$\alpha$、$\beta$ 分别表示在自变量的某一变化过程中的无穷小量和无穷大量）.

训练 1-3-11 求 $\lim\limits_{x\to 0}\dfrac{\sin 2x}{x}$.

解 $\lim\limits_{x\to 0}\dfrac{\sin 2x}{x} = \lim\limits_{x\to 0}\left(\dfrac{\sin 2x}{2x}\cdot 2\right) = 2\lim\limits_{2x\to 0}\dfrac{\sin 2x}{2x} = 2\lim\limits_{t\to 0}\dfrac{\sin t}{t} = 2.$

训练 1-3-12 $\lim\limits_{x\to 0}\dfrac{1-\cos x}{x^2}$.

解 $\lim\limits_{x\to 0}\dfrac{1-\cos x}{x^2} = \lim\limits_{x\to 0}\dfrac{2\sin^2\dfrac{x}{2}}{x^2} = \lim\limits_{x\to 0}\dfrac{1}{2}\left(\dfrac{\sin\dfrac{x}{2}}{\dfrac{x}{2}}\right)^2$

$= \dfrac{1}{2}\lim\limits_{x\to 0}\left(\dfrac{\sin\dfrac{x}{2}}{\dfrac{x}{2}}\right)^2 = \dfrac{1}{2}\lim\limits_{x\to 0}\dfrac{\sin\dfrac{x}{2}}{\dfrac{x}{2}}\cdot\lim\limits_{x\to 0}\dfrac{\sin\dfrac{x}{2}}{\dfrac{x}{2}} = \dfrac{1}{2}.$

训练 1-3-13 求 $\lim\limits_{x\to\infty}\left(1+\dfrac{1}{x}\right)^{\frac{x}{3}}$.

解 $\lim\limits_{x\to\infty}\left(1+\dfrac{1}{x}\right)^{\frac{x}{3}} = \lim\limits_{x\to\infty}\left[\left(1+\dfrac{1}{x}\right)^x\right]^{\frac{1}{3}} = \left[\lim\limits_{x\to\infty}\left(1+\dfrac{1}{x}\right)^x\right]^{\frac{1}{3}} = e^{\frac{1}{3}}.$

训练 1-3-14 求 $\lim\limits_{x\to\infty}\left(1-\dfrac{1}{2x}\right)^x$.

解 $\lim\limits_{x\to\infty}\left(1-\dfrac{1}{2x}\right)^x = \lim\limits_{-2x\to\infty}\left\{\left[1+\dfrac{1}{(-2x)}\right]^{-2x}\right\}^{-\frac{1}{2}} = \left\{\lim\limits_{t\to\infty}\left[1+\dfrac{1}{t}\right]^t\right\}^{-\frac{1}{2}} = e^{-\frac{1}{2}}.$

训练 1-3-15 计算 $\lim\limits_{x\to 0}(1-x)^{\frac{2}{x}}$.

解 $\lim\limits_{x\to 0}(1-x)^{\frac{2}{x}} = \lim\limits_{-x\to 0}\left\{\left[1+(-x)\right]^{\frac{1}{-x}}\right\}^{-2} = \left\{\lim\limits_{t\to 0}\left[1+t\right]^{\frac{1}{t}}\right\}^{-2} = e^{-2}.$

四、拓展资源

1. 阶跃响应状态

已知某一生产单位的电力系统的传递函数为 $G(s) = \dfrac{2.72s + 5.44}{s^3 + 3s^2 + 4.72s + 5.44}$，系统的输出

响应曲线如图1-3-2所示（阶跃响应曲线），试确定此函数的变化规律.

1）数学建模

（1）**模型假设**.

此题条件很充分，无须再作假设.

（2）**模型建立**.

根据题意，建立的目标函数为

$$G(s) = \frac{2.72s + 5.44}{s^3 + 3s^2 + 4.72s + 5.44}.$$

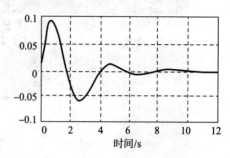

图1-3-2

（3）**模型求解**.

对上述目标函数求极限，得

$$\lim_{s \to \infty} \frac{2.72s + 5.44}{s^3 + 3s^2 + 4.72s + 5.44} = \lim_{s \to \infty} \frac{\frac{2.72}{s^2} + \frac{5.44}{s^3}}{1 + \frac{3}{s} + \frac{4.72}{s^2} + \frac{5.44}{s^3}} = \frac{0+0}{1+0+0+0} = 0.$$

（4）**模型分析**.

从图像上可以看出，时间为 $0 \sim 6\,s$ 时，曲线作简谐振动，振幅由大逐渐变小，当时间大于 $6\,s$ 后，振幅随时间的增大而减小，逐渐逼近0.

2）数学实验

```
>> syms G s              % 定义符号变量
>> G=(2.72*s+5.44)/(s^3+3*s^2+4.72*s+5.44);
>> limit(G,s,inf)        % 求极限
ans =
0
```

在 MATLAB 软件中输入命令如下：

```
>> num=[2.72 5.44];
>> den=[1 3 4.72 5.44];
>> sys=tf(num,den)
Transfer function:
     2.72 s + 5.44
---------------------------
s^3 + 3 s^2 + 4.72 s + 5.44
>> step(sys)             % 求传递函数的阶跃响应曲线
```

利用软件，可作出图像如图1-3-3所示.

2. 资金利率的计算

国家向企业投资1 000亿元，按连续复利率6%计算利息，规定20年后一次收回投资基金，问到期时企业应向国家交回投资基金多少？

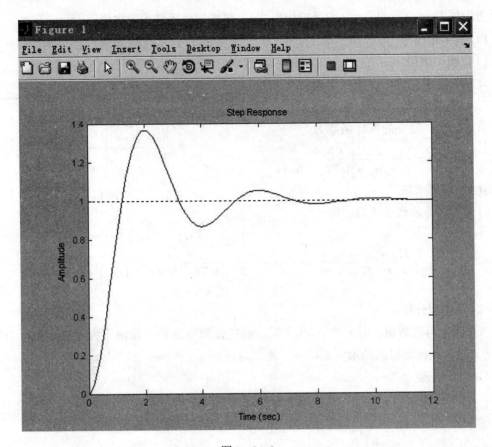

图 1-3-3

1) 数学建模

(1) 问题假设.

①企业向银行贷款要按规定的利率和期限付息.

②假设在规定的时间内利息不变.

(2) 模型建立.

假设本金为 P,年利率为 r,贷款期限为 x 年,则利息可按单利和复利两种方式计算,其公式如下:

$$\text{按单利的本利和}: S = P(1 + xr);$$
$$\text{按复利的本利和}: S = P(1 + r)^x.$$

现在如果将一年均分为 t 次计算复利,则向银行贷款 x 年后,应还的本利和为

$$S = P\left(1 + \frac{r}{t}\right)^{tx}.$$

因为

$$\lim_{t \to \infty} P\left(1 + \frac{r}{t}\right)^{tx} = P \lim_{t \to \infty}\left(1 + \frac{r}{t}\right)^{tx} = P\mathrm{e}^{\lim_{t \to \infty} \frac{r}{t} \cdot tx} = P\mathrm{e}^{rx},$$

所以,本金为 P,按名义年利率 r 不断计算复利,则 x 年后的本利和为

$$S = P\mathrm{e}^{rx} \quad (\text{即连续复利计算公式}).$$

(3) 模型求解.

因为 $P=1\,000$（亿元），$r=0.06$，$x=20$，所以，20 年后企业应向国家交回的投资基金为

$$S = 1\,000 \times e^{20 \times 0.06} \approx 3\,320.12(亿元).$$

2) 数学实验

```
>> syms S P r t x
>> S = P*(1+r/t)^(t*x)
S = P*(1+r/t)^(t*x)
>> limit(S,t,inf)
ans =
exp(r*x)*P
>> exp(0.06*20)*1000
ans =
  3.3201e+003
```

课后训练 1.3

1. 分析函数的变化趋势，求极限：

(1) $f(x) = \dfrac{1}{x^2}$ $(x \to -\infty)$；

(2) $f(x) = \dfrac{1}{\sqrt{x}+1}$ $(x \to +\infty)$；

(3) $f(x) = \ln(x+2)$ $(x \to +\infty)$；

(4) $f(x) = \dfrac{1}{2^x}$ $(x \to +\infty)$.

2. 指出下列变量中，哪些是无穷小，哪些是无穷大.

(1) $\ln x$，当 $x \to 1$ 时；

(2) e^x，当 $x \to +\infty$ 时；

(3) $\ln|x|$，当 $x \to 0$ 时；

(4) $1-\cos x$，当 $x \to 0$ 时.

3. 计算下列极限：

(1) $\lim\limits_{x \to 1}(2x^2 - 3x + 4)$；

(2) $\lim\limits_{x \to \sqrt{2}} \dfrac{x^4 - 4}{x^2 - 2}$；

(3) $\lim\limits_{x \to 1} \dfrac{x^2 - 3}{2x^2 + 1}$；

(4) $\lim\limits_{x \to 2} \dfrac{x^2 - 4}{x^2 - 5x + 6}$；

(5) $\lim\limits_{x \to \infty} \dfrac{2x^2 + 2x - 3}{7x^2 - 5x - 1}$；

(6) $\lim\limits_{x \to 2} \dfrac{\sqrt{x+2} - 2}{x - 2}$；

(7) $\lim\limits_{x \to \infty} \dfrac{3x^3 - 2x - 5}{x^2 + 4x - 3}$；

(8) $\lim\limits_{x \to \infty} \left(1 + \dfrac{2}{x}\right)^x$；

(9) $\lim\limits_{x \to \infty} \left(1 - \dfrac{1}{3x}\right)^x$；

(10) $\lim\limits_{x \to 0}(1 - 4x)^{\frac{1}{x}}$；

(11) $\lim\limits_{x \to 1} \dfrac{x^2 - 1}{\sin(x-1)}$；

(12) $\lim\limits_{x \to \infty} \dfrac{x^2 + 1}{x^2 - 1}$；

(13) $\lim\limits_{x\to 0}\dfrac{\sin 5x}{\sin 6x}$.

4. 利用无穷小量的性质计算下列极限：

(1) $\lim\limits_{x\to\infty}\dfrac{2+\sin x}{x}$；　　　　(2) $\lim\limits_{x\to 0}x^2\sin\dfrac{1}{x^2}$.

5. 某集团公司计划今年筹设永久性"振兴杯"教育奖，从明年开始准备每年发奖一次，奖金总额为 A 万元，奖金来源为基金的存款利息．设银行规定年利率为 r，每年结算一次，试问基金的最低金额 P 应为多少？

6. 一男孩和一女孩分别在离家 2 千米和 1 千米且方向相反的两所学校上学，每天放学后分别以 4 千米/小时和 2 千米/小时的速度步行回家．一只小狗以 6 千米/小时的速度由男孩处奔向女孩，又从女孩处奔向男孩，如此往返直到他们回到家中．问小狗奔波了多少路程？如果男孩和女孩上学时小狗也往返奔波在他们之间，问当他们到达学校时小狗在何处？

自测题 1

1. 判断题.

(1) 若 $\lim\limits_{x\to 1}f(x)=-3$，则 $f(1)=-3$. （　）

(2) 若 $f(x)$ 在点 x_0 处无定义，则 $\lim\limits_{x\to x_0}f(x)$ 必不存在. （　）

(3) $\lim\limits_{x\to 0}x\sin\dfrac{1}{x}=\lim\limits_{x\to 0}x\cdot\lim\limits_{x\to 0}\sin\dfrac{1}{x}=0$. （　）

(4) $\lim\limits_{x\to\infty}\dfrac{\sin x}{x}=1$. （　）

(5) $\lim\limits_{x\to+\infty}e^{-x}=0$. （　）

2. 填空题.

(1) 设函数 $f(x)=x^2$，$g(x)=\sin x$，则 $f[g(x)]=$ ＿＿＿＿＿＿；

(2) 函数 $y=\sqrt{2x+1}+\ln\left(1-\dfrac{1}{3}x\right)$ 的定义域是＿＿＿＿＿＿；

(3) $\lim\limits_{n\to\infty}\left(\dfrac{1}{n^2}+\dfrac{2}{n^2}+\cdots+\dfrac{n}{n^2}\right)=$ ＿＿＿＿＿＿；

(4) 设 $f(x)=e^x-1$，则 $f(x)$ 当 $x\to$ ＿＿＿＿＿＿时是无穷大，当 $x\to$ ＿＿＿＿＿＿时是无穷小；

(5) 函数 $y=e^{\arctan\sqrt{x}}$ 的复合过程＿＿＿＿＿＿．

3. 选择题.

(1) $\lim\limits_{x\to x_0^-}f(x)$ 与 $\lim\limits_{x\to x_0^+}f(x)$ 都存在是 $\lim\limits_{x\to x_0}f(x)$ 存在的（　　）.

A. 充分条件　　　　　　　　B. 必要条件

C. 充分必要条件　　　　　　D. 无关条件

(2) $\lim\limits_{x\to 0}\left(x\sin\dfrac{1}{x}+\dfrac{\sin x}{x}\right)=$（　　）.

A. 0　　　　　　　　　　　B. 1

C. 2　　　　　　　　　　　D. -1

(3) 若 $\lim\limits_{x\to\infty}f(x)=A$，则当 $x\to\infty$ 时，$f(x)-A$ 是（　　）.

A. A
B. 不存在
C. 无穷小
D. 无穷大

(4) $\lim\limits_{x\to\infty}\left(1-\dfrac{2}{x}\right)^x=$（　　）.

A. 1
B. e^{-2}
C. e^2
D. e

4. 设 $f(x)=\dfrac{1-x}{1+x}$，求 $f(-x)$，$f\left(\dfrac{1}{x}\right)$，$f(x+\Delta x)$.

5. 指出下列函数的复合过程：

(1) $y=\sqrt{\tan x}$；
(2) $y=\ln\ln x$；
(3) $y=(3x^2-2x+1)^4$；
(4) $y=e^{\cos 2x}$；
(5) $y=\sqrt{\sin(4x-2)}$；
(6) $y=\tan^2\dfrac{x}{2}$.

6. 求下列极限：

(1) $\lim\limits_{x\to 1}\dfrac{x^2-3x+2}{x-1}$；

(2) $\lim\limits_{x\to\infty}\dfrac{(x+1)(2x+1)(3x+1)}{x^3}$；

(3) $\lim\limits_{x\to 4}\dfrac{\sqrt{2x+1}-3}{x-4}$；

(4) $\lim\limits_{x\to+\infty}\dfrac{\arctan x}{x}$；

(5) $\lim\limits_{x\to 2}\left(\dfrac{1}{x-2}-\dfrac{12}{x^3-8}\right)$；

(6) $\lim\limits_{x\to 0}(1+3x)^{\frac{1}{x}}$.

7. 连续复利的年利率为 0.6%，已知 6 年后到期的本利和（也叫终值）为 100 万元，问本金（也叫现值）是多少？

8. [人口模型] 设 1982 年年底我国人口为 10.3 亿，如果不实行计划生育，按照年均 2% 的自然增长率计算，t 年后的人口为 p，试列出 p 与 t 之间的函数关系式.

第2章 三角函数及其应用

【能力目标】 了解三角形的边角关系及三角函数补充知识，会解直角三角形，会绘制正弦曲线的图像，能用三角函数知识进行交流电路的分析和计算.

【知识目标】 理解解三角形的基础知识，理解三角函数和常用的公式，理解正弦曲线的图像及其性质，掌握正弦曲线作图方法.

【素质目标】 通过积极参与知识的"发现"与"形成"的过程，从中感悟数学概念的严谨性与科学性.

2.1 三角函数的概念、公式

一、学习目标

【能力目标】 了解三角形的边角关系及三角函数补充知识，会解直角三角形，会用三角形的知识解决生活问题和专业问题.

【知识目标】 理解解三角形的基础知识，理解三角函数和常用的公式.

二、线上学习导学单

观看三角函数的概念PPT课件 → 观看三角函数的概念微课（或视频）→ 完成课前任务2.1 → 完成在线测试2.1 → 在2.1讨论区发帖

三、知识链接

知识点1：三角形的基础知识

1. 直角三角形中各元素间的关系

直角三角形 ABC 如图 2-1-1 所示，设 $\angle C = 90°$，那么 a、b、c、$\angle A$、$\angle B$ 这五个元素间有如下关系：

(1) 两锐角互余：$\angle A + \angle B = 90°$；

(2) 边长之间满足勾股定理：$a^2 + b^2 = c^2$；

(3) 边角之间的关系：$\sin A = \dfrac{a}{c}$，$\cos A = \dfrac{b}{c}$，$\tan A = \dfrac{a}{b}$，$\sin B = \dfrac{b}{c}$，$\cos B = \dfrac{a}{c}$，$\tan B = \dfrac{b}{a}$.

2. 斜三角形中各元素间的关系

如图 2-1-2 所示，在 △ABC 中，A、B、C 为其内角，a、b、c 分别表示 A、B、C 的对边.

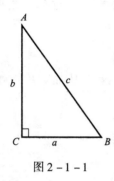
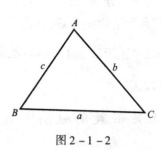

图 2-1-1　　　　　图 2-1-2

（1）三角形内角和：$\angle A + \angle B + \angle C = 180°$.

（2）正弦定理：在一个三角形中，各边和它所对角的正弦的比相等.

$$\frac{a}{\sin A} = \frac{b}{\sin B} = \frac{c}{\sin C} = 2R \quad (2R \text{ 为 } \triangle ABC \text{ 外接圆直径}).$$

（3）余弦定理：三角形任何一边的平方等于其他两边平方的和减去这两边与它们夹角的余弦的积的两倍.

$$a^2 = b^2 + c^2 - 2bc\cos A,$$
$$b^2 = c^2 + a^2 - 2ca\cos B,$$
$$c^2 = a^2 + b^2 - 2ab\cos C.$$

3. 三角形的面积公式

（1）$S = \frac{1}{2}ah_a = \frac{1}{2}bh_b = \frac{1}{2}ch_c$（$h_a$、$h_b$、$h_c$ 分别表示 a、b、c 上的高）；

（2）$S = \frac{1}{2}ab\sin C = \frac{1}{2}bc\sin A = \frac{1}{2}ac\sin B$；

（3）$S = \frac{a^2 \sin B \sin C}{2\sin(B+C)} = \frac{b^2 \sin C \sin A}{2\sin(C+A)} = \frac{c^2 \sin A \sin B}{2\sin(A+B)}$；

（4）$S = 2R\sin A \sin B \sin C$（$R$ 为外接圆半径）；

（5）$S = \frac{abc}{4R}$；

（6）$S = \sqrt{d(d-a)(d-b)(d-c)}$ $\left(d = \frac{1}{2}(a+b+c)\right)$；

（7）$S = rd$（r 为三角形内切圆半径）.

训练 2-1-1　如图 2-1-3 所示，在 △ABC 中，已知 $\angle C = 90°$，$\angle A = 30°$，$a = 1$，求 b 和 c.

解　根据直角三角形的边角关系，得：$\sin A = \frac{a}{c} = \frac{1}{c}$，而 $\angle A =$

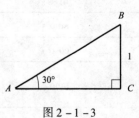

图 2-1-3

$30°$，$\sin 30° = \dfrac{1}{2}$，所以 $c = 2$.

又因为 $\tan A = \dfrac{a}{b} = \dfrac{1}{b}$，而 $\angle A = 30°$，$\tan 30° = \dfrac{\sqrt{3}}{3}$，所以 $b = \sqrt{3}$.

训练 2 - 1 - 2 如图 2 - 1 - 4 所示，已知 $\triangle ABC$ 为一个直角三角形，其中 $\angle C = 90°$，$\angle A$ 为较大的锐角，两边长分别为 5、12，求 $\angle A$ 和 $\angle B$.

解 根据直角三角形的边角关系，得

$\tan A = \dfrac{BC}{AC} = \dfrac{12}{5} = 2.4$，所以 $\angle A = \arctan 2.4 = 67.38°$，从而 $\angle B = 90° - \angle A = 90° - 67.38° = 22.62°$.

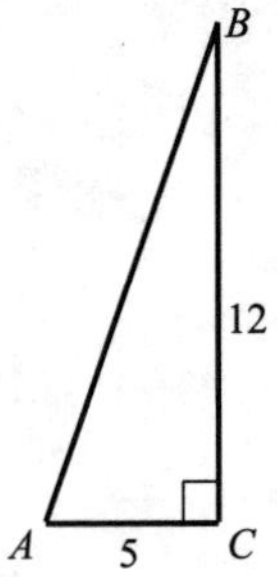

知识点 2：三角函数的概念

1. 任意角三角函数的定义

设 α 是任意一个角，如图 2 - 1 - 5 所示，$P(x, y)$ 是 α 的终边上的任意一点（异于原点），它与原点的距离是 $r = \sqrt{x^2 + y^2} > 0$，那么

$\sin\alpha = \dfrac{y}{r}$，$\cos\alpha = \dfrac{x}{r}$，$\tan\alpha = \dfrac{y}{x}$（$x \neq 0$），

$\cot\alpha = \dfrac{x}{y}$，（$y \neq 0$），

$\sec\alpha = \dfrac{r}{x}$，（$x \neq 0$），

$\csc\alpha = \dfrac{r}{y}$，（$y \neq 0$）.

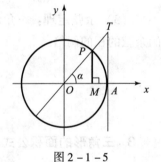

图 2 - 1 - 4

图 2 - 1 - 5

可以看出，正弦与余割、余弦与正割、正切与余切互为倒数.

根据相似三角形的知识，对于确定的角 α，这六个比值（如果有的话）都不会随点 P 在 α 的终边上的位置的改变而改变. 把这六个以角为自变量，以比值为函数值的函数都叫作**三角函数**.

从三角函数的定义可知，三角函数的定义域是使这些比值有意义的角 α 的取值范围，见表 2 - 1 - 1.

表 2 - 1 - 1

三角函数	定义域
$\sin\alpha$	$\{\alpha \mid \alpha \in \mathbf{R}\}$
$\cos\alpha$	$\{\alpha \mid \alpha \in \mathbf{R}\}$
$\tan\alpha$	$\{\alpha \mid \alpha \in \mathbf{R}, \alpha \neq \dfrac{\pi}{2} + k\pi, k \in \mathbf{Z}\}$

续表

三角函数	定义域
cotα	$\{\alpha \mid \alpha \in \mathbf{R}, \alpha \neq k\pi, k \in \mathbf{Z}\}$
secα	$\{\alpha \mid \alpha \in \mathbf{R}, \alpha \neq \frac{\pi}{2} + k\pi, k \in \mathbf{Z}\}$
cscα	$\{\alpha \mid \alpha \in \mathbf{R}, \alpha \neq k\pi, k \in \mathbf{Z}\}$

2. 任意角三角函数值的符号

根据三角函数的定义和角 α 的终边所在象限内的点 (x, y) 的坐标的符号,可以确定角 α 的各三角函数值的符号,具体见表 2-1-2.

表 2-1-2

三角函数	第一象限	第二象限	第三象限	第四象限
sinα, cscα	+	+	−	−
cosα, secα	+	−	−	+
tanα, cotα	+	−	+	−

注意:1(弧度) = 57.3°;π ≈ 3.141 56…(弧度) = 180°;$1° = \frac{\pi}{180}$(弧度).

3. 特殊角的三角函数值

在三角函数的计算中,经常要用到一些特殊的三角函数值,主要有:0°,30°,45°,60°,90°,180°,270°,它们对应的三角函数值见表 2-1-3.

表 2-1-3

三角函数\角度数值	0°	30°	45°	60°	90°	180°	270°
sinα	0	$\frac{1}{2}$	$\frac{\sqrt{2}}{2}$	$\frac{\sqrt{3}}{2}$	1	0	−1
cosα	1	$\frac{\sqrt{3}}{2}$	$\frac{\sqrt{2}}{2}$	$\frac{1}{2}$	0	−1	0
tanα	0	$\frac{\sqrt{3}}{3}$	1	$\sqrt{3}$	/	0	/

知识点3：常用的三角函数公式

1. 基本恒等式

同一个角 α 的三角函数间有下列函数关系——构造六边形法，如图 2-1-6 所示.

构造"上弦、中切、下割；左正、右余、中间1"的正六边形为模型.

（1）**倒数关系**：对角线上两个函数互为倒数，$\tan\alpha\cot\alpha = 1$.

（2）**商数关系**：六边形任意一顶点上的函数值等于与它相邻的两个顶点上函数值的乘积（横向箭头代表"+"，斜向下箭头代表"="），$\tan\alpha = \dfrac{\sin\alpha}{\cos\alpha}$，$\cot\alpha = \dfrac{\cos\alpha}{\sin\alpha}$.

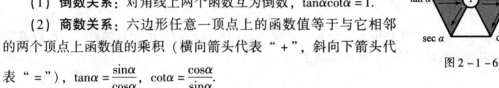

图 2-1-6

（3）**平方关系**：在带有阴影线的三角形中，上面两个顶点上的三角函数值的平方和等于下面顶点上的三角函数值的平方，$\sin^2\alpha + \cos^2\alpha = 1$，$\tan^2\alpha + 1 = \sec^2\alpha$，$\cot^2\alpha + 1 = \csc^2\alpha$.

2. 诱导公式

求任意角的三角函数值时，经常要用到表 2-1-4 中的诱导公式.

表 2-1-4

函数 角 α	$\sin\alpha$	$\cos\alpha$	$\tan\alpha$	$\cot\alpha$
$-\alpha$	$-\sin\alpha$	$\cos\alpha$	$-\tan\alpha$	$-\cot\alpha$
$\dfrac{\pi}{2} \pm \alpha$	$\cos\alpha$	$\mp\sin\alpha$	$\mp\cot\alpha$	$\mp\tan\alpha$
$\pi \pm \alpha$	$\mp\sin\alpha$	$-\cos\alpha$	$\pm\tan\alpha$	$\pm\cot\alpha$
$\dfrac{3\pi}{2} \pm \alpha$	$-\cos\alpha$	$\pm\sin\alpha$	$\mp\cot\alpha$	$\mp\tan\alpha$
$2\pi \pm \alpha$	$\pm\sin\alpha$	$\cos\alpha$	$\pm\tan\alpha$	$\pm\cot\alpha$

根据该表 2-1-4 有

$$\sin\left(\dfrac{\pi}{2} + \alpha\right) = \cos\alpha; \quad \cos\left(\dfrac{3\pi}{2} - \alpha\right) = -\sin\alpha \cdots$$

3. 加法公式

$$\sin(\alpha \pm \beta) = \sin\alpha\cos\beta \pm \cos\alpha\sin\beta;$$
$$\cos(\alpha \pm \beta) = \cos\alpha\cos\beta \mp \sin\alpha\sin\beta;$$

$$\tan(\alpha \pm \beta) = \frac{\tan\alpha \pm \tan\beta}{1 \mp \tan\alpha\tan\beta}.$$

4. 倍角公式

$$\sin 2\alpha = 2\sin\alpha\cos\alpha;$$
$$\cos 2\alpha = \cos^2\alpha - \sin^2\alpha = 2\cos^2\alpha - 1 = 1 - 2\sin^2\alpha.$$

5. 降幂公式

$$\sin^2\alpha = \frac{1-\cos 2\alpha}{2};\ \cos^2\alpha = \frac{1+\cos 2\alpha}{2}.$$

6. 和差化积公式

$$\sin\alpha + \sin\beta = 2\sin\frac{\alpha+\beta}{2}\cos\frac{\alpha-\beta}{2};$$
$$\sin\alpha - \sin\beta = 2\cos\frac{\alpha+\beta}{2}\sin\frac{\alpha-\beta}{2};$$
$$\cos\alpha + \cos\beta = 2\cos\frac{\alpha+\beta}{2}\cos\frac{\alpha-\beta}{2};$$
$$\cos\alpha - \cos\beta = -2\sin\frac{\alpha+\beta}{2}\sin\frac{\alpha-\beta}{2}.$$

7. 积化和差公式

$$\sin\alpha\cos\beta = \frac{1}{2}[\sin(\alpha+\beta)+\sin(\alpha-\beta)];$$
$$\cos\alpha\cos\beta = \frac{1}{2}[\cos(\alpha+\beta)+\cos(\alpha-\beta)];$$
$$\sin\alpha\sin\beta = -\frac{1}{2}[\cos(\alpha+\beta)-\cos(\alpha-\beta)];$$
$$\cos\alpha\sin\alpha = \frac{1}{2}[\sin(\alpha+\beta)-\sin(\alpha-\beta)].$$

训练 2-1-3 求下列三角函数的值：

(1) $\sin 225°$；   (2) $\cos 1\,740°$.

解 (1) $\sin 225° = \sin(180°+45°) = -\sin 45° = -\frac{\sqrt{2}}{2}$；

(2) $\cos 1\,740° = \cos(10\times 180° - 60°) = \cos 60° = 0.5$.

训练 2-1-4 计算下列各式：

(1) $5\sin\pi - \tan 0 + 10\cos\frac{\pi}{2} - 4\sin\frac{3\pi}{2} - \frac{1}{2}\cot\frac{\pi}{2}$；

(2) $4\sin\frac{\pi}{3} - \cos\frac{\pi}{4} + 6\sin\frac{\pi}{4}\cdot\tan\frac{\pi}{4} - \cot\frac{\pi}{6}\cdot\cos\frac{\pi}{3}$.

解 (1) 原式 $= 5\times 0 - 0 + 10\times 0 - 4\times(-1) - \frac{1}{2}\times 0 = 4$；

(2) 原式 $= 4 \times \frac{\sqrt{3}}{2} - \frac{\sqrt{2}}{2} + 6 \times \frac{\sqrt{2}}{2} \times 1 - \sqrt{3} \times \frac{1}{2} = 2\sqrt{3} - \frac{\sqrt{2}}{2} + 3\sqrt{2} - \frac{\sqrt{3}}{2}$

$= \frac{3\sqrt{3} + 5\sqrt{2}}{2}.$

四、拓展资源

1. 测量电线杆的高度

如图 2-1-7 所示，小明想测量电线杆 AB 的高度，他发现电线杆 AB 的影子正好落在坡面 CD 和地面 BC 上，已知坡面 CD 和地面 BC 成 30°角，CD = 4（米），BC = 10（米），且此时测得 1 米高的标杆在地面的影长为 2 米，求电线杆 AB 的高度．

解 作 $DE \perp AB$ 于点 E，$DF \perp BC$ 于点 F．

因为 $CD = 4$（米），$\angle DCF = 30°$，所以 $DF = 2$（米）．

因为 $BE = DF = 2$（米），$CF = \sqrt{CD^2 - DF^2} = 2\sqrt{3}$（米），所以 $ED = BF = BC + CF = (10 + 2\sqrt{3})$（米）．

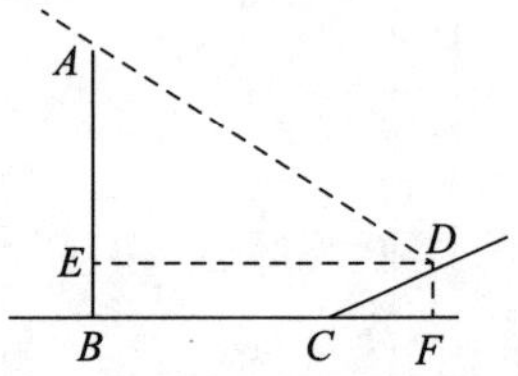

因为同一时刻的光线是平行的，水平线是平行的，所以光线与水平线的夹角相等．

图 2-1-7

又因为标杆与影长构成的角为直角，AE 与 ED 构成的角为直角，所以 AE 与影长 DE 构成的三角形和标杆与影长构成的三角形相似，所以 $\frac{AE}{DE} = \frac{1}{2}$.

解得 $AE = (5 + \sqrt{3})$（米），所以 $AB = AE + BE = (7 + \sqrt{3})$（米）．

答：电线杆 AB 的高度为 $(7 + \sqrt{3})$（米）．

2. 台风吹断树问题

一棵树被台风吹断，折成 60°角，树的底部与树梢尖着地处相距 20 米，原来树的高度为多少米？

解 如图 2-1-8 所示，$BC = AC\tan 30° = \frac{20\sqrt{3}}{3}$（米），$AB = \frac{AC}{\sin 60°} = \frac{40\sqrt{3}}{3}$（米）．

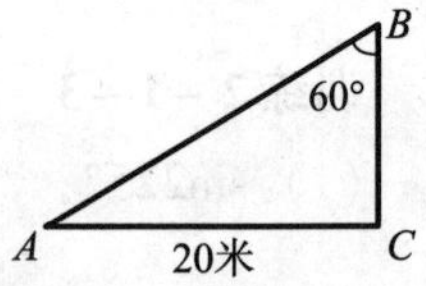

图 2-1-8

所以原来树的高度为 $AB + BC = 20\sqrt{3}$（米）．

3. 垒球比赛问题

在奥运会垒球比赛前，某国教练布置战术时，要求击球手以与连接本垒及游击手的直线成 15°角的方向把球击出，根据经验及测速仪的显示，通常情况下球速为游击手最大跑速的 4 倍，问按这样的布置，游击手能不能接着球（图 2-1-9）？

解 若游击手能接着球，接球点为 B，而游击手从点 A 跑出，本垒为 O 点，从击出球到

接着球的时间为 t，球速为 v. 从击出球到接着球的时间为 t，球速为 v，则 $\angle AOB = 15°$，$OB = vt$，$AB \leqslant \dfrac{v}{4} \cdot t$.

在 $\triangle AOB$ 中，由正弦定理得 $\dfrac{OB}{\sin \angle OAB} = \dfrac{AB}{\sin 15°}$，$\sin \angle OAB = \dfrac{OB}{AB}\sin 15° \geqslant \dfrac{vt}{vt/4} \cdot \dfrac{\sqrt{6}-\sqrt{2}}{4} = \sqrt{6}-\sqrt{2}$，而 $(\sqrt{6}-\sqrt{2})^2 = 8 - 4\sqrt{3} > 8 - 4 \times 1.74 > 1$，即 $\sin \angle OAB > 1$.

因为这样的 $\angle OAB$ 不存在，因此游击手不能接着球.

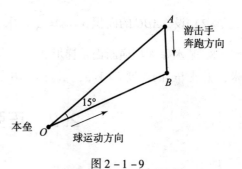

图 2 - 1 - 9

课后训练 2.1

1. 根据图 2 - 1 - 10 所示图形中的条件，求未知的边和角.

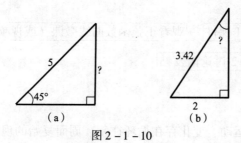

图 2 - 1 - 10

2. 在 $\triangle ABC$ 中，$\cos A = -\dfrac{5}{13}$，$\cos B = \dfrac{3}{5}$.

（1）求 $\sin C$ 的值；（2）设 $BC = 5$，求 $\triangle ABC$ 的面积.

3. 在 $\triangle ABC$ 中，已知 $AB = 10\sqrt{2}$，$A = 45°$，$BC = \dfrac{20}{3}\sqrt{3}$，求角 C.

4. 在 $\triangle ABC$ 中，$\angle A = 60°$，$AC = 16$，面积为 $220\sqrt{3}$，那么 AB 的长度为多少？

5. 化简：

（1）$\cos \pi + \sin \dfrac{\pi}{3} + \tan \dfrac{\pi}{4} - \cos \dfrac{\pi}{6} + \sin \dfrac{\pi}{2} - \cot \dfrac{\pi}{2}$；

（2）$5\sin 90° + 2\cos 0° + 3\sin 270° + 10\cos 180°$；

（3）$\sin 60°(1 + \sqrt{3}\tan 60°)$；

（4）$\cos 20° \cdot \cos 40° \cdot \cos 80°$.

6. 求下列三角函数的值：

（1）$\sin 420°$； （2）$\tan \dfrac{7\pi}{6}$；

（3）$\cos 150°$； （4）$\sin \dfrac{31\pi}{4}$.

7. 在 $\triangle ABC$ 中，$\cos B = -\dfrac{5}{13}$，$\cos C = \dfrac{4}{5}$．

（1）求 $\sin A$ 的值；

（2）设 $\triangle ABC$ 的面积 $S_{\triangle ABC} = \dfrac{33}{2}$，求 BC 的长．

8. 某水库大坝横断面是梯形 $ABCD$，坝顶宽 $CD = 3$（米），斜坡 $AD = 16$（米），坝高 8 米，斜坡 BC 的坡度 $i = 1:3$，求斜坡 AB 的坡角和坝底宽 AB．

2.2　正弦型函数及图像

一、学习目标

【能力目标】　会绘制正弦曲线的图像，能用三角函数知识进行交流电路的分析和计算．

【知识目标】　理解正弦曲线的图像及其性质，掌握正弦曲线作图方法．

二、线上学习导学单

观看正弦函数曲线 PPT 课件 → 观看正弦函数曲线微课（或视频）→ 完成课前任务 2.2 → 完成在线测试 2.2 → 在 2.2 讨论区发帖

三、知识链接

在现实世界中，许多运动、变化存在循环往复、周而复始的现象，例如昼夜交替、四季交替、月亮的圆缺变化、交流电的变化等．这种规律称为周期性．三角函数正是刻画这种变化的重要的数学模型．在物理和工程技术的许多问题中，都会遇到形如 $y = A\sin(\omega x + \varphi)$ 的函数（其中 A，φ，ω 是常数）．例如，物体作简谐振动时位移 y 与时间 x 的关系、交流电中电流 y 与时间 x 的关系等，都可用这类函数来表示．

知识点 1：三角函数图像

正弦函数的图像如图 2-2-1 所示，余弦函数的图像如图 2-2-2 所示，正切函数的图像如图 2-2-3 所示．

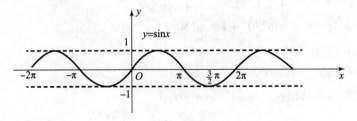

图 2-2-1

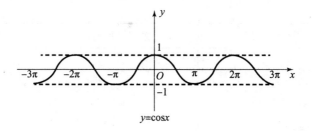

图 2-2-2

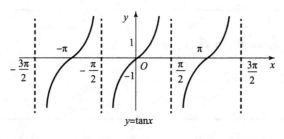

图 2-2-3

知识点 2：三角函数的性质

三角函数的性质见表 2-2-1.

表 2-2-1

	正弦函数的性质	余弦函数的性质	正切函数的性质
函数	$y=\sin x$	$y=\cos x$	$y=\tan x$
定义域	$(-\infty,+\infty)$	$(-\infty,+\infty)$	$x\neq k\pi+\dfrac{\pi}{2}$
值域	$[-1,1]$	$[-1,1]$	$(-\infty,+\infty)$
奇偶性	奇函数	偶函数	奇函数
单调性	$\left[2k\pi-\dfrac{\pi}{2},2k\pi+\dfrac{\pi}{2}\right]$ 单调递增；$\left[2k\pi+\dfrac{\pi}{2},2k\pi+\dfrac{3\pi}{2}\right]$ 单调递减	$[(2k-1)\pi,2k\pi]$ 单调递增；$[2k\pi,(2k+1)\pi]$ 单调递减	$\left(k\pi-\dfrac{\pi}{2},k\pi+\dfrac{\pi}{2}\right)$ 单调递增
周期性	$T=2\pi$	$T=2\pi$	$T=\pi$
对称性	对称轴：$x=k\pi+\dfrac{\pi}{2}$；对称中心：$(k\pi,0)$	对称轴：$x=k\pi$；对称中心：$\left(k\pi+\dfrac{\pi}{2},0\right)$	对称中心：$\left(\dfrac{k\pi}{2},0\right)$
零值点	$x=k\pi$	$x=k\pi+\dfrac{\pi}{2}$	$x=k\pi$

续表

	正弦函数的性质	余弦函数的性质	正切函数的性质
最值点	$x=k\pi+\dfrac{\pi}{2}$, $y_{\max}=1$; $x=k\pi-\dfrac{\pi}{2}$, $y_{\min}=-1$	$x=2k\pi$, $y_{\max}=1$; $x=(2k+1)\pi$, $y_{\min}=-1$	无

知识点3：三角函数图像变换

三角函数图像变换见表 2-2-2.

表 2-2-2

图像变换	振幅变换：$y=A\sin x$（$A>0$ 且 $A\neq1$）的图像可以看作把正弦曲线上所有点的纵坐标伸长（$A>1$）或缩短（$0<A<1$）到原来的 A 倍得到的（横坐标不变）. 周期变换：$y=\sin\omega x$（$\omega>0$ 且 $\omega\neq1$）的图像可以看作把正弦曲线上所有点的横坐标缩短（$\omega>1$）或伸长（$0<\omega<1$）到原来的 $\dfrac{1}{\omega}$ 倍得到的（纵坐标不变）. 相位变换：$y=\sin(x+\varphi)$ 的图像可以看作把正弦曲线上的所有点向左（$\varphi>0$）或向右（$\varphi<0$）平移 $|\varphi|$ 个单位长度得到的
性质	用"五点法"作图像 振幅：A 周期：$T=\dfrac{2\pi}{\|\omega\|}$ $y=A\tan(\omega x+\varphi)$ 的周期：$T=\dfrac{\pi}{\|\omega\|}$ 频率：$f=\dfrac{1}{T}=\dfrac{\omega}{2\pi}$ 相位：$\omega x+\varphi$ 初相：φ

训练 2-2-1 求使下列函数取得最大值的自变量 x 的集合，并说出最大值是什么.

(1) $y=\cos x+1$, $x\in\mathbf{R}$;

(2) $y=2-\sin 2x$, $x\in\mathbf{R}$.

解 (1) 使函数 $y=\cos x+1$, $x\in\mathbf{R}$ 取得最大值的 x 的集合，就是使函数 $y=\cos x+1$, $x\in\mathbf{R}$ 取得最大值的 x 的集合 $\{x\mid x=2k\pi,k\in\mathbf{Z}\}$.

函数 $y=\cos x+1$, $x\in\mathbf{R}$ 的最大值是 $1+1=2$.

(2) 令 $Z=2x$，那么 $x\in\mathbf{R}$ 必须并且只需 $Z\in\mathbf{R}$，且使函数 $y=\sin Z$, $Z\in\mathbf{R}$ 取得最小值的 Z 的集合是 $\left\{Z\mid Z=-\dfrac{\pi}{2}+2k\pi,k\in\mathbf{Z}\right\}$

由 $2x = Z = -\dfrac{\pi}{2} + 2k\pi$ 得 $x = -\dfrac{\pi}{4} + k\pi$，即使函数 $y = 2 - \sin 2x$，$x \in \mathbf{R}$ 取得最大值的 x 的集合是 $\left\{x \mid x = -\dfrac{\pi}{4} + k\pi, k \in \mathbf{Z}\right\}$.

函数 $y = 2 - \sin 2x$ 的最大值为 $2 - (-1) = 3$.

训练 2-2-2 已知函数 $y = 2\sin\left(2x + \dfrac{\pi}{3}\right)$.

（1）求它的振幅、周期、初相；
（2）用"五点法"作出它在一个周期内的图像.

解（1）$y = 2\sin\left(2x + \dfrac{\pi}{3}\right)$ 的振幅 $A = 2$，周期 $T = \dfrac{2\pi}{2} = \pi$，初相 $\varphi = \dfrac{\pi}{3}$.

（2）令 $X = 2x + \dfrac{\pi}{3}$，则 $y = 2\sin\left(2x + \dfrac{\pi}{3}\right) = 2\sin X$.

列表（表 2-2-3）并描点画出图像（图 2-2-4）.

表 2-2-3

x	$-\dfrac{\pi}{6}$	$\dfrac{\pi}{12}$	$\dfrac{\pi}{3}$	$\dfrac{7\pi}{12}$	$\dfrac{5\pi}{6}$
X	0	$\dfrac{\pi}{2}$	π	$\dfrac{3\pi}{2}$	2π
$y = \sin X$	0	1	0	-1	0
$y = 2\sin\left(2x + \dfrac{\pi}{3}\right)$	0	2	0	-2	0

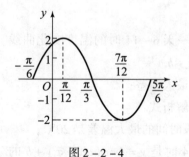

图 2-2-4

训练 2-2-3 图 2-2-5 表示电流强度 I 与时间 t 的关系 $i = A\sin(\omega t + \varphi)$ 的图像.

试根据图像写出 $i = A\sin(\omega t + \varphi)$ 的解析式.

解 由图知，$A = 300$，$T = \dfrac{1}{60} - \left(-\dfrac{1}{300}\right) = \dfrac{1}{50}$，所以 $\omega = \dfrac{2\pi}{T} = 100\pi$.

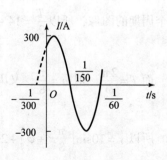

图 2-2-5

因为 $-\dfrac{\varphi}{\omega} = -\dfrac{1}{300}$，所以 $\varphi = \dfrac{\omega}{300} = \dfrac{\pi}{3}$，则 $i = 300\sin\left(100\pi t + \dfrac{\pi}{3}\right)$ $(t \geqslant 0)$.

知识点 4：正弦函数的相量表示法

设有一正弦函数 $u = U_m\sin(\omega t + \varphi)$，其波形如图 2-2-6 所示，左图是直角坐标系中的一旋转有向线段. 有向线段的长度代表正弦量的幅值 U_m，它的初始位置（$t=0$ 时的位置）与横轴正方向之间的夹角等于正弦量的初相位 φ，并以正弦量的角频率 ω 作逆时针方向旋转. 可见，这一旋转有向线段具有正弦量的三要素，故可以用来表示正弦量. 正弦量的某时刻的瞬时值就可以由这个旋转有向线段于该瞬时在纵坐标轴上的投影表示出来.

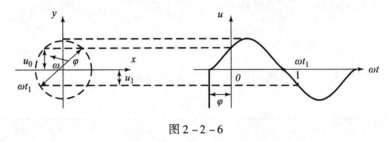

图 2-2-6

当 $t=0$ 时，$U_0 = U_m\sin\varphi$；

当 $t=t_1$ 时，$U_1 = U_m\sin(\omega t_1 + \varphi)$.

由以上可见，正弦函数可以用旋转的有向线段来表示. 有向线段表示正弦函数，即正弦函数的向量表示法，此外，正弦函数还可以用复数表示.

四、拓展资源

1. 温度变化曲线

如图 2-2-7 所示，某地一天 6—14 时的温度变化曲线近似满足函数 $y = A\sin(\omega x + \varphi) + b$.

（1）求这一天 6—14 时的最大温差；

（2）写出这段曲线的函数解析式.

解 （1）由图可知，这段时间的最大温差是 20℃；

（2）从图可以看出，6—14 时是 $y = A\sin(\omega x + \varphi) + b$ 的半个周期的图像，所以 $\dfrac{T}{2} = 14 - 6 = 8$，$T = 16$.

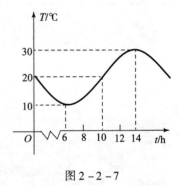

图 2-2-7

而 $T = \dfrac{2\pi}{\omega}$，则 $\omega = \dfrac{\pi}{8}$，又因为 $\begin{cases} A = \dfrac{30-10}{2} = 10, \\ b = \dfrac{30+10}{2} = 20, \end{cases}$ 所以 $\begin{cases} A = 10, \\ b = 20. \end{cases}$

所以 $y = 10\sin\left(\dfrac{\pi}{8}x + \varphi\right) + 20$.

将点 (6, 10) 代入得 $\sin\left(\dfrac{3\pi}{4}+\varphi\right)=-1$，所以 $\dfrac{3\pi}{4}+\varphi=2k\pi+\dfrac{3\pi}{2}$ $(k\in\mathbf{Z})$，于是 $\varphi=2k\pi+\dfrac{3\pi}{4}$ $(k\in\mathbf{Z})$，取 $\varphi=\dfrac{3\pi}{4}$，有 $y=10\sin\left(\dfrac{\pi}{8}x+\dfrac{3\pi}{4}\right)+20$ $(6\leqslant x\leqslant 14)$.

2. 电流电压的瞬时值表达式

（1）已知正弦电压源的频率为 50 赫兹，初相角为 $\dfrac{\pi}{6}$，由交流电压表测得电源开路电压为 220 伏．求该电源电压的振幅、角频率，并写出瞬时值的表达式．

（2）已知正弦电压 $u=311\sin(314t+60°)$（伏），试求：

①角频率 ω、频率 f、周期 T、最大值 U_m 和初相位 ψ_u；

②在 $t=0$（秒）和 $t=0.001$（秒）时，电压的瞬时值．

解（1）因为 $f=50$（赫兹），$\theta_u=\dfrac{\pi}{6}$，所以 $\omega=2\pi f=2\pi\times 50=314$（弧度/秒），$U_m=\sqrt{2}U=\sqrt{2}\times 220=311$（伏）．

电源电压瞬时值表达式为

$$u(t)=U_m\sin(\omega t+\theta_u)$$
$$=311\sin\left(314t+\dfrac{\pi}{6}\right)(\text{伏}).$$

（2）① $\omega=314$（弧度/秒），$f=\dfrac{\omega}{2\pi}=50$（赫兹），$T=\dfrac{1}{f}=0.02$（秒），$U_m=311$（伏），$\psi_u=60°$．

② $t=0$（秒）时，$u=311\sin 60°\approx 269.3$（伏）；

$t=0.001$（秒）时，$u=311\sin\left(100\pi\times 0.001+\dfrac{\pi}{3}\right)=311\sin 78°\approx 304.2$（伏）．

3. 相位差问题

求两个正弦量 $i_1(t)=-14.1\sin(\omega t-120°)$（安），$i_2(t)=7.05\cos(\omega t-60°)$（安）的相位差 φ_{12}．

解（1）把 i_1，i_2 化成标准正弦型函数的形式：

$$i_1(t)=-14.1\sin(\omega t-120°)=14.1\sin(\omega t-120°+180°)$$
$$=14.1\sin(\omega t+60°)(\text{安})$$
$$i_2(t)=7.05\cos(\omega t-60°)=7.05\sin(\omega t-60°+90°)$$
$$=7.05\sin(\omega t+30°)(\text{安}).$$

②比较标准形式，得两个电流的初相：

$$\varphi_1=60°,\varphi_2=30°.$$

③计算相位差 $\varphi_{12}=\varphi_1-\varphi_2=60°-30°=30°$，即正弦电流 i_1 超前 i_2 30°．

课后训练 2.2

1. 求下列函数的周期：
(1) $y = 3\cos x$, $x \in \mathbf{R}$；
(2) $y = \sin 2x$, $x \in \mathbf{R}$；
(3) $y = 2\sin\left(\dfrac{1}{2}x - \dfrac{\pi}{6}\right)$, $x \in \mathbf{R}$.

2. 分析 $y = 3\sin\left(2x + \dfrac{\pi}{3}\right)$ 的图像可由 $y = \sin x$ 的图像如何变换得到？

3. 已知 α 为第三象限的角，$\cos 2\alpha = -\dfrac{3}{5}$，则 $\sin\left(\dfrac{\pi}{4} + 2\alpha\right) = $ _____.

4. 已知函数 $y = A\sin(\omega x + \varphi)$ $(A > 0, \omega > 0, |\varphi| < \pi)$ 的最小正周期为 $\dfrac{2\pi}{3}$，最小值为 -2，图像经过点 $\left(\dfrac{5\pi}{9}, 0\right)$，求该函数的解析式.

5. 已知：正弦量 $u = 220\sqrt{2}\sin(314t + 60°)$（伏），$i = 10\sqrt{2}\sin(314t - 30°)$（安）.
求：（1）正弦量的最大值、有效值；
（2）角频率、频率、周期；
（3）初相角、相位差；
（4）画出 u、i 的波形.

6. 试求下列正弦信号的振幅、频率和初相角，并画出其波形图：
(1) $u(t) = 10\sin 314t$（伏）；
(2) $u(t) = 5\sin(100t + 30°)$（伏）；
(3) $u(t) = 4\cos(2t - 120°)$（伏）；
(4) $u(t) = 8\sqrt{2}\sin(2t - 45°)$（伏）.

7. 已知一工频正弦电压有效值 $U = 220$（伏），初相角为 $\varphi = 45°$，试写出该电压的瞬时值表达式.

8. 一正弦电流的最大值为 $I_m = 15$（安），频率 $f = 50$（赫兹），初相角为 $42°$，试求当 $t = 0.001$（秒）时电流的相位及瞬时值.

第3章 复数

【能力目标】 会进行复数的代数形式、三角形式、指数形式和极坐标形式等四种形式间的互相转换，会进行复数的运算，能用复数相量来分析计算电路问题.

【知识目标】 理解复数的概念，了解复数的几种形式及互化，掌握复数的几何表示，了解复数的向量表示，掌握复数各种形式的四则运算法则.

【素质目标】 培养独立思考、勇于探索的精神.

3.1 复数的概念及复数的四种形式

一、学习目标

【能力目标】 会进行复数的代数形式、三角形式、指数形式和极坐标形式等四种形式间的互相转换，能用复数的形式互化解决电路计算中的相关问题.

【知识目标】 正确理解复数的概念，了解复数的几种形式及互化，掌握复数的几何表示.

二、线上学习导学单

观看复数的概念 PPT 课件 → 观看复数的概念微课（或视频）→ 完成课前任务 3.1 → 完成在线测试 3.1 → 在 3.1 讨论区发帖

三、知识链接

知识点 1：复数

1. 虚数单位

为了使负数开平方可以进行，引入一个新的数 j，并使它满足性质：

(1) $j^2 = -1$；

(2) j 和实数在一起可以按照实数的四则运算法则进行运算.

注意：虚数单位 j 是一个既特殊又普通的数，特殊之处在于 $j^2 = -1$，这是任何实数都不具备的；普通之处是 j 可以和实数"打成一片"，j 与实数可以运用实数的运算律进行运算.

虚数单位的周期性如下：

$j^{4n+m} = j^m$（$m=0$，1，2，3；n 为整数），如 $j^{35} = j^{4 \times 8 + 3} = j^3 = -j$.

2. 纯虚数

虚数单位 j 乘一个非零实数 b，即 jb 叫作**纯虚数**. 如 j，$-j2$，$\dfrac{j}{4}$ 等都是纯虚数.

3. 虚数

纯虚数 jb 加上一个实数 a，即 $a+jb$ 叫作**虚数**. 如 $3+j4$，$j-1$，$-2+j$ 等都是虚数.

4. 复数

形如 $a+jb$ 的数叫作**复数**，其中 a、b 是实数，a 叫作复数的实部，b 叫作复数的虚部.

显然，如果 $b=0$，那么复数就是实数 a，即复数包含所有实数；如果 $b \neq 0$，那么复数就是虚数，即复数也包含所有虚数，于是有

$$复数\ a+jb \begin{cases} 实数(b=0), \\ 虚数(b \neq 0)[纯虚数(a=0)]. \end{cases}$$

一个复数通常可以用一个大写字母来表示，如 $Z=2-j3$、$A=-j5$ 等，复数的**实部**、**虚部**分别可以用记号 Re( )、Im( ) 来表示，如 Re(Z) = 2，Im(A) = -5.

5. 共轭复数

设复数 $Z=a+jb$，则 $a-jb$ 叫作 $a+jb$ 的共轭复数，记为 $\overline{Z}$，即 $\overline{Z}=a-jb$，它们的实部相等，虚部互为相反数.

$Z=a+jb$ 与 $\overline{Z}=a-jb$ 称为一对**共轭复数**.

训练 3-1-1 m 为何实数时，复数 $Z=(2+j)m^2-3(1+j)m-2(1-j)$ 是：（1）实数；（2）虚数；（3）纯虚数；（4）零.

解 $(2m^2-3m-2)+j(m^2-3m+2) = (2m+1)(m-2)+j(m-1)(m-2)$.

(1) 当 $m=1$ 或 $m=2$ 时，Z 是实数.

(2) 当 $m \neq 1$ 且 $m \neq 2$ 时，Z 是虚数.

(3) 当 $\begin{cases}(m-1)(m-2) \neq 0, \\ (2m+1)(m-2) = 0,\end{cases}$ 即当 $m=-\dfrac{1}{2}$ 时，Z 是纯虚数.

(4) 当 $\begin{cases}(m-1)(m-2) = 0, \\ (2m+1)(m-2) = 0,\end{cases}$ 即 $m=2$ 时，Z 是零.

知识点 2：复数的几何表示

1. 用复平面内的点表示

横轴为实轴，不包括原点的纵轴为虚轴，由这个坐标系决定的平面上的每个点表示一个

复数,因此该平面叫作**复平面**,这个坐标系叫作**复平面直角坐标系**.

对于任意一个复数 $a+jb$,它的实部和虚部可以确定一对有序的实数 (a,b),以这一对有序实数作为坐标,在复平面内就有唯一的点 M 与它对应,其坐标为 (a,b);反之,复平面内任意一点 $M(a,b)$ 也可以唯一对应一个复数 $a+jb$,这样就可以用复平面内的点来表示复数,如图 3-1-1 所示,即 $Z=a+jb$ 和平面上的点 $M(a,b)$ 是一一对应的.

2. 复数的向量表示

连接坐标原点 O 和点 $M(a,b)$,可以得到起点在原点的向量 $\overrightarrow{OM}$(图 3-1-2). 向量 $\overrightarrow{OM}$ 的大小,由点 M 到原点 O 的距离给出,$|\overrightarrow{OM}|=r=\sqrt{a^2+b^2}$,其中 r 也叫作复数 $a+jb$ 的**模**. 由 x 轴的正半轴绕原点逆时针方向旋转至和向量 $\overrightarrow{OM}$ 重合所夹的角 θ 叫作复数 $a+jb$ 的**辐角**.

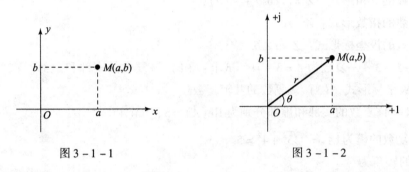

图 3-1-1　　　　　　　　图 3-1-2

规定:(1)模 $r\geq 0$($r=0$ 时是实数 0);

(2)辐角 θ 可能不止一个角,凡适合 $-\pi\leq\theta\leq\pi$ 的辐角 θ 的值,叫作**辐角的主值**.

这样,复数 $a+jb$ 就和向量 $\overrightarrow{OM}$ 建立了一一对应的关系,即在复平面内一个复数对应一个向量(起点在原点);反之,一个起点在原点的向量也对应一个复数. 实数 0 对应的向量叫作**零向量**,它的模是 0,辐角不确定.

训练 3-1-2　用向量表示复数:$\sqrt{3}+j$,$j3$,-2,$3-j4$,并分别求出它们的模和辐角.

解　(1)如图 3-1-3 所示,$\sqrt{3}+j$ 的模为 $|\sqrt{3}+j|=\sqrt{(\sqrt{3})^2+1^2}=2$,$\sqrt{3}+j$ 的辐角为 $\theta=\arctan\dfrac{1}{\sqrt{3}}=\arctan\dfrac{\sqrt{3}}{3}=30°$.

(2)如图 3-1-4 所示,$j3$ 的模为 $|j3|=3$,$j3$ 的辐角为 $\theta=\dfrac{\pi}{2}$.

(3)如图 3-1-5 所示,-2 的模为 $|-2|=2$,-2 的辐角为 $\theta=\pi$.

(4)如图 3-1-6 所示,$3-j4$ 的模为 $|3-j4|=\sqrt{3^2+(-4)^2}=5$,$3-j4$ 的辐角为 $\theta=\arctan\dfrac{-4}{3}=-\arctan\dfrac{4}{3}=-53.13°$.

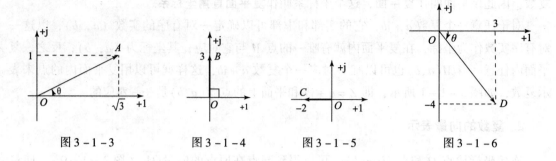

图 3-1-3　　　　图 3-1-4　　　　图 3-1-5　　　　图 3-1-6

知识点3：复数的四种形式

(1) 复数的代数形式：$Z = a + jb$；

(2) 复数的三角形式：$Z = r(\cos\theta + j\sin\theta)$；

(3) 复数的指数形式：$Z = re^{j\theta}$；

(4) 复数的极坐标形式：$Z = r\angle\theta$.

训练 3-1-3　一复数为 $A = 3 + j4$. 试求：(1) 该复数的实部和虚部；(2) 该复数的三角形式和极坐标形式；(3) 该复数的共轭复数.

解　(1) 该复数的实部和虚部分别为 $\text{Re}(A) = 3$，$\text{Im}(A) = 4$.

(2) 该复数的模为 $|A| = \sqrt{3^2 + 4^2} = 5$.

该复数的辐角为

$$\theta = \arctan\frac{4}{3} = 53.13°.$$

该复数的三角形式为

$$A = 5(\cos 53.13° + j\sin 53.13°).$$

该复数的极坐标形式为

$$A = 5\angle 53.13°.$$

(3) 该复数的共轭复数为

$$\overline{A} = 3 - j4 = 5\angle -53.13°.$$

四、拓展资源

复数集内解一元二次方程

实数集扩充为复数集后，解决了原来在实数集中开方运算总不能实施的矛盾.

已知 $j^2 = -1$，$(-j)^2 = j^2 = -1$，所以 j 和 $-j$ 都是 -1 的平方根，即有 $\sqrt{-1} = j$.

方程 $x^2 = -1$ 的根是 $x = j$ 和 $x = -j$.

一般的，当 $a > 0$ 时，$\sqrt{-a} = \sqrt{-1}\sqrt{a} = j\sqrt{a}$. 比如 $\sqrt{-4} = \sqrt{-1}\sqrt{4} = j2$，$\sqrt{-12} = \sqrt{-1} \cdot \sqrt{12} = j2\sqrt{3}$.

现在在复数集中讨论实系数一元二次方程（在解二阶常系数微分方程中应用比较多）$ax^2 + bx + c = 0$（a、b、$c \in \mathbf{R}$ 且 $a \neq 0$）的解的情况.

因为 $a \neq 0$,所以原方程可变形为 $x^2 + \dfrac{b}{a}x = -\dfrac{c}{a}$,配方得
$$\left(x + \dfrac{b}{2a}\right)^2 = \left(\dfrac{b}{2a}\right)^2 - \dfrac{c}{a},$$
即
$$\left(x + \dfrac{b}{2a}\right)^2 = \dfrac{b^2 - 4ac}{4a^2}.$$

(1) 当 $\Delta = b^2 - 4ac > 0$ 时,原方程有两个不相等的实数根:
$$x = -\dfrac{b}{2a} \pm \dfrac{\sqrt{b^2 - 4ac}}{2a};$$

(2) 当 $\Delta = b^2 - 4ac = 0$ 时,原方程有两个相等的实数根:
$$x = -\dfrac{b}{2a};$$

(3) 当 $\Delta = b^2 - 4ac < 0$ 时,$\dfrac{b^2 - 4ac}{4a^2} < 0$,而 $\dfrac{b^2 - 4ac}{4a^2}$ 的平方根为 $\pm j\dfrac{\sqrt{4ac - b^2}}{2a}$,即 $x + \dfrac{b}{2a} = \pm j\dfrac{\sqrt{4ac - b^2}}{2a}$,此时原方程有两个不相等的虚数根:
$$x = -\dfrac{b}{2a} \pm j\dfrac{\sqrt{4ac - b^2}}{2a}.$$
$$\left(x = -\dfrac{b}{2a} \pm j\dfrac{\sqrt{4ac - b^2}}{2a} \text{ 为一对共轭虚数根}\right)$$

说明:实系数一元二次方程在复数范围内必有两个解:当 $\Delta \geq 0$ 时,有两个实根;当 $\Delta < 0$ 时,有一对共轭虚根.

训练 3-1-4 在复数集中解方程 $x^2 + 2x + 6 = 0$.

解 因为 $\Delta = 4 - 4 \times 1 \times 6 = -20 < 0$,所以方程 $x^2 + 2x + 6 = 0$ 的解为
$$x_1 = -1 + j\sqrt{5},\ x_2 = -1 - j\sqrt{5}.$$

课后训练3.1

1. 用向量表示复数:$1-j$,$-j3$,5,$8+j6$,$-1+j\sqrt{3}$,并分别求出它们的模和辐角.
2. 根据下列复数的模和辐角求该复数的实部和虚部:
   (1) $|A| = 2$,$\theta = 30°$;
   (2) $|A| = 4.6$,$\theta = 135°$;
   (3) $r = 3.23$,$\theta = 75°$;
   (4) $r = 5$,$\theta = \pi$.
3. 将下列复数化为代数形式:
   (1) $A = 5 \angle 60°$;   (2) $A = 5 \angle -28.5°$;
   (3) $A = 14.32 \angle 100°$;   (4) $A = 2 \angle -180°$.

4. 把下列复数化为极坐标形式：

(1) $A = 220$；

(2) $A = 1 - j1$；

(3) $A = -4 + j3$；

(4) $A = j4.4$.

5. 在复数集中解方程：

(1) $x^2 + 3x + 7 = 0$；

(2) $x^2 + 4 = 0$；

(3) $x^2 - 4x + 9 = 0$；

(4) $x^2 + 81 = 0$.

3.2 复数的运算及应用

一、学习目标

【能力目标】 会进行复数的运算，能用复数相量分析计算电路中的问题.

【知识目标】 了解复数的相量表示，掌握复数各种形式的四则运算法则.

二、线上学习导学单

观看复数的运算 PPT 课件 → 观看复数运算微课（或视频）→ 完成课前任务3.2 → 完成在线测试3.2 → 在3.2讨论区发帖

三、知识链接

知识点1：复数的运算

1. 两个复数相等

1) 代数形式相等

设 $A = a + jb$，$B = c + jd$，则 $A = B \Leftrightarrow a = c$ 且 $b = d$.

也就是：两个表示为代数形式的复数相等，等价于它们的实部、虚部分别相等.

2) 极坐标形式相等

设 $A = r_1 \angle \varphi_1$，$B = r_2 \angle \varphi_2$，则 $A = B \Leftrightarrow r_1 = r_2$ 且 $\varphi_1 = \varphi_2$.

也就是：两个复数相等，等价于它们的模和辐角分别相等.

注意：两个复数之间通常只有相等或不相等的关系，虚数之间不能比较大小.

2. 代数形式的四则运算

当参与运算的复数以代数形式给出的时候，即 $A = a + jb$，$B = c + jd$，复数的四则运算类似于初等代数中二项式的相关运算：

(1) 加减法：$A \pm B = (a \pm c) + j(b \pm d)$.

(2) 乘法：$A \times B = (a + jb)(c + jd) = (ac - bd) + j(ad + bc)$.

(3) 除法：$A \div B = \dfrac{a+jb}{c+jd} = \dfrac{(a+jb)(c-jd)}{(c+jd)(c-jd)} = \dfrac{ac+bd}{c^2+d^2} + j\dfrac{bc-ad}{c^2+d^2}$.

注意：(1) $j^2 = -1$.

(2) 两个共轭复数的乘积：$(c+jd)(c-jd) = c^2+d^2$.

训练 3-2-1 设 $A = 1-j$，$B = 2+j$，试用作图法在复平面内求 $A+B$ 和 $A-B$.

解 $A+B = (1+2) + j(-1+1) = 3$，如图 3-2-1 所示.

$A-B = (1-2) + j(-1-1) = -1-j2$，如图 3-2-2 所示.

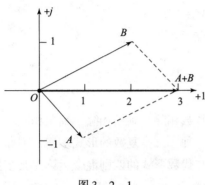
图 3-2-1

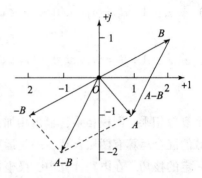
图 3-2-2

3. 三角形式的乘法和除法运算

设 $A = r_1(\cos\varphi_1 + j\sin\varphi_1)$，$B = r_2(\cos\varphi_2 + j\sin\varphi_2)$，则有：

(1) 乘法：$A \times B = r_1(\cos\varphi_1 + j\sin\varphi_1) \times r_2(\cos\varphi_2 + j\sin\varphi_2)$

$= r_1 e^{j\varphi_1} \cdot r_2 e^{j\varphi_2} = r_1 r_2 e^{j(\varphi_1+\varphi_2)}$

$= r_1 r_2 [\cos(\varphi_1+\varphi_2) + j\sin(\varphi_1+\varphi_2)]$.

(2) 除法：$A \div B = r_1(\cos\varphi_1 + j\sin\varphi_1) \div r_2(\cos\varphi_2 + j\sin\varphi_2)$

$= r_1 e^{j\varphi_1} \div \cdot r_2 e^{j\varphi_2} = \dfrac{r_1}{r_2} e^{j(\varphi_1-\varphi_2)}$

$= \dfrac{r_1}{r_2}[\cos(\varphi_1-\varphi_2) + j\sin(\varphi_1-\varphi_2)]$.

两个复数三角形式的乘积仍是复数，它的模是两个乘积因子模的积，它的辐角是两个乘积因子辐角的和. 两个复数三角形式的商的模是分子和分母模的商，辐角是分子和分母辐角的差.

推广到复数三角形式的乘方：

若 $A = r(\cos\varphi + j\sin\varphi)$，则乘方 $A^n = r^n(\cos n\varphi + j\sin n\varphi)$.

4. 指数形式的乘法和除法运算

设 $A = r_1 e^{j\varphi_1}$，$B = r_2 e^{j\varphi_2}$，则有：

(1) 乘法：$A \times B = r_1 e^{j\varphi_1} \times r_2 e^{j\varphi_2} = r_1 r_2 e^{j(\varphi_1+\varphi_2)}$.

(2) 乘方：$A^n = (re^{j\varphi})^n = r^n e^{jn\varphi}$.

(3) 除法：$A \div B = r_1 \mathrm{e}^{\mathrm{j}\varphi_1} \div r_2 \mathrm{e}^{\mathrm{j}\varphi_2} = \dfrac{r_1}{r_2} \mathrm{e}^{\mathrm{j}(\varphi_1 - \varphi_2)}$.

两个复数相乘，则模相乘，辐角相加；两个复数相除，则模相除，辐角相减；复数乘方，则模乘方，辐角乘以乘方倍.

5. 极坐标形式的乘法和除法运算

如果参与运算的复数以极坐标形式给出，即 $A = r_1 \angle \varphi_1$，$B = r_2 \angle \varphi_2$，则有：

(1) 乘法：$A \times B = (r_1 \angle \varphi_1) \times (r_2 \angle \varphi_2) = r_1 \mathrm{e}^{\mathrm{j}\varphi_1} \cdot r_2 \mathrm{e}^{\mathrm{j}\varphi_2}$
$= r_1 r_2 \mathrm{e}^{\mathrm{j}(\varphi_1 + \varphi_2)} = r_1 r_2 \angle (\varphi_1 + \varphi_2)$，

(2) 除法：$A \div B = (r_1 \angle \varphi_1) \div (r_2 \angle \varphi_2) = r_1 \mathrm{e}^{\mathrm{j}\varphi_1} \div r_2 \mathrm{e}^{\mathrm{j}\varphi_2}$
$= \dfrac{r_1}{r_2} \mathrm{e}^{\mathrm{j}(\varphi_1 - \varphi_2)} = \dfrac{r_1}{r_2} \angle (\varphi_1 - \varphi_2)$.

两个复数相乘，则模相乘，辐角相加；两个复数相除，则模相除，辐角相减.

复数的混合运算有两层含意，一是运算不止一种，二是复数的形式多样，因此，算法的选择有一定的技巧. 在电路计算中，极坐标形式与代数形式的四则混合运算尤其多见.

训练 3 – 2 – 2 设 $A = 3$，$B = 2 - \mathrm{j}5$，$C = \dfrac{1}{A} + \dfrac{1}{B}$，并将结果化为极坐标形式.

解 $C = \dfrac{1}{3} + \dfrac{1}{2 - \mathrm{j}5} = \dfrac{2 - \mathrm{j}5 + 3}{3(2 - \mathrm{j}5)} = \dfrac{5}{3} \dfrac{(1 - \mathrm{j})(2 + \mathrm{j}5)}{(2 - \mathrm{j}5)(2 + \mathrm{j}5)}$
$= \dfrac{35 - \mathrm{j}15}{87} = 0.402 + \mathrm{j}0.172 = 0.438 \angle 23.1° = 0.438 \angle 23.1°$.

训练 3 – 2 – 3 已知 $A = 6 + \mathrm{j}8$，$B = -4.33 + \mathrm{j}2.5 = 5 \angle 150°$，求：$A - B$，$A \times B$，$\dfrac{A}{B}$.

解 $A - B = (6 + \mathrm{j}8) - (-4.33 + \mathrm{j}2.5) = 10.33 + \mathrm{j}5.5$.

因为 $6 + \mathrm{j}8 = 10 \angle 53.13°$，所以

$A \times B = (10 \angle 53.13°) \times (5 \angle 150°)$
$= 50 \angle 203.13° = 50 \angle -156.87°$.

$\dfrac{A}{B} = \dfrac{10 \angle 53.13°}{5 \angle 150°} = 2 \angle -96.87°$.

训练 3 – 2 – 4 计算 $(\sqrt{3} - \mathrm{j})^9$.

解 因为 $\sqrt{3} - \mathrm{j} = 2\left(\dfrac{\sqrt{3}}{2} - \mathrm{j}\dfrac{1}{2}\right) = 2\left[\cos\left(-\dfrac{\pi}{6}\right) + \mathrm{j}\sin\left(-\dfrac{\pi}{6}\right)\right]$，所以

$(\sqrt{3} - \mathrm{j})^9 = 2^9 \left[\cos\left(-9\dfrac{\pi}{6}\right) + \mathrm{j}\sin\left(-9\dfrac{\pi}{6}\right)\right]$
$= 2^9 \left(\cos\dfrac{3\pi}{2} - \mathrm{j}\sin\dfrac{3\pi}{2}\right) = \mathrm{j}2^9 = 2^9 \angle 90°$.

知识点 2：复数的相量表示及应用

构造一个复数 $A = \sqrt{2} I \mathrm{e}^{\mathrm{j}(\varphi + \omega t)} = \sqrt{2} I \cos(\varphi + \omega t) + \mathrm{j}\sqrt{2} I \sin(\varphi + \omega t)$.

对 A 取虚部得正弦函数

$$\text{Im}(A) = \sqrt{2}I\sin(\omega t + \varphi) = i(t).$$

上式表明对于任意一个正弦时间函数都有唯一与其对应的复数函数,即

$$i(t) = \sqrt{2}I\sin(\omega t + \varphi) \leftrightarrow A = \sqrt{2}Ie^{j(\varphi + \omega t)}.$$

A 还可以写成 $A = \sqrt{2}Ie^{j(\varphi+\omega t)} = \sqrt{2}Ie^{j\varphi}e^{j\omega t} = \sqrt{2}\dot{I}e^{j\omega t}.$

称复常数 $\dot{I} = I\angle\varphi$ 为正弦函数 $i(t) = \sqrt{2}I\sin(\omega t + \varphi)$ 对应的**相量**,它包含了 $i(t)$ 的两个要素有效值 I 和初相 φ. 任意一个正弦函数都有唯一与其对应的**复数相量**,即

$$i(t) = \sqrt{2}I\sin(\omega t + \varphi) \leftrightarrow \dot{I} = I\angle\varphi.$$

训练 3-2-5 [电流、电压的相量]

已知 $i = 141.4\sin(314t + 30°)$(安),$u = 311.1\sin(314t - 60°)$(伏),试用相量表示 i、u.

解 $i = 141.4\sin(314t + 30°)$(安)$\leftrightarrow$相量 $\dot{I} = \dfrac{141.4}{\sqrt{2}}\angle 30° = 100\angle 30°$(安);

$u = 311.1\sin(314t - 60°)$(伏)$\leftrightarrow$相量 $\dot{U} = \dfrac{311.1}{\sqrt{2}}\angle -60° = 220\angle -60°$(伏).

训练 3-2-6 [路端电压]

电路如图 3-2-3 所示,已知:$u_1 = 6\sqrt{2}\sin(\omega t + 30°)$(伏),$u_2 = 4\sqrt{2}\sin(\omega t + 60°)$(伏),求电压 u.

解 (1) 把正弦函数用相量表示,有:

$u_1 = 6\sqrt{2}\sin(\omega t + 30°)$(伏)$\leftrightarrow \dot{U}_1 = 6\angle 30°$(伏);

$u_2 = 4\sqrt{2}\sin(\omega t + 60°)$(伏)$\leftrightarrow \dot{U}_2 = 4\angle 60°$(伏).

(2) 计算对应相量的和:

$$\begin{aligned}\dot{U} &= \dot{U}_1 + \dot{U}_2 = 6\angle 30° + 4\angle 60°\\ &= (5.19 + j3) + (2 + j3.45)\\ &= 7.19 + j6.45\\ &= 9.66\angle 41.90°(\text{伏}).\end{aligned}$$

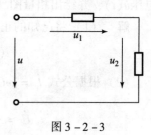

图 3-2-3

(3) 写出对应的正弦电压:

$$u = 9.66\sqrt{2}\sin(\omega t + 41.90°)(\text{伏}).$$

四、拓展资源

1. 电阻分量和电抗分量

在电路分析中,一个无源二端网络可以用一个等效复阻抗和一个等效复导纳代替,当端口电压、电流相同时,复阻抗 $Z = R + jX$ 与复导纳 $Y = G - jB$ 满足关系式 $Z = \dfrac{1}{Y}$,其中 R、X 分别是串联等效电路的电阻分量和电抗分量,G、B 分别是并联等效电路的电导分量和电纳分量. 如果已知 R、X,试求并联等效电路的电导分量 G 和电纳分量 B.

解 $Y = \dfrac{1}{Z} = \dfrac{1}{R+jX} = \dfrac{R-jX}{(R+jX)(R-jX)} = \dfrac{R}{R^2+X^2} - j\dfrac{X}{R^2+X^2}.$

电导分量 $G = \dfrac{R}{R^2+X^2}$，电纳分量 $B = \dfrac{X}{R^2+X^2}.$

2. 计算

已知：$\dot{U} = 3.6\angle -56.3°$，$Z_1 = 2 + j2$，$Z_2 = 4.59 - j0.895$，试运用分压公式 $\dot{U}_1 = \dot{U}\dfrac{Z_1}{Z_1+Z_2}$ 计算 $\dot{U}_1$.

解 $\dot{U}_1 = \dot{U}\dfrac{Z_1}{Z_1+Z_2} = 3.6\angle -56.3° \times \dfrac{2+j2}{2+j2+4.59-j0.895}$

$= 3.6\angle -56.3° \times \dfrac{2+j2}{6.59-j1.105}$

$= 3.6\angle -56.3° \times \dfrac{2.82\angle 45°}{6.69\angle 9.55°} = 1.52\angle -20.85°.$

3. 电容的电压

在纯电容电路中，流过 0.5 F 电容的电流为 $i(t) = \sqrt{2}\sin(100t - 30°)$（安），试求电容的电压 $u(t)$，并绘出相量图.

解 （1）将已知的正弦量用对应的相量表示：

$$i(t) = \sqrt{2}\sin(100t - 30°) \Rightarrow 1\angle -30° = \dot{I}.$$

（2）根据公式 $\dot{I} = j\omega C \dot{U}$ 求电压相量：

$$\dot{U} = \dfrac{\dot{I}}{j\omega C} = \dfrac{1\angle -30°}{100 \times 0.5 \times 1\angle 90°} = 0.02\angle -120°.$$

（3）将相量 $\dot{U}$ 化为对应的瞬时值形式的正弦量 $u(t)$：

$$u(t) = 0.02\sqrt{2}\sin(100t - 120°).$$

相量图如图 3-2-4 所示.

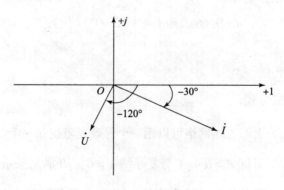

图 3-2-4

课后训练 3.2

1. 填空题

   (1) $3+j2-\dfrac{1}{j} = $ _____ ;

   (2) $(1-j)(2+j2) = $ _____ ;

   (3) $\dfrac{j}{6-j8} = $ _____ ;

   (4) $\dfrac{2\angle 30° \times 3\angle 60°}{5\angle -45°} = $ _____ .

2. 计算题

   (1) 已知 $A=4+j3$，$B=5\sqrt{2}\angle 45°$，求：$A-B$，$A\times B$，$\dfrac{A}{A+B}$.

   (2) 计算 $\dfrac{22.36\angle 63.4°}{j2+(1+j)}$.

   (3) 已知 $A=3+j4$，$B=8-j6$，求 $\dfrac{AB}{A+B}$ 的模和辐角.

3. 已知复数 $A=3+j4$，复数 $B=8+j6$，求 $A+B$，$A-B$，$A\times B$，$A\div B$.

4. 求下列各复数，并将结果化为极坐标形式：

   (1) $\dfrac{1}{-j20}+\dfrac{1}{j50}-\dfrac{1}{j100}$；

   (2) $\dfrac{(4+j2)-(6+j8)}{-j}$；

   (3) $\dfrac{220\angle -120°}{8.66+j5}$.

5. 已知 $\dot{U}=4.4\angle -53.13°$，$Z_1=2+j3.5$，$Z_2=4.59-j5$，试运用分压公式 $\dot{U}_1=\dot{U}\dfrac{Z_1}{Z_1+Z_2}$ 计算 $\dot{U}_1$.

6. 求下列复数的值：

   (1) $(1+j)^{20}$； (2) $\left(\dfrac{2-j}{\sqrt{2}-j2}\right)^9$.

7. 设有两个同频率正弦电流：

   $i_1=3\sqrt{2}\sin(314t+30°)$（安）， $i_2=4\sqrt{2}\sin(314t-60°)$（安），求电流 $i=i_1+i_2$.

8. 一个 $C=20$（微法）的电容元件接于电压为 $u(t)=50\sqrt{2}\sin(1\,000t-60°)$（伏）的电源上，求电流相量和电流瞬时值表达式.

第4章 行列式与矩阵

【能力目标】 会进行简单的行列式和矩阵计算,会用高斯消元法求线性方程组的解,能建立简单的线性方程组,能解三元及以下的线性方程组,能运用行列式及矩阵解决简单电路网孔电流的计算问题.

【知识目标】 了解行列式和矩阵的有关概念,理解矩阵的初等变换,掌握行列式和矩阵的计算,掌握方程组求解的方法(克莱姆法则和高斯消元法).

【素质目标】 培养分工合作、独立完成任务的能力;养成系统分析问题、解决问题的能力.

行列式、矩阵与线性方程组的理论是线性代数的重要组成部分,其应用范围已涉及工程科学及应用科学的其他领域,成为进行工程研究、项目分析、科学决策等必不可少的数学工具. 通过对简单电路网孔电流的计算,重点学习行列式、矩阵的相关知识,并讨论线性方程组的解法.

4.1 行列式

一、学习目标

【能力目标】 会进行简单的行列式计算,能解三元及以下的线性方程组,能运用行列式解决简单电路网孔电流的计算问题.

【知识目标】 了解行列式的有关概念,掌握行列式的计算,掌握线性组求解的方法(克莱姆法则).

二、线上学习导学单

观看行列式PPT课件 → 观看行列式微课(或视频) → 完成课前任务4.1 → 完成在线测试4.1 → 在4.1讨论区发帖

三、知识链接

知识点1:二阶行列式

1. 二阶行列式

由4个数排成2行2列(横排称行、竖排称列)的数表

第4章 行列式与矩阵

$$\begin{matrix} a_{11} & a_{12} \\ a_{21} & a_{22} \end{matrix} \qquad (1)$$

表达式 $a_{11}a_{22} - a_{12}a_{21}$ 称为数表（1）所确定的**二阶行列式**，并记作 $\begin{vmatrix} a_{11} & a_{12} \\ a_{21} & a_{22} \end{vmatrix}$.

2. 二阶行列式的展开式

$$D = \begin{vmatrix} a_{11} & a_{12} \\ a_{21} & a_{22} \end{vmatrix} = a_{11}a_{22} - a_{12}a_{21}. \qquad (4-1-1)$$

其中，$a_{ij}(i=1,2;j=1,2)$ 称为二阶行列式第 i 行第 j 列的**元素**，左上角到右下角的对角线称为**主对角线**，右上角到左下角的对角线称为**次对角线**. 式（4-1-1）右边称为**二阶行列式的展开式**.

3. 二阶行列式的对角线展开法则

二阶行列式表示一个数，其值等于主对角线上两元素之积，减去次对角上两元素之积，即

$$\begin{vmatrix} a_{11} & a_{12} \\ a_{21} & a_{22} \end{vmatrix} = a_{11}a_{22} - a_{12}a_{21}.$$

知识点2：三阶行列式

1. 三阶行列式

设有 9 个数排成 3 行 3 列的数表

$$\begin{matrix} a_{11} & a_{12} & a_{13} \\ a_{21} & a_{22} & a_{23} \\ a_{31} & a_{32} & a_{33} \end{matrix} \qquad (2)$$

表达式 $a_{11}a_{22}a_{33} + a_{12}a_{23}a_{31} + a_{13}a_{32}a_{21} - a_{13}a_{22}a_{31} - a_{23}a_{32}a_{11} - a_{33}a_{21}a_{12}$ 称为数表（2）所确定的**三阶行列式**，并记作 $\begin{vmatrix} a_{11} & a_{12} & a_{13} \\ a_{21} & a_{22} & a_{23} \\ a_{31} & a_{32} & a_{33} \end{vmatrix}$.

2. 三阶行列式的展开式

$$\begin{vmatrix} a_{11} & a_{12} & a_{13} \\ a_{21} & a_{22} & a_{23} \\ a_{31} & a_{32} & a_{33} \end{vmatrix} = a_{11}a_{22}a_{33} + a_{12}a_{23}a_{31} + a_{13}a_{32}a_{21} - a_{13}a_{22}a_{31} - a_{23}a_{32}a_{11} - a_{33}a_{21}a_{12}.$$

$$(4-1-2)$$

式（4-1-2）右边称为三阶行列式的展开式，共有6项，其中3项取正号，3项取负号，每一项都是位于不同行不同列的3个元素的乘积.

3. 三阶行列式的对角线展开法则

将每项的3个元素用线连在一起，其中，取正号的3项用实线相连，取负号的3项用虚线相连，如下：

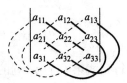

即 $\begin{vmatrix} a_{11} & a_{12} & a_{13} \\ a_{21} & a_{22} & a_{23} \\ a_{31} & a_{32} & a_{33} \end{vmatrix} = a_{11}a_{22}a_{33} + a_{12}a_{23}a_{31} + a_{13}a_{32}a_{21} - a_{13}a_{22}a_{31} - a_{23}a_{32}a_{11} - a_{33}a_{21}a_{12}.$

知识点3：n阶行列式

$$\begin{vmatrix} a_{11} & a_{12} & \cdots & a_{1n} \\ a_{21} & a_{22} & \cdots & a_{2n} \\ \vdots & \vdots & & \vdots \\ a_{n1} & a_{n2} & \cdots & a_{nn} \end{vmatrix}$$

为 n 阶行列式，其中 $a_{ij}(i,j=1,2,\cdots,n)$ 称为 n 阶行列式第 i 行第 j 列的元素. n 阶行列式有 n 行 n 列，n^2 个元素.

注意：当 $n=1$ 时，规定一阶行列式 $|a_{11}|=a_{11}$.

1. 余子式

n 阶行列式中第 i 行第 j 列的元素 a_{ij} 所在的行和列划去后，剩下的元素按原来的顺序组成的 $n-1$ 阶行列式，称为元素 a_{ij} 的余子式，记作 M_{ij}.

2. 代数余子式

称 $(-1)^{i+j}M_{ij}$ 为元素 a_{ij} 的代数余子式，记作 A_{ij}，即

$$A_{ij}=(-1)^{i+j}M_{ij}.$$

3. 行列式按行展开法则

规定 n 阶行列式的值等于任一行（列）的元素与其对应的代数余子式乘积之和，这称为行列式按行展开法则.

按第 i 行展开行列式，有

$$\begin{vmatrix} a_{11} & a_{12} & \cdots & a_{1n} \\ a_{21} & a_{22} & \cdots & a_{2n} \\ \vdots & \vdots & & \vdots \\ a_{n1} & a_{n2} & \cdots & a_{nn} \end{vmatrix} = a_{i1}A_{i1} + a_{i2}A_{i2} + \cdots a_{in}A_{in}(i=1,2,\cdots,n).$$

4. 行列式按列展开法则

规定 n 阶行列式的值等于任一列的元素与其对应的代数余子式乘积之和，这称为行列式按列展开法则.

按第 j 列展开行列式，有

$$\begin{vmatrix} a_{11} & a_{12} & \cdots & a_{1n} \\ a_{21} & a_{22} & \cdots & a_{2n} \\ \vdots & \vdots & & \vdots \\ a_{n1} & a_{n2} & \cdots & a_{nn} \end{vmatrix} = a_{1j}A_{1j} + a_{2j}A_{2j} + \cdots a_{nj}A_{nj}(j=1,2,\cdots,n).$$

知识点 4：n 阶行列式的性质

性质 4-1-1 行列互换，行列式不变.

例如三阶行列式 $\begin{vmatrix} a_{11} & a_{12} & a_{13} \\ a_{21} & a_{22} & a_{23} \\ a_{31} & a_{32} & a_{33} \end{vmatrix} = \begin{vmatrix} a_{11} & a_{21} & a_{31} \\ a_{12} & a_{22} & a_{32} \\ a_{13} & a_{23} & a_{33} \end{vmatrix}.$

（1）转置行列式：把行列式 D 的行与列互换后所得的行列式称为 D 的转置行列式，记为 D^T.

（2）性质 4-1-1 表明，凡是对行成立的性质，对列也同样成立，反之亦然.

性质 4-1-2 行列式的任意两行（或两列）互换，行列式的值改变符号.

例如三阶行列式 $\begin{vmatrix} a_{11} & a_{12} & a_{13} \\ a_{21} & a_{22} & a_{23} \\ a_{31} & a_{32} & a_{33} \end{vmatrix} = -\begin{vmatrix} a_{21} & a_{22} & a_{23} \\ a_{11} & a_{12} & a_{13} \\ a_{31} & a_{32} & a_{33} \end{vmatrix}.$

推论 4-1-1 如果行列式有两行（列）对应元素相同，则这个行列式的值等于零.

例如三阶行列式 $\begin{vmatrix} a_{11} & a_{12} & a_{13} \\ a_{11} & a_{12} & a_{13} \\ a_{31} & a_{32} & a_{33} \end{vmatrix} = 0.$

性质 4-1-3 行列式某一行（列）的所有元素都乘以同一个常数 k，等于该常数 k 乘以此行列式.

例如三阶行列式 $\begin{vmatrix} ka_{11} & ka_{12} & ka_{13} \\ a_{21} & a_{22} & a_{23} \\ a_{31} & a_{32} & a_{33} \end{vmatrix} = k\begin{vmatrix} a_{11} & a_{12} & a_{13} \\ a_{21} & a_{22} & a_{23} \\ a_{31} & a_{32} & a_{33} \end{vmatrix}.$

性质4-1-4 如果行列式有两行（列）对应元素成比例，则这个行列式的值等于零.

例如三阶行列式 $\begin{vmatrix} a_{11} & a_{12} & a_{13} \\ ka_{11} & ka_{12} & ka_{13} \\ a_{31} & a_{32} & a_{33} \end{vmatrix} = 0.$

性质4-1-5 行列式中某一行（列）的所有元素都是两数之和，则这个行列式等于两个行列式的和，而且这两个行列式除了这一行（列）各取一个数之外，其余的元素与原来行列式的对应元素相同.

例如三阶行列式 $\begin{vmatrix} a_{11}+b_{11} & a_{12}+b_{12} & a_{13}+b_{13} \\ a_{21} & a_{22} & a_{23} \\ a_{31} & a_{32} & a_{33} \end{vmatrix} = \begin{vmatrix} a_{11} & a_{12} & a_{13} \\ a_{21} & a_{22} & a_{23} \\ a_{31} & a_{32} & a_{33} \end{vmatrix} + \begin{vmatrix} b_{11} & b_{12} & b_{13} \\ a_{21} & a_{22} & a_{23} \\ a_{31} & a_{32} & a_{33} \end{vmatrix}.$

推论4-1-2 将行列式的某一行（列）的各个元素都乘以同一个常数k后，再加到另一行（列）的对应元素上，行列式的值不变.

例如三阶行列式 $\begin{vmatrix} a_{11} & a_{12} & a_{13} \\ a_{21}+ka_{11} & a_{22}+ka_{12} & a_{23}+ka_{13} \\ a_{31} & a_{32} & a_{33} \end{vmatrix} = \begin{vmatrix} a_{11} & a_{12} & a_{13} \\ a_{21} & a_{22} & a_{23} \\ a_{31} & a_{32} & a_{33} \end{vmatrix}.$

性质4-1-6 行列式的任一行（列）的各元素与另一行（列）对应元素的代数余子式乘积之和等于零.

例如三阶行列式

$$a_{11}A_{21} + a_{12}A_{22} + a_{13}A_{23} = 0;$$
$$a_{13}A_{12} + a_{23}A_{22} + a_{33}A_{32} = 0.$$

为了便于表述行列式的计算过程，约定下列记号：
(1) 将第i行（列）与第j行（列）互换，记为$r_i \leftrightarrow r_j (c_i \leftrightarrow c_j)$.
(2) 第i行（列）乘上数k，记为$kr_i(kc_i)$.
(3) 将第i行（列）各元素都乘上数k后再加到第j行（列）对应元素上，记为$r_j + kr_i (c_j + kc_j)$.

知识点5：克莱姆法则

对于线性方程组 $\begin{cases} a_{11}x_1 + a_{12}x_2 + \cdots + a_{1n}x_n = b_1, \\ a_{21}x_1 + a_{22}x_2 + \cdots + a_{2n}x_n = b_2, \\ \cdots \\ a_{n1}x_1 + a_{n2}x_2 + \cdots + a_{nn}x_n = b_n, \end{cases}$ (4-1-3)

(1) 系数行列式记作

$$D = \begin{vmatrix} a_{11} & a_{12} & \cdots & a_{1n} \\ a_{21} & a_{22} & \cdots & a_{2n} \\ \vdots & \vdots & & \vdots \\ a_{n1} & a_{n2} & \cdots & a_{nn} \end{vmatrix};$$

（2）变量 $x_i(i=1,2,\cdots,n)$ 对应的行列式记作

$$D_i = \begin{vmatrix} a_{11} & \cdots & a_{1i-1} & b_1 & a_{1i+1} & \cdots & a_{1n} \\ a_{21} & \cdots & a_{2i-1} & b_2 & a_{2i+1} & \cdots & a_{2n} \\ \vdots & & \vdots & \vdots & \vdots & & \vdots \\ a_{n1} & \cdots & a_{ni-1} & b_n & a_{ni+1} & \cdots & a_{nn} \end{vmatrix}, D_i(i=1,2,\cdots,n)$$ 是把 D 中第 i 列的元素用方程组右端的常数项代替后所得到的行列式.

（3）定理 4-1-1（克莱姆法则） 如果线性方程组（4-1-2）的系数行列式 $D \neq 0$，那么线性方程组有唯一解 $x_i = \dfrac{D_i}{D}(i=1,2,\cdots,n)$.

训练 4-1-1 求行列式 $\begin{vmatrix} 2 & 4 \\ -1 & 3 \end{vmatrix}$ 的值.

解 $\begin{vmatrix} 2 & 4 \\ -1 & 3 \end{vmatrix} = 2 \times 3 - (-1) \times 4 = 10.$

训练 4-1-2 求行列式 $\begin{vmatrix} 2 & -5 & 1 \\ 0 & 3 & -1 \\ 1 & 2 & 4 \end{vmatrix}$ 的值.

解

$\begin{vmatrix} 2 & -5 & 1 \\ 0 & 3 & -1 \\ 1 & 2 & 4 \end{vmatrix} = 2 \times 3 \times 4 + 0 \times 2 \times 1 + 1 \times (-5) \times (-1) - 1 \times 3 \times 1 - 2 \times 2 \times (-1) - 4 \times$

$0 \times (-5) = 24 + 0 + 5 - 3 + 4 + 0 = 30.$

训练 4-1-3 求行列式 $\begin{vmatrix} 2 & 1 & -3 & 7 \\ 4 & 3 & 1 & 2 \\ 6 & 5 & 3 & 8 \\ 3 & -4 & 2 & -1 \end{vmatrix}$ 的值.

解 按第一行展开该行列式，得

$\begin{vmatrix} 2 & 1 & -3 & 7 \\ 4 & 3 & 1 & 2 \\ 6 & 5 & 3 & 8 \\ 3 & -4 & 2 & -1 \end{vmatrix} = 2 \times (-1)^2 \times \begin{vmatrix} 3 & 1 & 2 \\ 5 & 3 & 8 \\ -4 & 2 & -1 \end{vmatrix} + 1 \times (-1)^3 \times \begin{vmatrix} 4 & 1 & 2 \\ 6 & 3 & 8 \\ 3 & 2 & -1 \end{vmatrix} +$

$(-3) \times (-1)^4 \times \begin{vmatrix} 4 & 3 & 2 \\ 6 & 5 & 8 \\ 3 & -4 & -1 \end{vmatrix} + 7 \times (-1)^5 \times \begin{vmatrix} 4 & 3 & 1 \\ 6 & 5 & 3 \\ 3 & -4 & 2 \end{vmatrix}$

$= -80 + 40 - 360 - 280 = -680.$

训练 4-1-4 解方程组 $\begin{cases} 2x_1 + 3x_2 = 2, \\ x_1 + 4x_2 = -1. \end{cases}$

解 因为 $D = \begin{vmatrix} 2 & 3 \\ 1 & 4 \end{vmatrix} = 8 - 3 = 5 \neq 0$,且

$$D_1 = \begin{vmatrix} 2 & 3 \\ -1 & 4 \end{vmatrix} = 8 - (-3) = 11, D_2 = \begin{vmatrix} 2 & 2 \\ 1 & -1 \end{vmatrix} = -2 - 2 = -4,$$

所以,方程组的解为

$$x_1 = \frac{D_1}{D} = \frac{11}{5}, x_2 = \frac{D_2}{D} = -\frac{4}{5}.$$

训练 4-1-5 解方程组 $\begin{cases} x_1 + x_2 + 2x_3 = 1, \\ 2x_1 - x_2 + 2x_3 = 4, \\ 4x_1 + x_2 + 4x_3 = 2. \end{cases}$

解 因为 $D = \begin{vmatrix} 1 & 1 & 2 \\ 2 & -1 & 2 \\ 4 & 1 & 4 \end{vmatrix} = 6 \neq 0$,且

$$D_1 = \begin{vmatrix} 1 & 1 & 2 \\ 4 & -1 & 2 \\ 2 & 1 & 4 \end{vmatrix} = -6, D_2 = \begin{vmatrix} 1 & 1 & 2 \\ 2 & 4 & 2 \\ 4 & 2 & 4 \end{vmatrix} = -12, D_3 = \begin{vmatrix} 1 & 1 & 1 \\ 2 & -1 & 4 \\ 4 & 1 & 2 \end{vmatrix} = 12,$$

所以,方程组的解为

$$x_1 = \frac{D_1}{D} = \frac{-6}{6} = -1, x_2 = \frac{D_2}{D} = \frac{-12}{6} = -2, x_3 = \frac{D_3}{D} = \frac{12}{6} = 2.$$

训练 4-1-6 解方程组 $\begin{cases} x_1 - x_2 + x_3 + 2x_4 = 1, \\ x_1 + x_2 - 2x_3 - x_4 = 1, \\ x_1 + x_2 + x_4 = 2, \\ x_1 + x_3 - x_4 = 1. \end{cases}$

解 $D = \begin{vmatrix} 1 & -1 & 1 & 2 \\ 1 & 1 & -2 & 1 \\ 1 & 1 & 0 & 1 \\ 1 & 0 & 1 & -1 \end{vmatrix} = -10 \neq 0$,

$$D_1 = \begin{vmatrix} 1 & -1 & 1 & 2 \\ 1 & 1 & -2 & 1 \\ 2 & 1 & 0 & 1 \\ 1 & 0 & 1 & -1 \end{vmatrix} = -8, \quad D_2 = \begin{vmatrix} 1 & 1 & 1 & 2 \\ 1 & 1 & -2 & 1 \\ 1 & 2 & 0 & 1 \\ 1 & 1 & 1 & -1 \end{vmatrix} = -9,$$

$$D_3 = \begin{vmatrix} 1 & -1 & 1 & 2 \\ 1 & 1 & 1 & 1 \\ 1 & 1 & 2 & 1 \\ 1 & 0 & 1 & -1 \end{vmatrix} = -5, \quad D_4 = \begin{vmatrix} 1 & -1 & 1 & 1 \\ 1 & 1 & -2 & 1 \\ 1 & 1 & 0 & 2 \\ 1 & 0 & 1 & 1 \end{vmatrix} = -3.$$

根据克莱姆法则,得方程组的解为

$$x_1 = \frac{D_1}{D} = \frac{4}{5}, \ x_2 = \frac{D_2}{D} = \frac{9}{10}, \ x_3 = \frac{D_3}{D} = \frac{1}{2}, \ x_4 = \frac{D_4}{D} = \frac{3}{10}.$$

四、拓展资源

1. 网孔电流

电路如图 4-1-1 所示，试求各网孔电流.

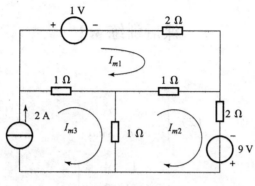

图 4-1-1

解 设各网孔电流及参考方向如图 4-1-1 所示. 由于 2 安电流源处在电路的边界支路上，即 $I_{m3} = 2$（安），所以此电路只需列出两个网孔电流方程，即

$$\begin{cases} (2+1+1)I_{m1} - I_{m2} - 1 \times 2 = -1, \\ -I_{m1} + (1+1+2)I_{m2} - 1 \times 2 = 9. \end{cases}$$

整理得

$$\begin{cases} 4I_{m1} - I_{m2} = 1, \\ -I_{m1} + 4I_{m2} = 11, \end{cases}$$

即

$$D = \begin{vmatrix} 5 & -1 \\ -1 & 4 \end{vmatrix} = 15 \neq 0, \ D_1 = \begin{vmatrix} 1 & -1 \\ 11 & 4 \end{vmatrix} = 15, \ D_2 = \begin{vmatrix} 4 & 1 \\ -1 & 11 \end{vmatrix} = 45.$$

由克莱姆法则得

$$I_{m1} = \frac{D_1}{D} = \frac{15}{15} = 1 \text{ A}, \ I_{m2} = \frac{D_2}{D} = \frac{45}{15} = 3 \text{（安）}.$$

2. 支路电流方程

用支路电流法列出图 4-1-2 所示电路中各支路电流的方程（已知恒流源 I_s 所在支路电流是已知的）.

解 由电路图可知该电路中有一恒流源支路，且其大小是已知的，所以在解题的时候只需要考虑其余两条未知支路的电流即可.

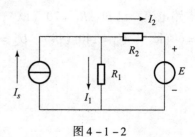

图 4-1-2

(1) 假设流过 R_1，R_2 的电流的方向及网孔绕行方向如图 4-1-2 所示.

(2) 列节点电流方程：

$$I_1 + I_2 = I_s.$$

(3) 列网孔电压方程：

$$I_2 R_2 + E - I_1 R_1 = 0.$$

联立以上两个方程，代入数据即可求得（像这种具有一个已知支路电流的电路就可以少列一个方程）.

课后训练 4.1

1. 计算下列各行列式：

(1) $\begin{vmatrix} 2 & 5 \\ 3 & -3 \end{vmatrix}$；

(2) $\begin{vmatrix} \sin\alpha & \cos\alpha \\ -\cos\alpha & \sin\alpha \end{vmatrix}$；

(3) $\begin{vmatrix} 1 & 3 & 7 \\ 1 & 2 & 8 \\ 1 & 2 & 3 \end{vmatrix}$；

(4) $\begin{vmatrix} 1 & 2 & -5 \\ 4 & 3 & -2 \\ 0 & -1 & 1 \end{vmatrix}$；

(5) $\begin{vmatrix} 2 & 1 & 4 & 1 \\ 3 & -1 & 2 & 1 \\ 1 & 2 & 3 & 2 \\ 5 & 0 & 6 & 2 \end{vmatrix}$.

2. 利用克莱姆法则解下列线性方程组：

(1) $\begin{cases} x_1 + x_2 + x_3 = -2, \\ 4x_1 - 6x_2 - 2x_3 = 2, \\ 2x_1 - x_2 + x_3 = -1; \end{cases}$

(2) $\begin{cases} x_1 + x_2 - 3x_3 = -3, \\ 5x_1 - 2x_2 + 7x_3 = 22, \\ 2x_1 - 5x_2 + 4x_3 = 4; \end{cases}$

(3) $\begin{cases} x_1 - x_2 + x_3 - 2x_4 = 2, \\ 2x_1 - x_3 + 4x_4 = 4, \\ 3x_1 + 2x_2 + x_3 = -1, \\ -x_1 + 2x_2 - x_3 + 2x_4 = -4. \end{cases}$

3. 试用支路电流法求图 4-1-3 所示电路的各支路电流. 已知：$R_1 = 20$（欧），$R_2 = 5$（欧），$R_3 = 6$（欧），$U_{s1} = 140$（伏），$U_{s2} = 90$（伏）.

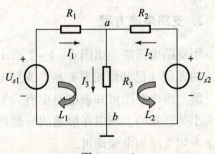

图 4-1-3

4.2 矩阵

一、学习目标

【能力目标】 会进行简单的矩阵计算，能利用矩阵的运算解决实际问题.
【知识目标】 了解矩阵的有关概念，掌握矩阵的运算.

二、线上学习导学单

观看矩阵 PPT 课件 → 观看矩阵微课（或视频）→ 完成课前任务4.2 → 完成在线测试4.2 → 在4.2讨论区发帖

三、知识链接

知识点1：矩阵

由 $m \times n$ 个数 a_{ij} ($i = 1, 2, \cdots, m$; $j = 1, 2, \cdots, n$) 排成的 m 行 n 列矩形数表

$$\begin{pmatrix} a_{11} & a_{12} & \cdots & a_{1n} \\ a_{21} & a_{22} & \cdots & a_{2n} \\ \vdots & \vdots & & \vdots \\ a_{m1} & a_{m2} & \cdots & a_{mn} \end{pmatrix}$$

称为 m 行 n 列**矩阵**（简称 $m \times n$ 矩阵），通常用大写英文字母 A，B，C，$\cdots$ 或 (a_{ij})，(b_{ij})，(c_{ij}) $\cdots$ 表示矩阵，其中，a_{ij} 称为矩阵第 i 行第 j 列的元素.

1. 同型矩阵

行数相等且列数也相等的两个矩阵，称为同型矩阵.

2. 矩阵相等

若 $A = (a_{ij})$，$B = (b_{ij})$ 为同型矩阵，并且它们的对应元素相等，即

$$a_{ij} = b_{ij}(i = 1,2,\cdots,m; j = 1,2,\cdots,n),$$

则称矩阵 A 与矩阵 B 相等，记作 $A = B$.

3. 转置矩阵

把矩阵 A 的行（列）换成相应的列（行）所得的矩阵，称为 A 的转置矩阵，记为 A^T.

4. 几种特殊的矩阵：

设 $A = (a_{ij})_{m \times n}$，则有：

(1) n 阶方阵：当 $m=n$ 时，矩阵 A 称为 n 阶方阵，记为 A_n.

(2) 零矩阵：元素均是零的矩阵称为零矩阵，记为 $O_{m\times n}$ 或 O.

(3) 行矩阵：当 $m=1$ 时，$A=\begin{pmatrix} a_{11} & a_{12} & \cdots & a_{1n} \end{pmatrix}$ 称为行矩阵.

(4) 列矩阵：当 $n=1$ 时，$A=\begin{pmatrix} a_{11} \\ a_{21} \\ \vdots \\ a_{m1} \end{pmatrix}$ 称为列矩阵.

(5) 对角矩阵：除主对角上的元素外，其余元素均为零的 n 阶方阵称为对角矩阵，即

$$\begin{pmatrix} a_{11} & 0 & \cdots & 0 \\ 0 & a_{22} & \cdots & 0 \\ \vdots & \vdots & & \vdots \\ 0 & 0 & \cdots & a_{nn} \end{pmatrix}.$$

(6) 单位矩阵：主对角线上的元素全为1的对角矩阵称为单位矩阵，记为 E，即

$$E=\begin{pmatrix} 1 & 0 & \cdots & 0 \\ 0 & 1 & \cdots & 0 \\ \vdots & \vdots & & \vdots \\ 0 & 0 & \cdots & 1 \end{pmatrix}.$$

(7) 矩阵的行列式：把矩阵 A 的元素按原来的次序所构成的行列式，称为矩阵 A 的行列式，记为 $|A|$ 或 $\det A$.

知识点2：矩阵的运算

1. 矩阵的加法与减法

设 $A=(a_{ij})$，$B=(b_{ij})$ 为同型矩阵，则矩阵 $(a_{ij}\pm b_{ij})$ 称为矩阵 A 与 B 的和或差，记作 $A\pm B$，即 $A\pm B=(a_{ij}\pm b_{ij})$.

2. 矩阵加法运算规律

(1) 交换律：$A+B=B+A$；

(2) 结合律：$(A+B)+C=A+(B+C)$，其中 A、B、C 为同型矩阵.

3. 数与矩阵相乘

设矩阵 $A=(a_{ij})$，k 为任意实数，则矩阵 (ka_{ij}) 称为数 k 与矩阵 A 的乘积（或数乘矩阵），记为 kA，即 $kA=(ka_{ij})$.

4. 数与矩阵相乘运算规律

(1) 交换律：$kA=Ak$；

(2) 分配律：$(\lambda + k)\boldsymbol{A} = \lambda\boldsymbol{A} + k\boldsymbol{A}$，$k(\boldsymbol{A} + \boldsymbol{B}) = k\boldsymbol{A} + k\boldsymbol{B}$.

其中 $\boldsymbol{A}$、$\boldsymbol{B}$ 为同型矩阵，k 和 λ 为任意实数.

5. 矩阵的乘法

设矩阵 $\boldsymbol{A} = (a_{ij})_{m \times s}$，$\boldsymbol{B} = (b_{ij})_{s \times n}$，那么矩阵 $\boldsymbol{C} = (c_{ij})_{m \times n}$，其中

$$c_{ij} = a_{i1}b_{1j} + a_{i2}b_{2j} + \cdots + a_{is}b_{sj} = \sum_{k=1}^{s} a_{ik}b_{kj} (i = 1, 2, \cdots, m; j = 1, 2, \cdots, n)$$

称为矩阵 $\boldsymbol{A}$ 与 $\boldsymbol{B}$ 的乘积，记为 $\boldsymbol{C} = \boldsymbol{AB}$.

6. 矩阵相乘的条件

(1) 只有当左边矩阵 $\boldsymbol{A}$ 的列数与右边矩阵 $\boldsymbol{B}$ 的行数相等时，$\boldsymbol{A}$ 与 $\boldsymbol{B}$ 才能相乘，并且 $\boldsymbol{AB}$ 的行数等于 $\boldsymbol{A}$ 的行数，列数等于 $\boldsymbol{B}$ 的列数.

(2) 乘积矩阵 $\boldsymbol{C} = (c_{ij})$ 中位于第 i 行第 j 列的元素 c_{ij}，等于 $\boldsymbol{A}$ 的第 i 行元素与 $\boldsymbol{B}$ 的第 j 列对应元素乘积之和.

7. 矩阵的乘法运算规律

(1) 结合律：$(\boldsymbol{AB})\boldsymbol{C} = \boldsymbol{A}(\boldsymbol{BC})$;

(2) 分配律：$\boldsymbol{A}(\boldsymbol{B} + \boldsymbol{C}) = \boldsymbol{AB} + \boldsymbol{AC}$；$(\boldsymbol{B} + \boldsymbol{C})\boldsymbol{A} = \boldsymbol{BA} + \boldsymbol{CA}$.

训练 4-2-1 已知矩阵 $\boldsymbol{A} = \begin{pmatrix} 1 & 3 \\ 4 & 2 \\ -1 & 5 \end{pmatrix}$，$\boldsymbol{B} = \begin{pmatrix} -1 & 2 \\ 1 & 2 \\ 3 & 4 \end{pmatrix}$，求 $\boldsymbol{A} + \boldsymbol{B}$，$\boldsymbol{A} - 2\boldsymbol{B}$.

解 $\boldsymbol{A} + \boldsymbol{B} = \begin{pmatrix} 1 & 3 \\ 4 & 2 \\ -1 & 5 \end{pmatrix} - \begin{pmatrix} -1 & 2 \\ 1 & 2 \\ 3 & 4 \end{pmatrix} = \begin{pmatrix} 0 & 5 \\ 5 & 4 \\ 2 & 9 \end{pmatrix}$,

$\boldsymbol{A} - 2\boldsymbol{B} = \begin{pmatrix} 1 & 3 \\ 4 & 2 \\ -1 & 5 \end{pmatrix} - \begin{pmatrix} -2 & 4 \\ 2 & 4 \\ 6 & 8 \end{pmatrix} = \begin{pmatrix} 3 & -1 \\ 2 & -2 \\ -7 & -3 \end{pmatrix}$.

训练 4-2-2 已知 $\boldsymbol{A} = \begin{pmatrix} 4 & -1 & 2 \\ 1 & 1 & 0 \\ 0 & 3 & 1 \end{pmatrix}$，$\boldsymbol{B} = \begin{pmatrix} 1 & 2 \\ 0 & 1 \\ 3 & 0 \end{pmatrix}$，求 $\boldsymbol{AB}$.

解 $\boldsymbol{AB} = \begin{pmatrix} 4 & -1 & 2 \\ 1 & 1 & 0 \\ 0 & 3 & 1 \end{pmatrix} \begin{pmatrix} 1 & 2 \\ 0 & 1 \\ 3 & 0 \end{pmatrix}$

$= \begin{pmatrix} 4 \times 1 - 1 \times 0 + 2 \times 3 & 4 \times 2 - 1 \times 1 + 2 \times 0 \\ 1 \times 1 + 1 \times 0 + 0 \times 3 & 1 \times 2 + 1 \times 1 + 0 \times 0 \\ 0 \times 1 + 3 \times 0 + 1 \times 3 & 0 \times 2 + 3 \times 1 + 1 \times 0 \end{pmatrix} = \begin{pmatrix} 10 & 7 \\ 1 & 3 \\ 3 & 3 \end{pmatrix}$.

训练 4-2-3 已知 $A = \begin{pmatrix} 4 & -1 & 2 \\ 1 & 1 & 0 \\ 0 & 3 & 1 \end{pmatrix}$, $B = \begin{pmatrix} 1 & -1 & 2 \\ 1 & 1 & 0 \\ 1 & 3 & 1 \end{pmatrix}$, 求 AB.

解 $AB = \begin{pmatrix} 4 & -1 & 2 \\ 1 & 1 & 0 \\ 0 & 3 & 1 \end{pmatrix} \begin{pmatrix} 1 & -1 & 2 \\ 1 & 1 & 0 \\ 1 & 3 & 1 \end{pmatrix}$

$= \begin{pmatrix} 4 \times 1 - 1 \times 1 + 2 \times 1 & 4 \times (-1) - 1 \times 1 + 2 \times 3 & 4 \times 2 - 1 \times 0 + 2 \times 1 \\ 1 \times 1 + 1 \times 1 + 0 \times 1 & 1 \times (-1) + 1 \times 1 + 0 \times 3 & 1 \times 2 + 1 \times 0 + 0 \times 1 \\ 0 \times 1 + 3 \times 1 + 1 \times 1 & 0 \times (-1) + 3 \times 1 + 1 \times 3 & 0 \times 2 + 3 \times 0 + 1 \times 1 \end{pmatrix}$

$= \begin{pmatrix} 5 & 1 & 10 \\ 2 & 0 & 2 \\ 4 & 6 & 1 \end{pmatrix}.$

知识点 3：逆矩阵

对于 n 阶方阵 A，如果存在一个 n 阶方阵 C，使得 $AC = CA = E$，则称 A 是可逆的，并把 C 称为 A 的逆矩阵，记为 $C = A^{-1}$.

下面介绍逆矩阵的性质.

性质 4-2-1 若 A 可逆，则 A^{-1} 是唯一的.

性质 4-2-2 若 A 可逆，则 A^{-1} 也可逆，且 $(A^{-1})^{-1} = A$.

训练 4-2-4 已知 $A = \begin{pmatrix} 2 & -1 \\ 1 & 1 \\ 4 & 2 \end{pmatrix}$，求 EA、AE.

解 $EA = \begin{pmatrix} 1 & 0 & 0 \\ 0 & 1 & 0 \\ 0 & 0 & 1 \end{pmatrix} \begin{pmatrix} 2 & -1 \\ 1 & 1 \\ 4 & 2 \end{pmatrix} = \begin{pmatrix} 2 & -1 \\ 1 & 1 \\ 4 & 2 \end{pmatrix} = A,$

$AE = \begin{pmatrix} 2 & -1 \\ 1 & 1 \\ 4 & 2 \end{pmatrix} \begin{pmatrix} 1 & 0 \\ 0 & 1 \end{pmatrix} = \begin{pmatrix} 2 & -1 \\ 1 & 1 \\ 4 & 2 \end{pmatrix} = A.$

由此可得，对于任一矩阵 A，有 $AE = EA = A$.

训练 4-2-5 判定下列矩阵是否可逆：

(1) $A = \begin{pmatrix} 1 & 2 \\ 5 & -4 \end{pmatrix}$；(2) $C = \begin{pmatrix} 2 & 2 & -4 \\ 1 & 1 & -2 \\ 1 & 3 & 5 \end{pmatrix}$.

解 (1) 因为 $|A| = \begin{vmatrix} 1 & 2 \\ 5 & -4 \end{vmatrix} = -14 \neq 0$，所以 A 可逆.

(2) 因为 $|C| = \begin{vmatrix} 2 & 2 & -4 \\ 1 & 1 & -2 \\ 1 & 3 & 5 \end{vmatrix} = 0$，所以 C 不可逆.

知识点 4：伴随矩阵

将 n 阶矩阵

$$A = \begin{pmatrix} a_{11} & a_{12} & \cdots & a_{1n} \\ a_{21} & a_{22} & \cdots & a_{2n} \\ \vdots & \vdots & & \vdots \\ a_{n1} & a_{n2} & \cdots & a_{nn} \end{pmatrix}$$

中元素 a_{ij} 换成行列式 $|A|$ 中元素 a_{ij} 的代数余子式 A_{ij} 后再转置所得的矩阵，称为矩阵 A 的**伴随矩阵**，记为 A^*，即

$$A^* = \begin{pmatrix} A_{11} & A_{21} & \cdots & A_{n1} \\ A_{12} & A_{22} & \cdots & A_{n2} \\ \vdots & \vdots & & \vdots \\ A_{1n} & A_{2n} & \cdots & A_{nn} \end{pmatrix}.$$

知识点 5：定理

n 阶方阵 A 可逆的充分必要条件是 $|A| \neq 0$，且当 A 可逆时，

$$A^{-1} = \frac{1}{|A|} A^*.$$

知识点 6：矩阵的秩

在 $m \times n$ 矩阵 A 中，任取 r 行与 r 列 ($r \leq \min\{m, n\}$)，位于这些行列交叉处的 r^2 个元素，不改变它们在 A 中所处的位置次序而得的 r 阶行列式，称为矩阵 A 的 r 阶子式。若矩阵 A 中有一个不等于 0 的 r 阶子式，且所有高于 r 阶的子式全等于 0，则称数 r 为矩阵 A 的秩，记作 $r(A)$.

1. n 阶可逆矩阵的秩

如果 A 是 n 阶可逆矩阵，那么 $r(A) = n$；规定零矩阵的秩为 0.

2. 行阶梯形矩阵

（1）若矩阵有零行（元素全为 0 的行），则零行在矩阵的最下方；
（2）各非零行（元素不全为 0 的行）的第一个非零元素前面的零元素个数随着行数的增加而增加。

3. 行最简矩阵

若行阶梯形矩阵进一步满足下列两个条件：
（1）各非零行的首非零元素都是 1；
（2）所有首非零元素所在列的其余元素都是 0，

则称该行阶梯形矩阵为行最简矩阵.

4. 行阶梯形矩阵的秩

行阶梯形矩阵的秩等于其非零行的行数.

四、拓展资源

1. 电路问题（一）

求图 4-2-1 所示电路的网孔电流 I_{m1}，I_{m2}，I_{m3} 及支路电流 I.

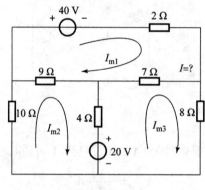

图 4-2-1

解 网孔 1：$(2+7+9)I_{m1} - 9I_{m2} - 7I_{m3} = -40$，

网孔 2：$-9I_{m1} + (10+9+4)I_{m2} - 4I_{m3} = -20$，

网孔 3：$-7I_{m1} - 4I_{m2} + (4+7+8)I_{m3} = 20$，

$I = I_{m1} - I_{m3}$.

求解得 $I_{m1} = -3.8294$（安），$I_{m2} = -2.5227$（安），$I_{m3} = -0.8893$（安）；$I = I_{m1} - I_{m3} = -2.9401$（安）.

2. 电路问题（二）

求图 4-2-2 所示电路各支路电流 I_1，I_2，I_3.

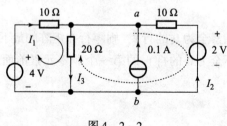

图 4-2-2

解 按图示选择的回路少一变量、少一方程（巧选回路）就无须列写中间网孔回路的 KVL 方程，从而支路法方程为：

$$\begin{cases} -I_1 - I_2 + I_3 = 0.1, \\ 10I_1 + 20I_3 = 4, \\ -10I_2 - 20I_3 = -2. \end{cases}$$

可得 $\begin{cases} I_1 = 0.12\ (\text{安}), \\ I_2 = -0.08\ (\text{安}), \\ I_3 = 0.14\ (\text{安}). \end{cases}$

3. 网孔电流法

求图 4-2-3 所示电路的各支路电流和支路电压.

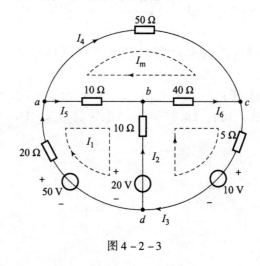

图 4-2-3

1）数学建模

（1）问题假设：

①假设图 4-2-3 中有 3 个电流沿各个独立回路的边界流动；

②所有支路电流均可用此电流线性表示；

③所有电压亦能由此电流线性表示.

（2）建立模型：

由图可知该电路的支路数 $b=6$，网孔数 $m=3$，于是可列出网孔的 KVL 方程为

$$\begin{cases} (10+10+20)I_{\mathrm{I}} - 10I_{\mathrm{II}} - 10I_{\mathrm{III}} = 50-20, \\ -10I_{\mathrm{I}} + (10+40+5)I_{\mathrm{II}} - 40I_{\mathrm{III}} = 20-10, \\ -10I_{\mathrm{I}} - 40I_{\mathrm{II}} + (50+40+10)I_{\mathrm{III}} = 0, \end{cases}$$

即

$$\begin{cases} 40I_{\mathrm{I}} - 10I_{\mathrm{II}} - 10I_{\mathrm{III}} = 30, \\ -10I_{\mathrm{I}} + 55I_{\mathrm{II}} - 40I_{\mathrm{III}} = 10, \\ -10I_{\mathrm{I}} - 40I_{\mathrm{II}} + 100I_{\mathrm{III}} = 0, \end{cases}$$

写成矩阵形式为

$$\begin{bmatrix} 40 & -10 & -10 \\ -10 & 55 & -40 \\ -10 & -40 & 100 \end{bmatrix} \begin{bmatrix} I_{\mathrm{I}} \\ I_{\mathrm{II}} \\ I_{\mathrm{III}} \end{bmatrix} = \begin{bmatrix} 30 \\ 10 \\ 0 \end{bmatrix}.$$

(3) 模型求解：

解之得 $I_{\mathrm{I}} = 0.99$（安），$I_{\mathrm{II}} = 0.61$（安），$I_{\mathrm{III}} = 0.34$（安）.

设备支路电流的大小和参考方向如图 4-2-3 所示，得 $I_1 = I_{\mathrm{I}} = 0.99$（安），$I_2 = I_{\mathrm{II}} - I_{\mathrm{I}} = -0.38$（安）

$I_3 = I_{\mathrm{II}} = 0.61$（安），$I_4 = I_{\mathrm{III}} = 0.34$（安），$I_5 = I_{\mathrm{I}} - I_{\mathrm{III}} = 0.65$（安），$I_6 = I_{\mathrm{II}} - I_{\mathrm{III}} = 0.27$（安）.

则各个支路的电压为 $U_{ab} = 10I_5 = 6.5$（伏），$U_{ad} = -20I_1 + 50 = 30.2$（伏），$U_{ac} = 50I_4 = 17$（伏），

$U_{bd} = -10I_2 + 20 = 23.8$（伏），$U_{cd} = 5I_3 + 10 = 13.05$（伏），$U_{bc} = 40I_6 = 10.8$（伏）.

2）数学实验

用 MATLAB 解方程组程序：

```
>> A = [40 -10 -10 30; -10 55 -40 10; -10 -40 100 0]
A =
    40   -10   -10    30
   -10    55   -40    10
   -10   -40   100     0
>> rref(A)
ans =
   1.0000        0        0   0.9887
        0   1.0000        0   0.6113
        0        0   1.0000   0.3434
```

即 $I_{\mathrm{I}} = 0.9887$（安），$I_{\mathrm{II}} = 0.6113$（安），$I_{\mathrm{III}} = 0.3434$（安）.

课后训练 4.2

1. 已知矩阵 $A = \begin{pmatrix} 1 & 3 \\ -1 & 2 \\ 3 & 5 \end{pmatrix}$，$B = \begin{pmatrix} -1 & 1 \\ 0 & 6 \\ 2 & 4 \end{pmatrix}$，求 $A + B$，$3A - 2B$.

2. 计算下列矩阵的乘积：

(1) $\begin{pmatrix} 1 \\ -3 \\ 2 \end{pmatrix} (-1 \quad 2 \quad 3)$；

(2) $\begin{pmatrix} 2 & 1 \\ -1 & 3 \end{pmatrix} \begin{pmatrix} -1 & 3 \\ 4 & 2 \end{pmatrix}$；

(3) $\begin{pmatrix} 4 & 0 \\ 2 & 1 \\ -1 & 3 \end{pmatrix} \begin{pmatrix} 0 & 2 & 3 \\ 5 & 4 & 3 \end{pmatrix}$；

(4) $\begin{pmatrix} 2 & 3 & 1 \\ 5 & 0 & 4 \\ -1 & 2 & 1 \end{pmatrix} \begin{pmatrix} -1 \\ 2 \\ 1 \end{pmatrix}$.

3. 求下列矩阵的逆矩阵：

(1) $\begin{pmatrix} 1 & 6 \\ -3 & 2 \end{pmatrix}$;

(2) $\begin{pmatrix} 0 & 1 & 2 \\ 1 & 1 & 4 \\ 2 & -1 & 0 \end{pmatrix}$;

(3) $\begin{pmatrix} 1 & 1 & 1 & 1 \\ 1 & 1 & -1 & -1 \\ 1 & -1 & 1 & -1 \\ 1 & -1 & -1 & 1 \end{pmatrix}$.

4. 求下列矩阵的秩.

(1) $\begin{pmatrix} 1 & -1 \\ -1 & 1 \end{pmatrix}$;

(2) $\begin{pmatrix} 3 & 1 & 0 \\ 1 & -1 & 2 \\ 1 & 3 & -4 \end{pmatrix}$;

(3) $\begin{pmatrix} 1 & 1 & 0 & 1 & 1 & 0 & 1 \\ 1 & 1 & 1 & 0 & 1 & 1 & 0 \\ 2 & 2 & 1 & 1 & 0 & 0 & 1 \end{pmatrix}$.

5. 如图 4-2-4 所示，$E_1 = 12$（伏），$E_2 = 12$（伏），$R_1 = 3$（欧），$R_2 = 6$（欧），$R_3 = 6$（欧），试用支路电流法求各支路电流的大小和方向.

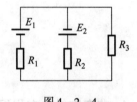

图 4-2-4

4.3 矩阵运算

一、学习目标

【能力目标】 能建立简单的线性方程组，会用高斯消元法求线性方程组的解.

【知识目标】 理解矩阵的初等变换，掌握方程组求解的方法（高斯消元法）.

二、线上学习导学单

观看矩阵运算 PPT 课件 → 观看矩阵运算微课（或视频） → 完成课前任务 4.3 → 完成在线测试 4.3 → 在 4.3 讨论区发帖

三、知识链接

知识点 1：矩阵的初等行变换

1. 矩阵的初等行变换定义

(1) 互换矩阵中第 i 行与第 j 行的位置，记为 $r_i \leftrightarrow r_j$；

(2) 用一个非零常数 k 乘矩阵的第 i 行，记为 kr_i；

(3) 把矩阵中第 i 行的 k 倍加到第 j 行的对应元素上，记为 $r_j + kr_i$.

以上变换称为矩阵的初等行变换.

2. 利用矩阵的初等行变换求逆矩阵

设 n 阶矩阵 A 可逆，在矩阵 A 的右边同时写出与它同阶的单位矩阵 E，当施行初等行变换把 A 化为单位矩阵时，E 相应地就变为 A 的逆矩阵 A^{-1}，即

$$(A \vdots E) \xrightarrow{\text{初等行变换}} (E \vdots A^{-1}).$$

知识点 2：用高斯消元法求解线性方程组

设有 n 个未知量 m 个方程的线性方程组

$$\begin{cases} a_{11}x_1 + a_{12}x_2 + \cdots + a_{1n}x_n = b_1, \\ a_{21}x_1 + a_{22}x_2 + \cdots + a_{2n}x_n = b_2, \\ \cdots \\ a_{m1}x_1 + a_{m2}x_2 + \cdots + a_{mn}x_n = b_m. \end{cases} \quad (4-3-1)$$

1. 非齐次线性方程组

当方程组（4-3-1）的常数项 $b_1, b_2, \cdots, b_m$ 不全为 0 时，方程组（4-3-1）称为非齐次线性方程组.

2. 齐次线性方程组

当 $b_1 = b_2 = \cdots = b_m = 0$ 时，方程组（4-3-1）称为齐次线性方程组.

3. 方程组（4-3-1）的矩阵形式

$$AX = B.$$

其中，$A = \begin{pmatrix} a_{11} & a_{12} & \cdots & a_{1n} \\ a_{21} & a_{22} & \cdots & a_{2n} \\ \vdots & \vdots & \cdots & \vdots \\ a_{m1} & a_{m2} & \cdots & a_{mn} \end{pmatrix}$, $X = \begin{pmatrix} x_1 \\ x_2 \\ \vdots \\ x_n \end{pmatrix}$, $B = \begin{pmatrix} b_1 \\ b_2 \\ \vdots \\ b_m \end{pmatrix}$.

(1) 系数矩阵：A 叫作方程组的系数矩阵；

(2) 未知数矩阵：X 叫作方程组的未知数矩阵；

(3) 常数项矩阵：B 叫作方程组的常数项矩阵；

(4) 增广矩阵：将 A 与 B 合在一起得到一个 m 行 $n+1$ 列矩阵，称为方程组的增广矩阵，记为 $\tilde{A}$，即

$$\tilde{A} = \begin{pmatrix} a_{11} & a_{12} & \cdots & a_{1n} & b_1 \\ a_{21} & a_{22} & \cdots & a_{2n} & b_2 \\ \vdots & \vdots & \cdots & \vdots & \vdots \\ a_{m1} & a_{m2} & \cdots & a_{mn} & b_m \end{pmatrix}.$$

4. 高斯消元法

利用初等行变换将线性方程组的增广矩阵化为**行最简矩阵**,最后还原为最简线性方程组,求出方程组的解. 这种求解线性方程组的方法叫作**高斯消元法**.

5. 定理

(1) 当 $m=n$,$r(A)=r(\tilde{A})=n$ 时,方程组 (4-3-1) 有唯一解.

(2) 当 $r(A)=r(\tilde{A})<n$ 时,方程组 (4-3-1) 有无穷多解.

(3) 当 $r(A)<r(\tilde{A})$ 时,方程组 (4-3-1) 无解.

训练 4-3-1 解方程组 $\begin{cases} x_1 - 2x_2 + x_3 = 1, \\ 4x_1 - 3x_2 + x_3 = 3, \\ 2x_1 - 5x_2 - 3x_3 = -9. \end{cases}$

解 利用初等行变换将线性方程组的增广矩阵化为行最简矩阵.

$$\tilde{A} = \begin{pmatrix} 1 & -2 & 1 & 1 \\ 4 & -3 & 1 & 3 \\ 2 & -5 & -3 & -9 \end{pmatrix} \xrightarrow[r_3-2r_1]{r_2-4r_1} \begin{pmatrix} 1 & -2 & 1 & 1 \\ 0 & 5 & -3 & -1 \\ 0 & -1 & -5 & -11 \end{pmatrix} \xrightarrow{r_2+5r_3}$$

$$\begin{pmatrix} 1 & -2 & 1 & 1 \\ 0 & 0 & -28 & -56 \\ 0 & -1 & -5 & -11 \end{pmatrix} \xrightarrow[r_2 \leftrightarrow r_3]{\left(-\frac{1}{28}\right)r_2}$$

$$\begin{pmatrix} 1 & -2 & 1 & 1 \\ 0 & -1 & -5 & -11 \\ 0 & 0 & 1 & 2 \end{pmatrix} \xrightarrow[r_1-r_3]{r_2+5r_3} \begin{pmatrix} 1 & -2 & 0 & -1 \\ 0 & -1 & 0 & -1 \\ 0 & 0 & 1 & 2 \end{pmatrix} \xrightarrow[(-1)r_2]{r_1-2r_2} \begin{pmatrix} 1 & 0 & 0 & 1 \\ 0 & 1 & 0 & 1 \\ 0 & 0 & 1 & 2 \end{pmatrix}.$$

这说明原方程组可化为 $\begin{cases} x_1 = 1, \\ x_2 = 1, \\ x_3 = 2, \end{cases}$ 此即所求的解.

训练 4-3-2 解方程组 $\begin{cases} 2x_1 - x_2 + 3x_3 = 1, \\ 4x_1 - 2x_2 + 5x_3 = 4, \\ 2x_1 - x_2 + 4x_3 = 0. \end{cases}$

解 $\tilde{A} = \begin{pmatrix} 2 & -1 & 3 & 1 \\ 4 & -2 & 5 & 4 \\ 2 & -1 & 4 & 0 \end{pmatrix} \xrightarrow[r_3-r_1]{r_2-2r_1} \begin{pmatrix} 2 & -1 & 3 & 1 \\ 0 & 0 & -1 & 2 \\ 0 & 0 & 1 & -1 \end{pmatrix} \xrightarrow{r_3+r_2} \begin{pmatrix} 2 & -1 & 3 & 1 \\ 0 & 0 & -1 & 2 \\ 0 & 0 & 0 & 1 \end{pmatrix}$

$$\xrightarrow[(-1)r_2]{\frac{1}{2}r_1} \begin{pmatrix} 1 & -\frac{1}{2} & \frac{3}{2} & \frac{1}{2} \\ 0 & 0 & 1 & -2 \\ 0 & 0 & 0 & 1 \end{pmatrix}.$$

原方程组可化为 $\begin{cases} x_1 - \frac{1}{2}x_2 + \frac{3}{2}x_3 = \frac{1}{2}, \\ x_3 = 4, \\ 0 = 1, \end{cases}$ 这是不可能的. 故原方程组无解.

训练 4-3-3 解方程组 $\begin{cases} x_1 + 2x_2 + 3x_3 = -7, \\ 2x_1 - x_2 + 2x_3 = -8, \\ 3x_1 + x_2 + 5x_3 = -15. \end{cases}$

解 $\tilde{A} = \begin{pmatrix} 1 & 2 & 3 & -7 \\ 2 & -1 & 2 & -8 \\ 3 & 1 & 5 & -15 \end{pmatrix} \xrightarrow[r_3 - 3r_1]{r_2 - 2r_1} \begin{pmatrix} 1 & 2 & 3 & -7 \\ 0 & -5 & -4 & 6 \\ 0 & -5 & -4 & 6 \end{pmatrix} \xrightarrow[\left(-\frac{1}{5}\right)r_2]{r_3 - r_2} \begin{pmatrix} 1 & 0 & \frac{7}{5} & -\frac{23}{5} \\ 0 & 1 & \frac{4}{5} & -\frac{6}{5} \\ 0 & 0 & 0 & 0 \end{pmatrix}.$

原方程组可化为 $\begin{cases} x_1 + \frac{7}{5}x_3 = -\frac{23}{5}, \\ x_2 + \frac{4}{5}x_3 = -\frac{6}{5}, \end{cases}$ 即 $\begin{cases} x_1 = -\frac{23}{5} - \frac{7}{5}x_3, \\ x_2 = -\frac{6}{5} - \frac{4}{5}x_3. \end{cases}$

此方程组中的未知数 x_3 可以取任意常数,得到的结果都是原方程组的解,故原方程组有无穷多个解.

设 $x_3 = k$(k 为任意常数),得到原方程组的解为

$$\begin{cases} x_1 = -\frac{7}{5}k - \frac{23}{5}, \\ x_2 = -\frac{4}{5}k - \frac{6}{5}, \\ x_3 = k. \end{cases}$$

训练 4-3-4 解方程组 $\begin{cases} x_1 - x_2 + x_3 - x_4 = 0, \\ 2x_1 - x_2 + 3x_3 - 2x_4 = -1, \\ 3x_1 - 2x_2 - x_3 + 2x_4 = 4. \end{cases}$

解 $\tilde{A} = \begin{pmatrix} 1 & -1 & 1 & -1 & 0 \\ 2 & -1 & 3 & -2 & -1 \\ 3 & -2 & -1 & 2 & 4 \end{pmatrix} \xrightarrow[r_3 - 3r_1]{r_2 - 2r_1} \begin{pmatrix} 1 & -1 & 1 & -1 & 0 \\ 0 & 1 & 1 & 0 & -1 \\ 0 & 1 & -4 & 5 & 4 \end{pmatrix}$

$\xrightarrow{r_3 - r_2} \begin{pmatrix} 1 & -1 & 1 & -1 & 0 \\ 0 & 1 & 1 & 0 & -1 \\ 0 & 0 & -5 & 5 & 5 \end{pmatrix} \xrightarrow{r_3 \times \left(-\frac{1}{5}\right)} \begin{pmatrix} 1 & -1 & 1 & -1 & 0 \\ 0 & 1 & 1 & 0 & -1 \\ 0 & 0 & 1 & -1 & -1 \end{pmatrix}$

$$\xrightarrow{r_1+r_2}\begin{pmatrix} 1 & 0 & 2 & -1 & -1 \\ 0 & 1 & 1 & 0 & -1 \\ 0 & 0 & 1 & -1 & -1 \end{pmatrix} \xrightarrow[r_2-r_3]{r_1-2r_3} \begin{pmatrix} 1 & 0 & 0 & 1 & 1 \\ 0 & 1 & 0 & 1 & 0 \\ 0 & 0 & 1 & -1 & -1 \end{pmatrix}.$$

原方程组可化为 $\begin{cases} x_1+x_4=1, \\ x_2+x_4=0, \\ x_3-x_4=-1, \end{cases}$ 即 $\begin{cases} x_1=1-x_4, \\ x_2=-x_4, \\ x_3=-1+x_4. \end{cases}$ 设 $x_4=k$（k 为任意常数），得原方程组的解为

$$\begin{cases} x_1=1-k, \\ x_2=-k, \\ x_3=-1+k, \\ x_4=k. \end{cases}$$

训练 4-3-5 求图 4-3-1 所示电路的各支路电流.

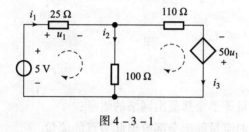

图 4-3-1

解 （1）先将控制量用独立变量（支路电流）表示；

（2）将受控源看作独立电源，列写支路法方程；

（3）将（1）的表达式代入（2）的方程，移项整理后即得独立变量（支路电流）的方程组.

$u_1=25i_1$.

$$\begin{cases} -i_1+i_2+i_3=0, \\ 25i_1+100i_2=5, \\ -100i_2+110i_3=50u_1. \end{cases}$$

将表达式代入方程，消去控制量 u_1 并整理得

$$\begin{cases} -i_1+i_2+i_3=0, \\ 25i_1+100i_2=5, \\ -1\,250i_1-100i_2+110i_3=0. \end{cases}$$

求解得 $i_1=-0.009\,7$（安），$i_2=0.052\,4$（安），$i_3=-0.062\,1$（安）.

即得到该交通网络未知部分某一时刻的交通流量.

四、拓展资源

1. 交通流量问题

图 4-3-2 所示某城市部分单行街道的交通流量（单位：辆/h）。假设：(1) 全部流入网络的流量等于全部流出网络的流量；(2) 全部流入一个节点的流量等于全部流出此节点的流量. 试建立数学模型确定该交通网络未知部分的具体流量.

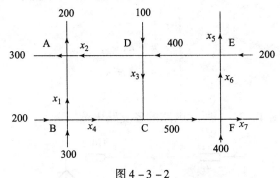

图 4-3-2

1）数学建模

(1) 问题假设：

①全部流入网络的流量等于全部流出网络的流量；

②全部流入一个节点的流量等于全部流出此节点的流量.

(2) 建立模型：

①观察节点 A，由网络流量假设得 $x_1 + x_2 = 200 + 300$，即 $x_1 + x_2 = 300$.

②同理可得，所给问题满足如下线性方程组：

$$\begin{cases} x_1 + x_2 = 500, \\ x_1 + x_4 = 500, \\ x_3 + x_4 = 500, \\ x_2 + x_3 = 500, \\ x_5 - x_6 = 200, \\ x_5 + x_7 = 900. \end{cases}$$

2）模型求解（用 MATLAB 求解）

```
>> A=[1 1 0 0 0 0 0 500;1 0 0 1 0 0 0 500;0 0 1 1 0 0 0 500;
0 1 1 0 0 0 0 500;0 0 0 0 1 -1 0 200;0 0 0 0 1 0 1 900];
>> c=rref(A)                    % 求方程组的解
c =
     1     0     0     1     0     0     0   500
     0     1     0    -1     0     0     0     0
     0     0     1     1     0     0     0   500
     0     0     0     0     1     0     1   900
```

$$\begin{matrix} 0 & 0 & 0 & 0 & 0 & 1 & 1 & 700 \\ 0 & 0 & 0 & 0 & 0 & 0 & 0 & 0 \end{matrix}$$

得到对应的同解线性方程组

$$\begin{cases} x_1 + x_4 = 500, \\ x_2 - x_4 = 0, \\ x_3 + x_4 = 500, \\ x_5 + x_7 = 900, \\ x_6 + x_7 = 700. \end{cases}$$

解得该线性方程组的解为

$$\begin{cases} x_1 = 500 - c_1, \\ x_2 = c_1, \\ x_3 = 500 - c_1, \\ x_4 = c_1, \\ x_5 = 900 - c_2, \\ x_6 = 700 - c_2, \\ x_7 = c_2. \end{cases} \quad (其中 c_1, c_2 为任意常数).$$

最后，考虑到实际意义，c_1，c_2 应取得 $x_i \geq 0$ ($i = 1, 2, \cdots, 7$) 的整数，即 $c_1 \leq 500$，$c_2 \leq 700$，当取 $c_1 = 300$，$c_2 = 400$ 时，求得非齐次线性方程组的一个特解为

$$\begin{cases} x_1 = 200, \\ x_2 = 300, \\ x_3 = 200, \\ x_4 = 300, \\ x_5 = 500, \\ x_6 = 300, \\ x_7 = 400. \end{cases}$$

即得到该交通网络未知部分的某一时刻的交通流量.

2. 含受控电压源的电路

用网孔电流法分析图 4-3-3 所示电路.

1）数学建模

（1）问题假设：

①假设上图有三个电流 I_1，I_2，I_3 沿各个独立回路的边界流动；

②所有的支路电流均可用此电流线性表示；

③所有电压亦能由此电流线性表示.

（2）建立模型：

①确定网孔,并设定网孔电流 I_1,I_2,I_3 的绕行方向. 如图 4-3-4 所示,规定网孔电流方向为顺时针方向.

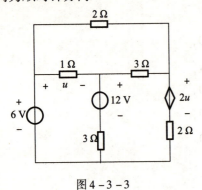

图 4-3-3   图 4-3-4

②列以网孔电流为未知量的 KVL 方程.

网孔 1:$6I_1 - I_2 - 3I_3 = 0$;

网孔 2:$-I_1 + 4I_2 - 3I_3 = 6$;

网孔 3:$-3I_1 - 3I_2 + 8I_3 = 12 - 2u$.

又有 $u = 1(I_2 - I_1)$.

经整理并写成矩阵形式

$$\begin{bmatrix} 6 & -1 & -3 \\ -1 & 4 & -3 \\ -5 & -1 & 8 \end{bmatrix} \begin{bmatrix} I_1 \\ I_2 \\ I_3 \end{bmatrix} = \begin{bmatrix} 0 \\ -6 \\ 2 \end{bmatrix}.$$

③模型求解.

解此方程组得 $I_1 = 1.2955$(安),$I_2 = 0.6136$(安),$I_3 = 2.3864$(安),$u = 1(I_2 - I_1) = -0.6819$(伏).

可见含受控电压源电路的网孔电阻矩阵已不再是对称阵了.

2)数学实验

```
>> A=[6 -1 -3 0;-1 4 -3 -6;-5 -1 8 12]
A =
     6    -1    -3     0
    -1     4    -3    -6
    -5    -1     8    12
>> rref(A)
ans =
    1.0000    0         0         1.2955
    0         1.0000    0         0.6136
    0         0         1.0000    2.3864
```

[即 $I_1 = 1.2955$（安），$I_2 = 0.6136$（安），$I_3 = 2.3864$（安）]
```
>> u = 0.613 6 - 1.295 5
u = -0.681 9
```

课后训练 4.3

1. 解下列线性方程组：

(1) $\begin{cases} 2x_1 - x_2 + 3x_3 = 1, \\ 4x_1 + 2x_2 + 5x_3 = 4, \\ 2x_1 + x_2 + 2x_3 = 5; \end{cases}$ (2) $\begin{cases} x_1 + 2x_2 + 3x_3 = 4, \\ 3x_1 + 5x_2 + 7x_3 = 9, \\ 2x_1 + 3x_2 + 4x_3 = 5; \end{cases}$

(3) $\begin{cases} x_1 - 2x_2 + 3x_3 - 4x_4 = 4, \\ x_1 + 3x_2 - 3x_3 - 3x_4 = 1, \\ x_2 - x_3 + x_4 = -3, \\ 2x_2 - 3x_3 - x_4 = 3; \end{cases}$ (4) $\begin{cases} x_2 + x_3 - 4x_4 = 1, \\ x_1 + x_2 + 2x_3 - 3x_4 = 1, \\ 3x_1 + 2x_2 + 5x_3 - 5x_4 = 2, \\ 2x_1 + 3x_2 + 2x_3 - 4x_4 = 6. \end{cases}$

2. 如图 4-3-5 所示，已知 $E_1 = 18$（伏），$E_2 = 9$（伏），$R_1 = R_2 = 1$（欧），$R_3 = 4$（欧），试用支路电流法求各支路的电流.

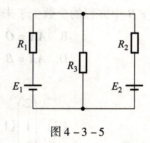

图 4-3-5

自测题 4

1. 填空题.

(1) $\begin{vmatrix} 0 & 5 \\ 0 & 6 \end{vmatrix} = $ _____； $\begin{vmatrix} 5 & 3 & 4 \\ 0 & 1 & 7 \\ 0 & 0 & 2 \end{vmatrix} = $ _____.

(2) $\begin{vmatrix} 5 & 3 & 4 \\ 1 & 1 & 7 \\ -1 & 2 & 2 \end{vmatrix}$ 的代数余子式 $A_{23} = $ _____.

(3) 矩阵 $A_{m \times n}$ 与 $B_{r \times s}$ 满足 _____ 时方可相乘，且乘积 AB 是一个 _____ 矩阵.

(4) 设 A 是一个 3 阶矩阵，且 $|A| = 2$，则 $|3A| = $ _____.

(5) 若 $AA^{-1} = A^{-1}A = E$（单位矩阵），则称 A _____.

2. 选择题.

(1) 设 A_{ij} 为 n 阶行列式 D 的元素 a_{ij} 的代数余子式，则 $\sum\limits_{k=1}^{n} a_{ik}A_{jk}$ (   ).

A. 必为零　　　　　　　　　　　　B. 必等于 D

C. 当 $i=j$ 时，等于 D　　　　　　D. 不确定

(2) 设矩阵 $A = \begin{pmatrix} 2 & -1 \\ 5 & 3 \end{pmatrix}$，那么 A 的伴随矩阵 A^* 为 (   ).

A. $\begin{pmatrix} 3 & 1 \\ -5 & 2 \end{pmatrix}$;　　　　　　　　B. $\begin{pmatrix} 2 & 1 \\ -5 & 3 \end{pmatrix}$;

C. $\begin{pmatrix} -2 & 5 \\ -1 & -3 \end{pmatrix}$;　　　　　　　D. $\begin{pmatrix} 3 & -1 \\ 5 & 2 \end{pmatrix}$.

(3) 若 A，B 为 n 阶矩阵，则必有 (   ).

A. $AB = BA$;　　　　　　　　　　B. $(A+B)^{-1} = A^{-1} + B^{-1}$;

C. $|AB| = |BA|$;　　　　　　　　　D. $|A+B| = |A| + |B|$.

(4) 设 A 为 $s \times n$ 矩阵，B 为 $n \times l$ 矩阵，则矩阵运算有意义的是 (   ).

A. BA;　　　　　　　　　　　　　B. $B + A$;

C. $A + B$;　　　　　　　　　　　　D. $B^T A^T$.

(5) 若非齐次线性方程组 $AX = B$ 中方程的个数少于未知数的个数，则 (   ).

A. $AX = B$ 必有无穷多解;　　　　　B. $AX = O$ 只有零解;

C. $AX = O$ 必有非零解;　　　　　　D. $AX = B$ 一定无解.

3. 计算.

(1) $\begin{pmatrix} 1 & 2 \\ -1 & 0 \end{pmatrix} + 2\begin{pmatrix} 0 & 1 \\ 3 & 2 \end{pmatrix}$;　　　　(2) $\begin{pmatrix} 2 \\ 1 \\ 3 \end{pmatrix}(1 \ 2 \ 0)$;

(3) $\begin{pmatrix} 1 & 2 & 0 \\ 1 & -1 & 1 \end{pmatrix}\begin{pmatrix} 1 & 3 \\ 0 & 1 \\ 1 & -1 \end{pmatrix}$;　　(4) $\begin{pmatrix} 0 & 3 & 1 \\ 1 & 0 & 4 \\ 1 & -2 & 1 \end{pmatrix}\begin{pmatrix} 1 \\ 0 \\ 1 \end{pmatrix}$.

4. 求下列矩阵的逆矩阵:

(1) $\begin{pmatrix} 3 & 0 & 8 \\ 3 & -1 & 6 \\ -2 & 0 & -5 \end{pmatrix}$;　　　　(2) $\begin{pmatrix} 0 & 2 & -1 \\ 1 & 1 & 2 \\ -1 & -1 & -1 \end{pmatrix}$.

5. 求下列矩阵的秩:

(1) $\begin{pmatrix} 1 & 2 & 0 \\ 0 & 1 & 1 \\ -1 & 2 & 3 \end{pmatrix}$;　　　　(2) $\begin{pmatrix} -1 & 2 & 1 & 0 \\ 1 & -2 & -1 & 0 \\ -1 & 0 & 1 & 1 \\ -2 & 0 & 2 & 2 \end{pmatrix}$.

6. 解下列线性方程组：

(1) $\begin{cases} x_1 + 2x_2 + 3x_3 = 3, \\ 2x_1 + 5x_2 + 7x_3 = 6, \\ 3x_1 + 7x_2 + 8x_3 = 5; \end{cases}$

(2) $\begin{cases} x_1 - x_2 + x_3 - x_4 = 0, \\ x_1 - x_2 + 2x_3 - 3x_4 = 1, \\ x_1 - x_2 + 3x_3 - 5x_4 = 2. \end{cases}$

7. 某电器工厂有三个车间生产电表和万用表，每天三个车间生产的电表和万用表数量分别为 100、150、120 和 200、180、210（单位：万个），已知电表和万用表的单价和单位利润分别为 50、45 和 20、15（单位：元），求这三个车间一天的总产值和总利润.

第5章 导数及其应用

【能力目标】 会求函数的导数和微分；会将导数与微分的思想与专业问题相结合，解决一些专业问题．

【知识目标】 理解函数的导数和微分的概念；掌握求导数和微分的方法；掌握利用导数和微分解决实际问题的思想方法和步骤．

【素质目标】 培养分工合作、独立完成任务的能力；养成系统分析问题、解决问题的能力．

5.1 导数的概念

一、学习目标

【能力目标】 能够将电学实际应用问题中的变化率问题转化为数学中的求导问题．
【知识目标】 掌握导数的几何意义，理解导数的定义．

二、线上学习导学单

观看导数的概念 PPT 课件 → 观看导数的概念微课（或视频）→ 完成课前任务 5.1 → 完成在线测试 5.1 → 在 5.1 讨论区发帖

三、知识链接

知识点1：导数的定义

1. 问题背景

[变速直线运动的瞬时速度] 设物体作变速直线运动，运动方程即路程与时间的函数关系为 $s = s(t)$，求物体在 t_0 时刻的瞬时速度 $v(t_0)$．

速度表示路程相对于时间变化的快慢程度．由中学知识可知，若物体作匀速运动，则物体在任一时刻的运动速度为常量，且有

$$v = \frac{经过的路程}{所花的时间}.$$

当物体作变速运动时，就不能按上式计算物体在某一时刻的运动速度了．

先考虑从时刻 t_0 到 $t_0 + \Delta t$ 这段时间内，物体的运动速度问题．在时间 $[t_0, t_0 + \Delta t]$ 内

物体走过的路程为 $\Delta s = s(t_0 + \Delta t) - s(t_0)$，比值 $\bar{v} = \dfrac{\Delta s}{\Delta t} = \dfrac{s(t_0 + \Delta t) - s(t_0)}{\Delta t}$，称为物体在 $[t_0, t_0 + \Delta t]$ 内的平均速度.

显然，Δt 越小，$\bar{v}$ 就越趋近 $v(t_0)$. 当 $\Delta t \to 0$ 时，若平均速度 $\bar{v}$ 的极限存在，则此极限值就是物体在 t_0 时刻的瞬时速度 $v(t_0)$，即

$$v(t_0) = \lim_{\Delta t \to 0} \bar{v} = \lim_{\Delta t \to 0} \frac{\Delta s}{\Delta t} = \lim_{\Delta t \to 0} \frac{s(t_0 + \Delta t) - s(t_0)}{\Delta t}.$$

函数增量与自变量增量之比当自变量增量趋于零时的极限，即

$$\lim_{\Delta x \to 0} \frac{\Delta y}{\Delta x} = \lim_{\Delta x \to 0} \frac{f(x_0 + \Delta x) - f(x_0)}{\Delta x}.$$

为此，引入导数这一数学概念刻画这一极限过程.

2. 导数的定义与计算

1）导数

设函数 $y = f(x)$ 在点 x_0 的某邻域内有定义，当自变量 x 在点 x_0 处有增量 Δx（$x_0 + \Delta x$ 仍在该邻域内）时，函数有相应的增量 $\Delta y = f(x_0 + \Delta x) - f(x_0)$，如果 Δy 与 Δx 之比在 $\Delta x \to 0$ 时的极限存在，则称函数 $y = f(x)$ 在点 x_0 处可导，并称这个极限值为 $y = f(x)$ 在点 x_0 处的**导数**（或变化率），记作 $f'(x_0)$，即

$$f'(x_0) = \lim_{\Delta x \to 0} \frac{\Delta y}{\Delta x} = \lim_{\Delta x \to 0} \frac{f(x_0 + \Delta x) - f(x_0)}{\Delta x}, \qquad (5-1-1)$$

也可记为 $y'\big|_{x=x_0}$，$\dfrac{\mathrm{d}y}{\mathrm{d}x}\bigg|_{x=x_0}$ 或 $\dfrac{\mathrm{d}f(x)}{\mathrm{d}x}\bigg|_{x=x_0}$.

函数 $f(x)$ 在点 x_0 处可导有时也说成 $f(x)$ 在点 x_0 处具有导数或导数存在. 如果式 (5-1-1) 极限不存在，就说函数 $f(x)$ 在点 x_0 处不可导，如果不可导的原因是由于 $\Delta x \to 0$ 时，$\dfrac{\Delta y}{\Delta x} \to \infty$，为了方便起见，也称函数 $f(x)$ 在点 x_0 处的导数为无穷大，记作 $f'(x_0) = \infty$.

2）导函数

如果函数 $y = f(x)$ 在 (a, b) 内每一点都可导，则称 $y = f(x)$ 在 (a, b) 内可导，这时，对于 (a, b) 内的任意一点 x，都有导数值 $f'(x)$ 与它对应，因此 $f'(x)$ 是 x 的函数，称 $f'(x)$ 为 $y = f(x)$ 的**导函数**，记作 $f'(x)$，即

$$f'(x) = \lim_{\Delta x \to 0} \frac{f(x + \Delta x) - f(x)}{\Delta x},$$

也可记为 y'，$\dfrac{\mathrm{d}y}{\mathrm{d}x}$ 或 $\dfrac{\mathrm{d}f(x)}{\mathrm{d}x}$.

显然，函数 $y = f(x)$ 在点 x_0 处的导数，就是导函数 $f'(x)$ 在点 $x = x_0$ 处的函数值，即

$$f'(x_0) = f'(x)\big|_{x=x_0}.$$

今后，常把导函数 $f'(x)$ 简称为导数. 在求导数时，若没有指明是求在某一定点的导数，都是指求导函数.

知识点2：简单函数导数的求法

根据导数的定义求 $y=f(x)$ 的导数，一般可分为下面三个步骤：

（1）求函数的增量：$\Delta y=f(x+\Delta x)-f(x)$；

（2）求两增量的比值：$\dfrac{\Delta y}{\Delta x}=\dfrac{f(x+\Delta x)-f(x)}{\Delta x}$；

（3）求极限：$\lim\limits_{\Delta x\to 0}\dfrac{\Delta y}{\Delta x}=\lim\limits_{\Delta x\to 0}\dfrac{f(x+\Delta x)-f(x)}{\Delta x}$.

训练 5-1-1 求函数 $f(x)=C$ 的导数（C 为常数）.

解 （1）$\Delta y=f(x+\Delta x)-f(x)=C-C=0$；

（2）$\dfrac{\Delta y}{\Delta x}=0$；

（3）$y'=\lim\limits_{\Delta x\to 0}\dfrac{\Delta y}{\Delta x}=0$.

故 $(C)'=0$.

这就是说，常数的导数等于零.

训练 5-1-2 求函数 $f(x)=x^2$ 的导数.

解 （1）$\Delta y=f(x+\Delta x)-f(x)=(x+\Delta x)^2-(x)^2=2x\Delta x+(\Delta x)^2$；

（2）$\dfrac{\Delta y}{\Delta x}=\dfrac{2x\Delta x+(\Delta x)^2}{\Delta x}=2x+\Delta x$；

（3）$f'(x)=\lim\limits_{\Delta x\to 0}(2x+\Delta x)=2x$.

故 $(x^2)'=2x^2$.

一般的，对于幂函数 $y=x^\alpha(\alpha\in\mathbf{R})$，有下面的求导公式：
$$(x^\alpha)'=\alpha x^{\alpha-1}.$$

训练 5-1-3 求 $y=\sin x$ 的导数，并求 $f'\left(\dfrac{\pi}{4}\right)$.

解 （1）$\Delta y=\sin(x+\Delta x)-\sin x=2\cos\left(x+\dfrac{\Delta x}{2}\right)\sin\dfrac{\Delta x}{2}$；

（2）$\dfrac{\Delta y}{\Delta x}=\dfrac{2\cos\left(x+\dfrac{\Delta x}{2}\right)\sin\dfrac{\Delta x}{2}}{\Delta x}=\cos\left(x+\dfrac{\Delta x}{2}\right)\dfrac{\sin\dfrac{\Delta x}{2}}{\dfrac{\Delta x}{2}}$；

（3）$y'=\lim\limits_{\Delta x\to 0}\dfrac{\Delta y}{\Delta x}=\lim\limits_{\Delta x\to 0}\cos\left(x+\dfrac{\Delta x}{2}\right)\dfrac{\sin\dfrac{\Delta x}{2}}{\dfrac{\Delta x}{2}}$

$=\lim\limits_{\Delta x\to 0}\cos\left(x+\dfrac{\Delta x}{2}\right)\cdot\lim\limits_{\Delta x\to 0}\dfrac{\sin\dfrac{\Delta x}{2}}{\dfrac{\Delta x}{2}}=\cos x$.

故 $(\sin x)'=\cos x$.

所以 $f'\left(\dfrac{\pi}{4}\right) = \cos x \big|_{x=\frac{\pi}{4}} = \dfrac{\sqrt{2}}{2}.$

知识点3：导数的几何意义

曲线的切线：设曲线 C 的方程为 $y = f(x)$，求曲线 C 在点 M 处切线的斜率.

如图 5-1-1 所示，设 N 是曲线 C 上与点 M 邻近的一点，连结点 M 和 N 的直线 MN 称为曲线 C 的割线，如果当点 N 沿着曲线 C 趋近点 M 时，割线 MN 绕着点 M 转动而趋近极限位置 MT，则称直线 MT 为曲线 C 在点 M 处的切线. 这里极限位置的含义是：只要弦长 $|MN|$ 趋近零，$\angle NMT$ 也趋近零.

切线 MT 的斜率不易直接求得，先求割线 MN 的斜率. 如图 5-1-2 所示，设点 M、N 的坐标分别为 (x_0, y_0)、$(x_0 + \Delta x, y_0 + \Delta y)$，割线 MN 的倾角为 φ，切线 MT 的倾角为 α，则割线 MN 的斜率为

$$\tan\varphi = \dfrac{\Delta y}{\Delta x} = \dfrac{f(x_0 + \Delta x) - f(x_0)}{\Delta x}.$$

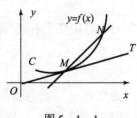
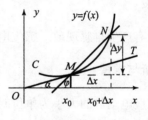

图 5-1-1　　　　图 5-1-2

显然，Δx 越小，即点 N 沿曲线 C 越趋近点 M，割线 MN 的斜率越趋近切线 MT 的斜率. 当点 N 沿曲线 C 无限趋近点 M，即 $\Delta x \to 0$ 时，若割线 MN 的斜率的极限存在，则此极限值就是曲线 C 在点 M 处切线的斜率，即

$$\tan\alpha = \lim_{\Delta x \to 0}\tan\varphi = \lim_{\Delta x \to 0}\dfrac{\Delta y}{\Delta x} = \lim_{\Delta x \to 0}\dfrac{f(x_0 + \Delta x) - f(x_0)}{\Delta x}.$$

由平面曲线的切线斜率问题的讨论和导数的定义知，函数 $y = f(x)$ 在点 x_0 处的导数 $f'(x_0)$ 在几何上表示曲线 $y = f(x)$ 在点 $M(x_0, y_0)$ 处的切线的斜率. 由此得，曲线 $y = f(x)$ 在点 $M(x_0, y_0)$ 处的切线方程为

$$y - y_0 = f'(x_0)(x - x_0),$$

法线方程为

$$y - y_0 = -\dfrac{1}{f'(x_0)}(x - x_0) \quad (f'(x_0) \neq 0).$$

注意：当 $f'(x_0) = 0$ 时，切线为平行于 x 轴的直线 $y = f(x_0)$，法线为垂直于 x 轴的直线 $x = x_0$；当 $f'(x_0) = \infty$ 时，切线为垂直于 x 轴的直线 $x = x_0$，法线为平行于 x 轴的直线 $y = f(x_0)$；当 $f'(x_0)$ 不存在且又不是无穷大时，没有切线.

训练 5-1-4　求抛物线 $y = x^2$ 在点 $(1,1)$ 处的切线方程和法线方程.

解　切点的坐标为 $x_0 = 1$，$y_0 = 1$，切线的斜率为 $k = y'\big|_{x=1} = 2x\big|_{x=1} = 2$，因此，所求的

切线方程为
$$y - 1 = 2(x - 1) \text{ 即 } y = 2x - 1,$$
法线方程为
$$y - 1 = -\frac{1}{2}(x - 1) \text{ 即 } y = -\frac{1}{2}x + \frac{3}{2}.$$

四、拓展资源

[感应电动势公式的推导问题] 电磁感应现象中产生的电动势叫作感应电动势，感应电动势的大小与磁通量变化的快慢有关．磁通量变化的快慢可以用单位时间内磁通量的变化来表示．单位时间内磁通量的变化量，通常叫作磁通量的变化率．试推导位于磁场中的一闭合回路的瞬时感应电动势与磁场之间的关系．磁场的大小随时间的变化而变化，可用函数 $\Phi(t) = t^2 + \sin t$ 表示，求闭合电路的瞬时感应电动势大小．

解 数学建模过程如下．

1. 模型假设

该回路中没有产生自感现象．感应电动势只与给定的磁通量变化有关．

2. 模型分析与求解

回路中的感应电动势的大小为单位时间内磁通量的变化量（即磁通量的变化率），考虑从时刻 t_0 到 $t_0 + \Delta t$ 这段时间内，回路中的磁通量变化问题．在时刻 t_0，回路中的磁通量为 $\Phi(t_0)$，在时刻 $t_0 + \Delta t$，回路中的磁通量为 $\Phi(t_0 + \Delta t)$，在时间段 Δt 内磁通量的变化量为 $\Delta \Phi = \Phi(t_0 + \Delta t) - \Phi(t_0)$．感应电动势为：

$$E = \frac{\Delta \Phi}{\Delta t}.$$

如果 Δt 趋于 0，根据导数定义感应电动势的大小即

$$\begin{aligned} E(t) &= \Phi'(t) \\ &= (t^2 + \sin t)' \\ &= 2t + \cos t. \end{aligned}$$

3. MATLAB 实现

对于导数来说，在 MATLAB 中的命令如下：

diff(f)

其中 f 为符号表达式，即数学中的函数表达式 $f(x)$．

如果要使用自变量的名称不是 x，比如本任务中使用 t，在求导时应该使用命令：diff('t^2 + sin(t)','t').

课后训练 5.1

1. 判断题（正确的打"√"，错误的打"×"）.

(1) 函数 $y=f(x)$ 在点 x_0 处可导，则 $\lim\limits_{x\to x_0}\dfrac{f(x)-f(x_0)}{x-x_0}=f'(x_0)$. （　　）

(2) 函数 $y=f(x)$ 在点 x_0 处可导，则 $\lim\limits_{h\to 0}\dfrac{f(x_0)-f(x_0-h)}{h}\neq f'(x_0)$. （　　）

(3) 函数 $y=f(x)$ 在点 x_0 处可导，则曲线在点 x_0 处的切线存在. （　　）

(4) 函数 $y=f(x)$ 在点 x_0 处不可导，则函数在点 x_0 处不连续. （　　）

(5) 函数 $y=f(x)$ 在点 x_0 处不连续，则函数在点 x_0 处不可导. （　　）

2. 填空题.

(1) $\lim\limits_{h\to 0}\dfrac{f(x_0+h)-f(x_0)}{h}=$ _____.

(2) $\lim\limits_{\Delta x\to 0}\dfrac{f(x_0-\Delta x)-f(x_0)}{\Delta x}=$ _____.

3. 设 $f(x)=3x^2+1$，用导数的定义求 $f'(1)$.

4. 利用求导公式 $(x^\alpha)'=\alpha x^{\alpha-1}$，求下列函数的导数：

(1) $y=x^5$；　　　　　　　　　(2) $y=\sqrt[3]{x^2}$；

(3) $y=\dfrac{1}{\sqrt{x}}$；　　　　　　　　　(4) $y=\dfrac{1}{x^2}$.

5. 求下列函数在指定点的导数：

(1) $y=\log_2 x$，$x=2$；　　　　　(2) $y=\cos x$，$x=\dfrac{\pi}{2}$.

5.2　导数的计算

一、学习目标

【能力目标】　能够将电学实际应用问题中的变化率问题转化为数学中的求导问题，并利用导数的求导规则求出相关的物理量.

【知识目标】　掌握导数的四则运算规则和复合运算规则，理解实际问题转化为导数问题的方法.

二、线上学习导学单

观看导数的计算 PPT 课件 → 观看导数的计算微课（或视频）→ 完成课前任务 5.2 → 完成在线测试 5.2 → 在 5.2 讨论区发帖

三、知识链接

知识点1：基本初等函数的求导公式

高中课本上已经介绍了幂函数、三角函数、指数和对数函数的求导公式，在此为了方便查阅，把基本初等函数的求导公式列出如下：

(1) $(C)' = 0$ (C 为常数)；

(2) $(x^\alpha)' = \alpha x^{\alpha-1}$；

(3) $(a^x)' = a^x \ln a$；

(4) $(e^x)' = e^x$；

(5) $(\log_a x)' = \dfrac{1}{x \ln a}$；

(6) $(\ln x)' = \dfrac{1}{x}$；

(7) $(\sin x)' = \cos x$；

(8) $(\cos x)' = -\sin x$；

(9) $(\tan x)' = \sec^2 x$；

(10) $(\cot x)' = -\csc^2 x$；

(11) $(\sec x)' = \sec x \tan x$；

(12) $(\csc x)' = -\csc x \cot x$；

(13) $(\arcsin x)' = \dfrac{1}{\sqrt{1-x^2}}$；

(14) $(\arccos x)' = -\dfrac{1}{\sqrt{1-x^2}}$；

(15) $(\arctan x)' = \dfrac{1}{1+x^2}$；

(16) $(\text{arccot}\, x)' = -\dfrac{1}{1+x^2}$.

训练 5-2-1 设 $y = \sqrt{x}$，求 $f'(x)$.

解 $y' = (x^{\frac{1}{2}})' = \dfrac{1}{2} x^{\frac{1}{2}-1} = \dfrac{1}{2} x^{-\frac{1}{2}} = \dfrac{1}{2\sqrt{x}}$.

训练 5-2-2 求函数 $y = \log_5 x$ 的导数.

解 $y' = (\log_5 x)' = \dfrac{1}{x \ln 5}$.

训练 5-2-3 求 $y = 2^x 3^x$ 的导数.

解 $y' = (2^x 3^x)' = (6^x)' = 6^x \ln 6$.

知识点2：导数的四则运算

四则运算求导法则：设函数 $u = u(x)$ 和 $v = v(x)$ 在点 x 处可导，则它们的和、差、积、商（分母不为零）在点 x 处也可导，且具有以下规则：

(1) $(u \pm v)' = u' \pm v'$；

(2) $(uv)' = u'v + uv'$，特别的，$(Cu)' = Cu'$ (C 为常数)；

(3) $\left(\dfrac{u}{v}\right)' = \dfrac{u'v - uv'}{v^2}$ ($v(x) \neq 0$)，特别的 $\left(\dfrac{1}{v}\right)' = -\dfrac{v'}{v^2}$.

注意：法则（1）、（2）均可以推广到有限多个函数的情形，例如，设 $u = u(x)$，$v = v(x)$，$w = w(x)$ 均可导，则有 $(u \pm v \pm w)' = u' \pm v' \pm w'$，$(uvw)' = u'vw + uv'w + uvw'$.

训练 5-2-4 设 $y = x^3 + x^2 - x + 5$，求 $f'(x)$.

解 $y' = (x^3 + x^2 - x + 5)' = (x^3)' + (x^2)' - (x)' + (5)'$

$$= 3x^2 + 2x - 1.$$

训练 5-2-5 求函数 $y = \sqrt{x}\cos x$ 导数.

解 $y' = (\sqrt{x}\cos x)' = (\sqrt{x})'\cos x + \sqrt{x}(\cos x)'$

$$= \frac{\cos x}{2\sqrt{x}} - \sqrt{x}\sin x.$$

训练 5-2-6 求 $y = \tan x$ 的导数.

解 $y' = (\tan x)' = \left(\dfrac{\sin x}{\cos x}\right)' = \dfrac{(\sin x)'\cos x - \sin x(\cos x)'}{\cos^2 x} = \dfrac{\cos^2 x + \sin^2 x}{\cos^2 x} = \sec^2 x$

即

$$(\tan x)' = \sec^2 x.$$

同理可得

$$(\cot x)' = -\csc^2 x.$$

知识点 3：复合函数求导

复合函数的求导法则：设函数 $u = \varphi(x)$ 在点 x 处可导，函数 $y = f(u)$ 在相应的点 u 处可导，则复合函数 $y = f[\varphi(x)]$ 在点 x 处可导，且其导数为

$$\frac{dy}{dx} = \frac{dy}{du} \cdot \frac{du}{dx} \text{ 或 } \frac{dy}{dx} = f'(u) \cdot \varphi'(x).$$

即复合函数的导数等于函数对中间变量的导数乘以中间变量对自变量的导数.

注意：(1) 也可把 $\dfrac{dy}{dx} = \dfrac{dy}{du} \cdot \dfrac{du}{dx}$ 写成 $y'_x = y'_u \cdot u'_x$.

(2) 复合函数的求导法则可以推广到多个中间变量的情形. 例如, 设 $y = f(u)$, $u = \varphi(v)$, $v = \psi(x)$ 均可导, 则复合函数 $y = f\{\varphi[\psi(x)]\}$ 的导数为

$$\frac{dy}{dx} = \frac{dy}{du} \cdot \frac{du}{dv} \cdot \frac{dv}{dx} \text{ 或 } \frac{dy}{dx} = f'(u) \cdot \varphi'(v) \cdot \psi'(x).$$

训练 5-2-7 求 $y = (4x+1)^5$ 的导数.

解 $y = (4x+1)^5$ 由 $y = u^5$, $u = 4x+1$ 复合而成.

因为

$$\frac{dy}{du} = 5u^4, \quad \frac{du}{dx} = 4,$$

所以

$$\frac{dy}{dx} = \frac{dy}{du} \cdot \frac{du}{dx} = 5u^4 \cdot 4 = 20(4x+1)^4.$$

训练 5-2-8 求 $y = \sin 4x$ 的导数.

解 $y = \sin 4x$ 由 $y = \sin u$, $u = 4x$ 复合而成.

因为

$$y'_u = \cos u, \quad u'_x = 4,$$

所以
$$y'_x = y'_u \cdot u'_x = \cos u \cdot 4 = 4\cos 4x.$$

训练 5 – 2 – 9 设 $y = e^{x^2}$,求 $\dfrac{dy}{dx}$.

解 $y = e^{x^2}$ 由 $y = e^u$,$u = x^2$ 复合而成.

因为
$$\frac{dy}{du} = e^u, \quad \frac{du}{dx} = 2x,$$

所以
$$\frac{dy}{dx} = \frac{dy}{du} \cdot \frac{du}{dx} = e^u \cdot 2x = 2x e^{x^2}.$$

四、拓展资源

[**闭合线圈感应电动势的计算问题**] 位于磁场中的一闭合回路,由于该磁场时间的变化该闭合回路产生感应电动势,其具体函数表达式为 $\varPhi(t) = t^2\sin(2t+1) + e^{3t}$,求 $t = 1$(秒)时,该回路中的感应电动势的瞬时大小.

解 数学建模过程如下.

1. 模型假设

本题已经为很理想化的理论题目,在此不用作任何假设.

2. 问题分析

回路中的感应电动势的大小,即通过回路中磁通量的变化率,求变化率的问题即数学中的求导数运算,所以感应电动势的瞬时大小即磁通量关于时间 t 的导数,该任务转化为求函数 $\varPhi(t) = t^2\sin(2t+1) + e^{3t}$ 的导数.

3. 模型建立与求解

$$E(t) = \varPhi'(t) = (t^2\sin(2t+1) + e^{3t})' = (t^2)'\sin(2t+1) + (\sin(2t+1))'t^2 + (e^{3t})'$$
$$= 2t\sin(2t+1) + \cos(2t+1)(2t+1)'t^2 + e^{3t}(3t)'$$
$$= 2t\sin(2t+1) + 2\cos(2t+1)t^2 + 3e^{3t}.$$

$t = 1$ s 时,电源的感应电动势为 $E(t)|_{t=1} = \varPhi'(t)|_{t=1} = 2\sin 3 + 2\cos 3 + 3e^3$.

4. MATLAB 实现

在 MATLAB 命令窗口中输入如下命令即可得到上述结果:

```
syms t;    f = 't^2*sin(2*t+1)+exp(3*t)';
diff(f,'t');
```

第 5 章 导数及其应用

课后训练 5.2

1. 判断题（正确的打"√"，错误的打"×"）.

(1) 抛物线 $y = x^2$ 上点 $(1, 1)$ 处的切线方程为 $y - 1 = 2x(x - 1)$.　　　　　　(　　)

(2) $\left(\sin \dfrac{\pi}{3}\right)' = \cos \dfrac{\pi}{3}$.　　　　　　(　　)

(3) 设 $f(x) = x^2$，因为 $f(2) = 4$，所以 $f'(2) = 4' = 0$.　　　　　　(　　)

(4) $(e^x \cdot \sin x)' = e^x \cos x$.　　　　　　(　　)

(5) $\left(\dfrac{\cos x}{x^2}\right)' = \dfrac{(\cos x)'}{(x^2)'} = -\dfrac{\sin x}{2x}$.　　　　　　(　　)

(6) $(e^{-x})' = e^{-x}$.　　　　　　(　　)

(7) $(\arctan \sqrt{x})' = \dfrac{1}{2(1+x)\sqrt{x}}$.　　　　　　(　　)

2. 填空题.

(1) $y = \sqrt{x} + \sin\sqrt{2}$，$y' = $ ＿＿＿＿；　　(2) $y = x\left(x^2 + \dfrac{1}{x} + \dfrac{1}{x^2}\right)$，$y' = $ ＿＿＿＿；

(3) $y = \dfrac{x^2 + 3x + 2}{x}$，$y' = $ ＿＿＿＿；　　(4) $y = \dfrac{\sqrt[3]{x}}{x^3\sqrt{x}}$，$y' = $ ＿＿＿＿；

(5) $y = \log_2 x + 5^x$，$y' = $ ＿＿＿＿；　　(6) $y = e^x \cos x$，$y' = $ ＿＿＿＿；

(7) $y = (1 + x^2)\left(1 - \dfrac{1}{x^2}\right)$，$y'|_{x=1} = $ ＿＿＿＿，$y'|_{x=-1} = $ ＿＿＿＿；

(8) $y = \dfrac{1 - \sin x}{1 + \sin x}$，$f'(0) = $ ＿＿＿＿，$f'(\pi) = $ ＿＿＿＿；

(9) $y = (x^2 - 2x + 1)^{\frac{5}{2}}$，$y' = $ ＿＿＿＿．

(10) $y = \sqrt{1 - x^2}$，$y' = $ ＿＿＿＿．

3. 求下列函数的导数：

(1) $y = 3x^2 - \dfrac{2}{x^2} + 5$；　　(2) $y = 4x^3 - 2\sqrt{x} + \dfrac{1}{x^3} + e$；

(3) $y = x(\sqrt{x} + 2)$；　　(4) $y = x^2 \cdot \sqrt[3]{x^2} - \dfrac{1}{x^3} + \sin\dfrac{\pi}{6}$；

(5) $y = \sin x \cos x$；　　(6) $y = x\tan x - \cot x$；

(7) $y = \dfrac{x}{x^2 + 1}$；　　(8) $y = \dfrac{1 - \ln x}{1 + \ln x}$．

4. 求下列函数的导数：

(1) $y = e^{-3x}$；　　(2) $y = (5x + 2)^3$；

(3) $y = \cos(1 - 2x)$；　　(4) $y = \dfrac{x}{\sqrt{4 - x^2}}$；

(5) $y = \ln\ln x$;
(6) $y = \ln\sqrt{x} - \sqrt{\ln x}$;
(7) $y = \sin 2x + \sin^2 x$;
(8) $y = e^{2x}\cos 3x$;
(9) $y = \arccos\dfrac{1}{x}$;
(10) $y = \arcsin 3x$.

5. 求下列函数在指定点的导数：

(1) $f(x) = 4x^3 - 2x$，求 $f'(-1)$，$f'(1)$；

(2) $f(x) = x^2\sin x$，求 $f'(0)$，$f'(\pi)$；

(3) $y = \sqrt{1+\ln^2 x}$，求 $y'|_{x=e}$.

6. 以初速度 v_0 上抛的物体，其上升高度 s 与 t 的关系是 $s = v_0 t - \dfrac{1}{2}gt^2$，求：

(1) 物体上升的速度 $v(t)$；

(2) 物体到达最高点所需的时间.

5.3 高阶导数与隐函数的导数

一、学习目标

【能力目标】 能够利用导数的定义将电学实际应用问题逐次转化为数学中的导数问题，并利用二阶导数的求导规则求出相关的物理量.

【知识目标】 掌握二阶导数的计算，理解实际问题转化为二阶导数问题的方法.

二、线上学习导学单

观看高阶导数 PPT 课件 → 观看高阶导数微课（或视频） → 完成课前任务 5.3 → 完成在线测试 5.3 → 在 5.3 讨论区发帖

三、知识链接

知识点 1：高阶导数

一般的，函数 $y = f(x)$ 的导数 $y' = f'(x)$ 仍然是 x 的函数. 若 $y' = f'(x)$ 也存在导数，把 $y' = f'(x)$ 的导数叫作函数 $y = f(x)$ 的**二阶导数**，记作 y''，$f''(x)$ 或 $\dfrac{d^2 y}{dx^2}$，即

$$y'' = (y')', \quad f''(x) = [f'(x)]', \quad \dfrac{d^2 y}{dx^2} = \dfrac{d}{dx}\left(\dfrac{dy}{dx}\right).$$

相应的，把 $y = f(x)$ 导数 $f'(x)$ 叫作函数 $y = f(x)$ 的**一阶导数**.

类似的，二阶导数的导数叫作**三阶导数**，三阶导数的导数叫作**四阶导数**，一般的，$(n-1)$ 阶导数的导数叫作 n **阶导数**，分别记作

$$y''', y^{(4)}, \cdots, y^{(n)} \quad \text{或} \quad \dfrac{d^3 y}{dx^3}, \dfrac{d^4 y}{dx^4}, \cdots, \dfrac{d^n y}{dx^n}.$$

函数 $f(x)$ 具有 n 阶导数，也常说成函数 $f(x)$ 为 n 阶可导. 二阶及二阶以上的导数统称为**高阶导数**.

训练 5 – 3 – 1 设 $y = 2x^2 - 3x + 5$, 求 y''.

解 $y' = 4x - 3$, $y'' = 4$.

训练 5 – 3 – 2 设 $y = e^x$, 求 $y^{(n)}$.

解 $y' = e^x$, $y'' = e^x$, $\cdots$, $y^{(n)} = e^x$.

训练 5 – 3 – 3 设 $y = x\ln x$, 求 $y''|_{x=2}$.

解 $y' = x'\ln x + x(\ln x)' = \ln x + 1$,

$$y'' = (\ln x + 1)' = \frac{1}{x},$$

$$y''|_{x=2} = \frac{1}{2}.$$

知识点 2：隐函数的导数

1. 隐函数的定义

y 是 x 的函数，通常用 $y = f(x)$ 表示，用这种方式表达的函数称为**显函数**，其特点是：等号左端是函数（因变量）的符号，等号右端是含有自变量的式子，例如 $y = \sin x$, $y = 1 + x + x^3$ 等. 但是，有时 y 与 x 的函数关系不易或无法用 $y = f(x)$ 这种形式表示，例如方程 $x^2 + y^3 - 1 = 0$, $x + y - \sin xy = 0$ 都能表示一个函数. 由方程 $F(x, y) = 0$ 所确定的函数称为**隐函数**.

把一个隐函数化成显函数，叫作隐函数的显化. 隐函数的显化有时是比较困难的，甚至是不可能的. 但在实际问题中，有时需要计算隐函数的导数，因此，人们希望有一种方法，不管隐函数能否显化，都能直接由方程求出它所确定的隐函数的导数. 下面介绍求隐函数的导数的方法.

2. 隐函数求导

求隐函数的导数的方法是：方程两边对 x 求导，应用求导法则（包括四则运算法则和复合函数求导法则）后，对常数项或只含 x 的项，直接应用求导公式；对只含 y 的项 $f(y)$, 由于 y 是 x 的函数，故 $f(y)$ 是 x 的复合函数，y 是中间变量. 由 $f(y)$ 对 x 求导时，根据复合函数的求导法则，应先由 $f(y)$ 对 y 求导，再乘以 y 对 x 的导数即 y', 这样得到一个关于 y' 的方程，然后从中解出 y' 即可.

注意：y 的函数 $f(y)$ 对 x 求导，比如，假设 $y = \sin x$, 则 $(y^2)' = (\sin^2 x)' = 2\sin x \cdot (\sin x)' = 2y \cdot y'$, 类似的有 $(e^y)' = e^y \cdot y'$, $(\sin y)' = \cos y \cdot y'$, $(\ln y)' = \frac{1}{y} \cdot y'$, $(\sqrt{y})' = \frac{1}{2\sqrt{y}} \cdot y'$ 等.

训练 5 – 3 – 4 求由方程 $xy^2 + \ln y = 1$ 所确定的隐函数 y 的导数 y'.

解 方程两边对 x 求导，得

$$(xy^2 + \ln y)' = (1)',$$

$$(xy^2)' + (\ln y)' = (1)',$$
$$(x)'y^2 + x(y^2)' + (\ln y)' = (1)',$$

由于 y 是 x 的函数，故 y^2 和 $\ln y$ 是 x 的复合函数，把 y 看作中间变量，应用复合函数的求导法则，得

$$y^2 + x \cdot 2yy' + \frac{1}{y} \cdot y' = 0,$$

整理得
$$(2xy^2 + 1)y' = -y^3,$$

即
$$y' = -\frac{y^3}{2xy^2 + 1}.$$

这就是所要求的隐函数的导数，结果中除了含有 x 外，还含有 y，这是允许的.

四、拓展资源

[**RLC 电路中电压的计算问题**] 在图 5-3-1 所示的 RLC 电路中，该电路中电容器两端的电压 $u_c(t) = e^{3t}$，求电路中电感线圈 L 两端的自感电动势与电路中的电容器的电压随时间的变化关系.

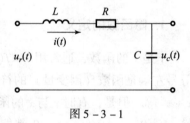

图 5-3-1

解 数学建模过程如下.

1. 模型假设

假设电路中的电容器始终处于充电状态，即电路中始终存在变化的电流.

2. 模型分析与建立

自感电动势是在自感现象中产生的感应电动势，其产生原因为阻止电路中原来电流的变化. 自感电动势的大小和其他感应电动势一样，跟穿过线圈的磁通量变化的快慢（磁通量变化率）有关. 在自感现象中，线圈的磁场是由电流产生的，所以穿过线圈的磁通量变化的快慢跟电流的变化率有关.

由导数的定义可知，自感电动势 $e(t) = L\mathrm{d}i(t)/\mathrm{d}t$，其中 $i(t)$ 为流过自感线圈的电流.

电容器两端的电压随着时间 t 而发生变化，根据电学知识，电路中有电流通过. 电流的具体求法如下：

电流为单位时间内通过导体截面的电荷量，也就是电荷量关于时间 t 的变化率，由导数的定义得 $i(t) = \mathrm{d}Q(t)/\mathrm{d}t$，其中 $Q(t)$ 为电荷量. 而电容器的电荷量计算公式为 $Q(t) = CU(t)$，其中 C 为电容器的特性参数电容. 所以流经电容器的电流满足：

$$i(t) = C\mathrm{d}U(t)/\mathrm{d}t.$$

由此可得在 RLC 电路中，电感线圈两端的感应电动势为：

$$e(t) = LCU''(t).$$

3. 模型求解

将函数表达式代入得到：

$$e(t) = LCU''(t) = LC(e^{3t})''$$
$$= LC3(e^{3t})' = 9LCe^{3t}.$$

4. MATLAB 实现

在 MATLAB 命令窗口中输入如下命令即可得到上述结果：

```
syms L,C,t;    f='L*C*exp(3*t)';
diff(f,'t',2).
```

课后训练5.3

1. 判断题（正确的打"√"，错误的打"×"）.
(1) 对函数 $f(x)$ 的导函数再求一次导数就是 $f(x)$ 的二阶导数.　　　　(　　)
(2) 变速直线运动 $s = s(t)$ 的二阶导数是变速直线运动的加速度.　　　(　　)
(3) $(e^{2x})'' = e^{2x}$.　　　　　　　　　　　　　　　　　　　　　　(　　)
(4) 设 $y = f(x^2)$，则 $y'' = f''(x^2)$.　　　　　　　　　　　　　　　　(　　)

2. 填空题.
(1) $y = \sin x$，$y'' = ($ 　　 $)' = $ _____.
(2) 自由落体运动 $S(t) = \dfrac{1}{2}gt^2$ 的加速度 $a(t) = S''(t) = \left(\dfrac{1}{2}gt^2\right)'' = ($ 　　 $)' = $ _____，即自由落体运动的加速度是一个常数 _____，这说明自由落体运动是一个匀加速运动.
(3) 设 $y = \sin x + \cos x$，则 $y''|_{x=0} = $ _____.

3. 求下列函数的二阶导数：
(1) $y = \tan x + 2$；
(2) $y = 3^x + \ln x$；
(3) $y = e^{x^2}$.

4. 求下列函数在指定点的二阶导数：
(1) $f(x) = (x+2)^4, x = 2$；
(2) $f(x) = e^{2x}, x = 0$.

5.4 微分

一、学习目标

【能力目标】 能够将实际问题中的"微小变化"问题转化为数学中的微分，能够使用微分解决实际问题中的一些简单的近似计算.

【知识目标】 掌握微分的计算,理解微分的定义以及微分的应用.

二、线上学习导学单

观看微分PPT课件 → 观看微分微课（或视频）→ 完成课前任务5.4 → 完成在线测试5.4 → 在5.4讨论区发帖

三、知识链接

知识点1：微分的定义

一块正方形均匀金属薄片受温度变化的影响时,其边长由 x_0 变到 $x_0 + \Delta x$,问此薄片的面积改变了多少?

解 如图 5-4-1 所示,设正方形金属薄片的边长为 x,面积为 A,则

$$A = x^2.$$

当边长 x 由 x_0 变为 $x_0 + \Delta x$ 时,面积的改变量为

$$\Delta A = (x_0 + \Delta x)^2 - x_0^2 = 2x_0 \Delta x + (\Delta x)^2.$$

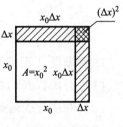

图 5-4-1

上式包含两个部分,第一部分是 $2x_0 \Delta x$,即图中带有斜线的两个矩形面积之和,是 Δx 的线性函数,是 ΔA 的主要部分;第二部分是 $(\Delta x)^2$,即图中带有交叉斜线的小正方形的面积,当 $\Delta x \to 0$ 时,$(\Delta x)^2$ 比 Δx 小得多,是 ΔA 的次要部分,可以忽略不计.

由此可见,如果边长有微小改变（即 $|\Delta x|$ 很小）,可以将第二部分 $(\Delta x)^2$ 忽略,而用第一部分 $2x_0 \Delta x$ 近似地表示 ΔA,即 $\Delta A \approx 2x_0 \Delta x$. 因为 $A'(x_0) = 2x_0$,所以 $\Delta A \approx A'(x_0) \Delta x$,即面积的增量近似等于面积函数的导数与边长增量之积.

1. 问题背景

在理论研究和实际应用中,常常会遇到这样的问题:当自变量在点 x 处有微小增量 Δx 时,求函数 $y = f(x)$ 的相应微小增量

$$\Delta y = f(x + \Delta x) - f(x).$$

这个问题看起来简单,然而对于较复杂的函数 $f(x)$,增量 Δy 的值不易求出. 这时可以考虑求 Δy 的近似值,怎样求 Δy 的近似值呢？该使用怎样的数学定义来描述这种现象呢？为此引入"微分"这一数学名词来解决上面的问题.

2. 微分的定义

在上述问题的讨论过程中,怎样称呼这种近似计算呢？如果是一般的函数 $f(x)$,结论又会怎样？对于上述问题的解答,便是微分的定义.

微分：设函数 $y = f(x)$ 在点 x_0 处可导,自变量 x 由 x_0 变到 $x_0 + \Delta x$,则 $f'(x_0) \Delta x$ 叫作函

数 $y=f(x)$ 在点 x_0 处相应于自变量增量 Δx 的**微分**，记作 $\mathrm{d}y\mid_{x=x_0}$ 或 $\mathrm{d}f(x)\mid_{x=x_0}$，即
$$\mathrm{d}y\mid_{x=x_0} = f'(x_0)\Delta x \text{ 或 } \mathrm{d}f(x)\mid_{x=x_0} = f'(x_0)\Delta x.$$

此时，也称函数 $y=f(x)$ 在点 x_0 处可微.

训练 5-4-1 求函数 $y=x^2$ 当 $x=2$，$\Delta x = 0.01$ 时的增量和微分.

解 函数的增量为 $\Delta y = (2+0.01)^2 - 2^2 = 0.0401$.

函数的微分为 $\mathrm{d}y = (x^2)' \cdot \Delta x = 2x \cdot \Delta x$，将 $x=2$，$\Delta x = 0.01$ 代入，得
$$\mathrm{d}y = 2 \times 2 \times 0.01 = 0.04.$$

由结果可看出，$\Delta y \approx \mathrm{d}y$，误差是 0.0001.

知识点 2：函数的微分及计算

函数 $y=f(x)$ 在任意点 x 处的微分，叫作函数 $y=f(x)$ 的微分，记作 $\mathrm{d}y$ 或 $\mathrm{d}f(x)$，即
$$\mathrm{d}y = f'(x)\Delta x \text{ 或 } \mathrm{d}f(x) = f'(x)\Delta x.$$

对于函数 $y=x$，它的微分是 $\mathrm{d}y = \mathrm{d}x = x' \cdot \Delta x = \Delta x$，即
$$\mathrm{d}x = \Delta x,$$

即自变量的微分等于自变量的增量.

于是函数的微分可以写成
$$\mathrm{d}y = f'(x)\mathrm{d}x,$$

即函数的微分等于函数的导数与自变量微分的乘积. 从而有 $\dfrac{\mathrm{d}y}{\mathrm{d}x} = f'(x)$，即函数的微分与自变量微分的商等于函数的导数，因此导数通常也叫作**微商**.

从上面看到，若函数**可导**，则函数必**可微**；反之，若函数**可微**，则函数必**可导**. 因此，导数与微分是一致的，通常把导数和微分统称为**微分学**.

训练 5-4-2 求下列函数的微分：

(1) $y = 3x^2 - x + 1$；   (2) $y = \tan 2^x$.

解 (1) 利用微分的定义得
$$\mathrm{d}y = (3x^2 - x + 1)'\mathrm{d}x = (6x - 1)\mathrm{d}x.$$

(2) 利用微分的定义得
$$\mathrm{d}y = (\tan 2^x)'\mathrm{d}x = \sec^2 2^x \cdot (2^x)'\mathrm{d}x = 2^x \ln 2 \sec^2 2^x \mathrm{d}x.$$

训练 5-4-3 在括号里填上适当的函数，使下列等式成立：

(1) $\mathrm{d}(\quad) = x\mathrm{d}x$；   (2) $\mathrm{d}(\quad) = \csc^2 x \mathrm{d}x$.

解 与 $\mathrm{d}f(x) = f'(x)\mathrm{d}x$ 比较可知，这是已知函数的导数，求原来的函数的问题.

(1) 已知函数的导数为 x，因为 $\left(\dfrac{1}{2}x^2\right)' = x$，所以 $\mathrm{d}\left(\dfrac{1}{2}x^2\right) = x\mathrm{d}x$.

此外，$\left(\dfrac{1}{2}x^2 + 1\right)' = x$，$\left(\dfrac{1}{2}x^2 - 2\right)' = x$，….

一般的，有 $\mathrm{d}\left(\dfrac{1}{2}x^2 + C\right) = x\mathrm{d}x$ （C 为任意常数）.

(2) 已知函数的导数为 $\csc^2 x$，因为 $(-\cot x)' = \csc^2 x$，所以 $\mathrm{d}(-\cot x) = \csc^2 x \mathrm{d}x$.

此外，$d(-\cot x + 2) = \csc^2 x dx, d(-\cot x - 1) = \csc^2 x dx, \cdots$.
一般的，有 $d(-\cot x + C) = \csc^2 x dx$（$C$ 为任意常数）.

知识点 3：微分的应用

由微分的定义可知，当函数 $f(x)$ 在点 x_0 处的导数 $f'(x_0) \neq 0$ 且当 $|\Delta x|$ 很小时，有

$$\Delta y \approx dy = f'(x_0)\Delta x, \quad (5-4-1)$$

即

$$\Delta y = f(x_0 + \Delta x) - f(x_0) \approx f'(x_0)\Delta x,$$

变形得

$$f(x_0 + \Delta x) \approx f(x_0) + f'(x_0)\Delta x \quad (5-4-2)$$

利用式（5-4-1）可以求函数增量 Δy 的近似值，利用式（5-4-2）可以求函数 $f(x)$ 在点 x_0 附近的近似值.

训练 5-4-4 近似计算 $\sqrt[3]{996}$ 的值.

解 设 $f(x) = \sqrt[3]{x}$，取 $x_0 = 1\,000$，$\Delta x = -4$，由

$$f(x_0 + \Delta x) \approx f(x_0) + f'(x_0)\Delta x,$$

得

$$f(996) \approx f(1\,000) + f'(1\,000)(-4),$$

因为 $f'(x) = \dfrac{1}{3\sqrt[3]{x^2}}$，$f'(1\,000) = \dfrac{1}{300}$，所以

$$\sqrt[3]{996} \approx \sqrt[3]{1\,000} + \dfrac{1}{300}(-4) = 10 - \dfrac{4}{300} \approx 9.99.$$

四、拓展资源

[**磁通量变化量的计算问题**] 某闭合线圈位于磁场中，通过该闭合线圈的磁通量与时间 t 有关，其具体函数表达式为：$\Phi(t) = t^2 \sin t + e^{3t}$，如果时间发生非常小的变化 Δt 时，求通过闭合线圈磁通量的变化与 Δt 的关系式.

解 数学建模过程如下.

1. 模型假设

假设时间的变化量非常小，即可认为是无穷小量.

2. 问题分析

磁通量为时间 t 的函数，自变量 t 发生微小变化，求对应磁通量函数的变化量. 由微分的定义可知，在这个微小的时间段里，通过线圈的磁通量变化量即 $\Phi(t)$ 的微分.

3. 模型建立与求解

$$d\Phi(t) = d(t^2 \sin t + e^{3t}) = (t^2 \sin t + e^{3t})' dt$$

$$= (2t\sin t + t^2\cos t + 3\mathrm{e}^{3t})\mathrm{d}t,$$

其中 $\mathrm{d}t$ 即表示时间的微小变化段.

4. MATLAB 实现

在 MATLAB 中，求微分的命令和求导数的命令为同一命令. 在 MATLAB 命令窗口中输入如下命令即可得到上述结果：

```
syms  t;    f='t^2*sin(t)+exp(3*t)';
diff(f,'t');
```

课后训练 5.4

1. 判断题（正确的打"√"，错误的打"×"）.

(1) 函数 $f(x)$ 在点 x 处可微 $\Leftrightarrow f(x)$ 在点 x 处可导. （ ）

(2) 函数 $f(x)$ 的导数 $f'(x)$ 与微分 $f'(x)\Delta x$ 都跟 x 和 Δx 有关. （ ）

(3) 导数 $f'(x_0) > 0$，则微分 $f'(x_0)\Delta x > 0$. （ ）

(4) 当 $\mathrm{d}x > 0$ 时，也有 $\mathrm{d}y > 0$. （ ）

(5) 若函数 $f(x)$ 在点 x_0 处可微，则 $f(x)$ 在点 x_0 处连续. （ ）

(6) $\mathrm{d}y = f'(x)\mathrm{d}x$，当 x 为自变量时，$\mathrm{d}x = \Delta x$；当 x 不是自变量时，$\mathrm{d}x \neq \Delta x$. （ ）

2. 填空题.

(1) $3x^2\mathrm{d}x = \mathrm{d}(\quad)$；

(2) $\dfrac{1}{1+x^2}\mathrm{d}x = \mathrm{d}(\quad)$；

(3) $2\cos 2x\mathrm{d}x = \mathrm{d}(\quad)$；

(4) $\sec x\tan x\mathrm{d}x = \mathrm{d}(\quad)$；

(5) $\mathrm{d}(\quad) = \dfrac{1}{x-1}\mathrm{d}x$；

(6) $\sin 2x\mathrm{d}x = (\quad)\mathrm{d}(\cos 2x)$；

(7) $x\mathrm{d}x = (\quad)\mathrm{d}(1-x^2)$；

(8) $\mathrm{e}^{2x}\mathrm{d}x = (\quad)\mathrm{d}(\mathrm{e}^{2x})$；

(9) $y = 2x + 5$，当 x 从 0 变到 0.02 时的微分 $\mathrm{d}y = $ _____；

(10) $y = x^2 + 2x + 1$，当 x 从 2 变到 1.99 时的微分 $\mathrm{d}y = $ _____.

3. 求下列函数的微分：

(1) $y = 5x^3 + 2x^2 - \mathrm{e}$；

(2) $y = \sin(2x + 1)$；

(3) $y = \sqrt{1 - x^2}$；

(4) $y = \arctan\dfrac{1}{x}$；

(5) $y = \ln^2 2x$；

(6) $y = \mathrm{e}^x \sin 3x$.

5.5 导数的应用

一、学习目标

【能力目标】 能够将电学实际应用问题中的最优问题转化为数学中的最值问题，并利用导数的求导规则求出相关的物理量.

【知识目标】 掌握极大（小）值和最大（小）值的概念与求法，掌握用导数解决实际问题中的最大（小）值的方法.

二、线上学习导学单

观看导数的应用PPT课件 → 观看导数的应用微课（或视频）→ 完成课前任务5.5 → 完成在线测试5.5 → 在5.5讨论区发帖

三、知识链接

知识点1：函数极值

1. 问题背景

在工农业生产及实际生活中，经常会遇到如何做才能"用料最省""产值最高""质量最好""耗时最少"等问题，这类问题在数学上就是最大值、最小值的问题.

利用导数讨论函数的极值与最值的问题，具体来说就是讨论函数在局部与全局的最大值、最小值（简称最值）问题，它在实际应用中有着重要的意义.

2. 函数的极值

1) 极值的定义

观察图 5-5-1 可以发现，函数 $y=f(x)$ 在点 x_1，x_4 处的值比其邻近点处的值都大，曲线在该点处达到"峰顶"；在点 x_2，x_5 处的值比其邻近点处的值都小，曲线在该点处达到"谷底". 对于具有这种性质的点，引入函数的极值的概念.

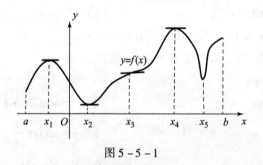

图 5-5-1

极值：设函数 $f(x)$ 在点 x_0 处的某邻域内有定义，如果对于该邻域内的任意一点 $x(x \neq x_0)$ 恒有

$$f(x) < f(x_0)（或 f(x) > f(x_0)），$$

则称 $f(x_0)$ 是函数 $f(x)$ 的**极大值**（或**极小值**），称 x_0 是函数 $f(x)$ 的**极大值点**（或**极小值点**）.

极大值与极小值统称为**极值**，极大值点与极小值点统称为**极值点**.

注意：（1）函数的极值是一个局部性的概念，$f(x_0)$ 是函数 $f(x)$ 的极大值（或极小值），

只是说明在 x_0 邻近的一个局部范围内，$f(x_0)$ 是最大的（或最小的），而对于函数 $f(x)$ 的整个定义域来说就不一定是最大的（或最小的）.

（2）函数的极值只能在定义域内部取得.

2）极值的判别法

由极值的定义可以发现，在函数取得极值处，若曲线的切线存在（即函数的导数存在），则切线一定是水平的，即函数在极值点处的导数等于零. 由此，有下面的定理：

极值存在的必要条件：如果函数 $f(x)$ 在点 x_0 处可导，且在点 x_0 处取得极值，则 $f'(x_0)=0$.

使 $f'(x)=0$ 的点，称为函数 $f(x)$ 的**驻点**.

可导函数的极值点必定是它的驻点，但函数的驻点却不一定是极值点. 例如，函数 $y=x^3$ 在点 $x=0$ 处的导数等于零，但点 $x=0$ 不是 $y=x^3$ 的极值点.

归纳起来，一方面，函数可能取得极值的点是驻点和不可导点；另一方面，驻点和不可导点却不一定是极值点. 因此，若要求函数的极值，首先要找出函数的驻点和不可导点，然后判定函数在这些点是否取得极值，以及是极大值还是极小值. 对此，参考图 5-5-2 和图 5-5-3，可得到下面的定理：

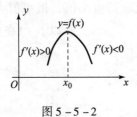

图 5-5-2　　　　　　　图 5-5-3

判别极值的第一充分条件：设函数 $f(x)$ 在点 x_0 处的某邻域 $(x_0-\delta, x_0+\delta)$ 内连续且可导（在点 x_0 处可以不可导），则

（1）如果在点 x_0 的左邻域内，$f'(x)>0$；在点 x_0 的右邻域内，$f'(x)<0$，则函数 $f(x)$ 在点 x_0 处取得极大值；

（2）如果在点 x_0 的左邻域内，$f'(x)<0$；在点 x_0 的右邻域内，$f'(x)>0$，则函数 $f(x)$ 在点 x_0 处取得极小值.

注意：如果在点 x_0 的两侧，$f'(x)$ 保持同号，则函数 $f(x)$ 在点 x_0 处没有极值.

根据上述讨论，利用第一充分条件求函数的极值点和极值的步骤如下：

（1）确定函数 $f(x)$ 的定义域；

（2）求 $f'(x)$，求出 $f(x)$ 的驻点及不可导点；

（3）用步骤（2）中求出的点将函数的定义区间划分为若干个子区间，确定 $f'(x)$ 在各个子区间的符号，确定极值点和极值.

判别极值的第二充分条件：设函数 $f(x)$ 在点 x_0 处具有二阶导数，且 $f'(x_0)=0$，$f''(x_0)\neq 0$，则

（1）当 $f''(x_0)>0$ 时，函数 $f(x)$ 在点 x_0 处取得极小值；

（2）当 $f''(x_0)<0$ 时，函数 $f(x)$ 在点 x_0 处取得极大值.

训练 5-5-1　求函数 $f(x)=x^3-3x^2-9x+7$ 的极值.

解 （1）函数的定义域为 $(-\infty, +\infty)$.

（2）$f'(x) = 3x^2 - 6x - 9 = 3(x+1)(x-3)$，令 $f'(x) = 0$，得驻点：$x = -1$，$x = 3$.

（3）列表讨论，见表 5-5-1.

表 5-5-1

x	$(-\infty, -1)$	-1	$(-1, 3)$	3	$(3, +\infty)$
$f'(x)$	$+$	0	$-$	0	$+$
$f(x)$	↗	极大值	↘	极小值	↗

所以，函数的极大值为 $f(-1) = 12$，极小值为 $f(3) = -20$.

训练 5-5-2 求函数 $f(x) = (x^2 - 1)^3 + 1$ 的极值.

解 （1）$f(x)$ 的定义域为 $(-\infty, +\infty)$.

（2）$f'(x) = 6x(x^2 - 1)^2$，$f''(x) = 6(x^2 - 1)(5x^2 - 1)$. 令 $f'(x) = 0$，求得驻点 $x = -1$，$x = 0$，$x = 1$，没有不可导点.

（3）因为 $f''(0) = 6 > 0$，所以 $f(x)$ 在点 $x = 0$ 处取得极小值，极小值为 $f(0) = 0$；因为 $f''(-1) = f''(1) = 0$，在点 $x = -1$ 的左、右邻域内 $f'(x) < 0$，所以 $f(x)$ 在点 $x = -1$ 处没有极值. 同理，$f(x)$ 在点 $x = 1$ 处也没有极值.

综上所述，函数 $f(x)$ 只有极小值 $f(0) = 0$.

知识点 2：函数最值

函数的极值是函数在局部范围内的最大值或最小值，本知识点讨论函数在其定义域或指定范围上的最大值或最小值.

1. 闭区间上函数的最值

求闭区间上函数 $f(x)$ 的最大值与最小值的方法如下：

（1）求函数 $f(x)$ 的定义域；

（2）求 $f'(x)$，求出函数在区间内的驻点以及不可导点；

（3）计算 $f(x)$ 在上述驻点、不可导点、端点的函数值，比较大小，即可得函数的最大值与最小值.

2. 实际问题的最值——数学建模中的最优化问题

在实际应用中，常常会遇到求最大值或最小值的问题（称为最优化问题），比如，制作一个容积一定的容器，要求用料最少；在生产中投入同样多的人力、物力、财力，要求产出最大、利润最大等. 这类问题在数学上往往可归结为求某一函数（通常称为目标函数）的最大值或最小值问题.

应用极值和最值理论解决最优化问题时，首先要弄清要求最大值还是最小值，该值与问题中其他量的关系怎样，以要最优化的量为目标，建立目标函数，并确定函数的定义域；其次，应用极值和最值理论求目标函数的最大值或最小值；最后应按问题的要求给出结论．在实际问题中，如果函数 $f(x)$ 在某区间内有唯一的驻点 x_0，而且从实际问题本身又可知道 $f(x)$ 在该区间内必定有最大值或最小值，则 x_0 就是 $f(x)$ 的最大值点或最小值点．

训练 5 – 5 – 3 求函数 $f(x) = x^4 - 8x^2 + 2$ 在 $[-1, 3]$ 上的最大值和最小值．

解 （1）指定的区间为 $[-1, 3]$．

(2) $f'(x) = 4x^3 - 16x = 4x(x+2)(x-2)$．

令 $f'(x) = 0$，得 $(-1, 3)$ 内的驻点为 $x = 0, x = 2$．

(3) $f(-1) = -5, f(0) = 2, f(2) = -14, f(3) = 11$．

比较可得，函数的最大值为 $f(3) = 11$，最小值为 $f(2) = -14$．

训练 5 – 5 – 4 如图 5 – 5 – 4 所示，设工厂 C 到铁路的垂直距离为 20 千米，垂足为 A，铁路线上距 A 点 100 千米处有一原料供应站 B，现在要在 AB 线上选定一点 D 修建一个原料中转车站，再由车站 D 向工厂修筑一条公路．已知每吨公里铁路的运费与公路的运费之比为 3∶5，为了使原料从供应站 B 运到工厂 C 的运费最省，问 D 点应选在何处？

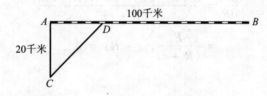

图 5 – 5 – 4

解 首先，建立目标函数．

设 $AD = x$，则 $DB = 100 - x$，$CD = \sqrt{20^2 + x^2} = \sqrt{400 + x^2}$；又设公路运费为 $5k$ 元/（吨·千米）（k 是正数），铁路运费为 $3k$ 元/（吨·千米），从 B 点到 C 点需要的总运费为 y（元），则目标函数为

$$y = 5kCD + 3kDB,$$

即

$$y = 5k\sqrt{400 + x^2} + 3k(100 - x) \quad (0 \leqslant x \leqslant 100).$$

其次，将实际问题的最值转化为函数的最值．

问题转化为：求函数 $y = 5k\sqrt{400 + x^2} + 3k(100 - x)$ 在区间 $[0, 100]$ 上的最小值．求导数，得

$$y' = 5k \frac{x}{\sqrt{400 + x^2}} - 3k = k\left(\frac{5x}{\sqrt{400 + x^2}} - 3\right),$$

令 $y' = 0$，得驻点 $x = 15$（$x = -15$ 舍去）．

因为运费问题中必有最小值，现在又只有一个驻点 $x = 15$，由此知 $x = 15$ 为函数 y 的最小值点．因此，当车站 D 建于 A、B 之间与 A 相距 15 千米处时，运费最省．

四、拓展资源

1. 输出功率问题

设在图 5-5-5 所示的电路中，电源电动势为 E，内阻为 r（E，r 均为常量），问负载电阻 R 为多大时，输出功率 P 最大？

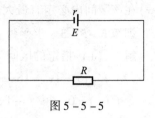

图 5-5-5

解 消耗在电阻 R 上的功率为 $P = I^2 R$，其中 I 是回路中的电流，由欧姆定律，得

$$I = \frac{E}{R+r},$$

$$P = \frac{E^2 R}{(R+r)^2} \quad (0 < R < +\infty),$$

$$\frac{dP}{dR} = \frac{E^2(R+r)^2 - 2E^2 R(R+r)}{(R+r)^4},$$

$$= \frac{E^2}{(R+r)^3}(r - R) = 0.$$

解得 $R = r$，此时 $P = \dfrac{E^2}{4R}$.

2. 感应电动势最大位置的定位问题

如图 5-5-6 所示，当闭合矩形线圈在匀强磁场中，绕垂直于磁感线的轴线作匀角速转动时，闭合线圈中不同位置穿过闭合线圈的磁通量不一样，磁通量在不停地发生变化，根据电磁感应理论，回路中有电流产生，由于磁通量的改变速度不是常数，回路中产生的电流不是常数，而是随着线圈的位置发生变化，现根据电磁感应理论，求出感应电动势最大时线圈的位置. 其中磁场强度为 B，矩形线圈的转速为 w.

解 数学建模过程如下.

1）模型假设

假设感应电流的相互作用不会使闭合线圈的面积 S 发生变化.

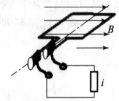

图 5-5-6

2）问题分析与模型建立

线圈平面垂直于磁感线位置时，这个特定位置叫作中性面，这个位置处的磁通量最大为 BS，与线圈的转速无关. 为求线圈在其他位置处的磁通量，可以将该位置与中性面的夹角设为 θ，磁通量为 $BS\cos\theta$. 回路中的感应电动势的大小即通过回路中磁通量的变化率. 因此感应电动势 $E = (BS\cos\theta)' = -BS\sin\theta$. 因此要求在何位置时感应电动势最大即求 E 关于 θ 导数的零点.

3）模型求解

$$\frac{dE}{d\theta} = 0,$$

即

$$(-BS\sin\theta)' = -BS\cos\theta = 0.$$

由上式得 $\theta = 90°$，即矩形线圈与中性面垂直时感应电动势最大.

4) MATLAB 实现

此题在 MATLAB 求解时需要用到导数命令 diff 和解符号方程命令 solve，在 MATLAB 命令窗口中输入如下命令即可得到上述结果：

```
syms B,S,x;    f='B*s*cos(x)';
f1=diff(f,'x');
x1=slove(f1,x);
```

课后训练 5.5

1. 判断题（正确的打"√"，错误的打"×"）.

(1) 如果 $f'(x_0) = 0$，则点 $x = x_0$ 是 $f(x)$ 的极值点.　　　　　　　　　　（　）

(2) 如果点 $x = x_0$ 是 $f(x)$ 的极值点，则 $f'(x_0) = 0$.　　　　　　　　　　（　）

(3) 如果一个函数既有极大值又有极小值，极大值一定比极小值大.　　　　（　）

(4) 如果 $f(x)$ 在 $[a,b]$ 上单调增加，则 $f(a)$ 是极小值，$f(b)$ 是极大值.　　（　）

(5) 函数的极大值就是函数的最大值.　　　　　　　　　　　　　　　　　（　）

(6) 在区间 $[a,b]$ 上的单调函数，在 $[a,b]$ 的两个端点处取得最大和最小值.　（　）

2. 求下列函数的极值：

(1) $y = x^2 - 4x + 6$；

(2) $y = x^3 - 3x^2 - 9x + 5, [-4, 4]$；

(3) $y = x - \ln(1 + x)$.

3. 求下列函数的最大值、最小值：

(1) $f(x) = x^4 - 2x^2 + 5, [-2, 3]$；

(2) $y = 2x^3 - 3x^2, [-1, 4]$.

自测题 5

1. 求下列函数的导数：

(1) $y = x\log_2 x + \ln 2$；

(2) $y = (2x^2 - 1)^3$；

(3) $y = \arcsin 2x$；

(4) $y = \ln\tan x$；

(5) $y = e^{2x}\sin 3x$；

(6) $y = \dfrac{e^x}{x^2 + 1}$；

(7) $x^2 - y^2 - \ln(xy) - 1 = 0$；

(8) $y = x^x$.

2. 求下列函数的二阶导数：

(1) $y = \ln(1 - x)$；

(2) $y = x\sin x$.

3. 求下列函数的微分：

(1) $y = \sqrt{x + \sqrt{x}}$；

(2) $y = \arctan(2^x)$；

(3) $y = xe^{-x}$；

(4) $y = \cos^2 x^2$.

4. 设曲线 $y=f(x)$ 在曲线上的点 $x=2$ 处的切线方程是 $3x-y+5=0$，求函数在点 $x=2$ 处的微分.

5. 确定函数 $f(x)=(x-1)(x+1)^3$ 的单调性和极值.

6. 某房地产公司有 50 间公寓要出租，当月租金定为 180 元时，公寓可全部租出去，当月租金每增加 10 元时，就有一套公寓租不出去，而租出去的公寓每月需花费 20 元的整修维护费. 试问房租定为多少时，可获得最大收入？

7. 如图 5-5-7 所示的电路中，已知电源电压为 E，内电阻为 r，求负载电阻 R 为多大时输出功率最大？

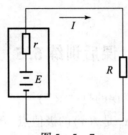

图 5-5-7

第6章 积分及其应用

【能力目标】 会用积分直接法、换元积分法和分部积分法；会用积分的思想方法解决一些简单的实际问题（如求路程、面积、体积、功、水压力等）.

【知识目标】 理解定积分、不定积分的概念；掌握积分的计算方法；理解利用积分解决实际问题的思想方法和步骤.

【素质目标】 培养分工合作、独立完成任务的能力；养成系统分析问题、解决问题的能力.

6.1 定积分的概念

一、学习目标

【能力目标】 能够将电学实际应用问题中的与时间累积有关的问题，转化为数学中的积分问题.

【知识目标】 掌握积分的几何意义，理解积分的定义，了解微元法.

二、线上学习导学单

观看定积分的定义 PPT 课件 → 观看定积分的定义微课（或视频）→ 完成课前任务 6.1 → 完成在线测试 6.1 → 在 6.1 讨论区发帖

三、知识链接

知识点 1：定积分的定义

1. 问题背景

[求曲边梯形的面积] 将由曲线 $y=f(x)$，直线 $x=a$，$x=b$ 及 x 轴所围成的平面图形称为曲边梯形，如图 6-1-1 所示.

思路：先将曲边梯形分割成若干个小的曲边梯形，每个小曲边梯形都用一个小矩形近似代替，则所有小矩形面积之和就是曲边梯形面积的近似值，当把曲边梯形无限细分时，所有小矩形面积之和的极限就是曲边梯形的面积.

求曲边梯形的面积 A 可分四步进行（图 6-1-2、图 6-1-3）.

图 6-1-1

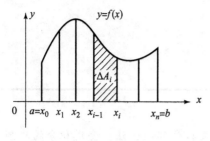
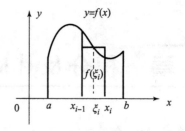

图 6-1-2　　　　　　　　　　　图 6-1-3

1) 分割

用 $n-1$ 个分点 $a = x_0 < x_1 < x_2 < \cdots < x_{n-1} < x_n = b$，把区间 $[a,b]$ 分成 n 个小区间，$[x_0, x_1]$，$[x_1, x_2]$，$\cdots$，$[x_{n-1}, x_n]$，每个小区间的长度记为：$\Delta x_i = x_i - x_{i-1}(i = 1, 2, \cdots, n)$，相应的曲边梯形被分成 n 个小曲边梯形，第 i 个小曲边梯形的面积记为 $\Delta A_i(i = 1, 2, \cdots, n)$，显然曲边梯形的面积 $A = \sum_{i=1}^{n} \Delta A_i$.

2) 近似代替

在每个小区间 $[x_{i-1}, x_i]$ 上任取一点 $\xi_i(x_{i-1} \leqslant \xi_i \leqslant x_i)$，用小矩形面积 $f(\xi_i)\Delta x_i(i = 1, 2, \cdots, n)$ 代替相应的小曲边梯形的面积，即

$$\Delta A_i \approx f(\xi_i)\Delta x_i (i = 1, 2, \cdots, n).$$

3) 求和

把 n 个小矩形面积相加，得到曲边梯形面积的近似值，即

$$A = \sum_{i=1}^{n} \Delta A_i \approx \sum_{i=1}^{n} f(\xi_i)\Delta x_i.$$

4) 取极限

记 $\lambda = \max\{\Delta x_1, \Delta x_2, \cdots, \Delta x_n\}$，当 $\lambda \to 0$ 时，即每个小区间长度趋于零时，和式 $\sum_{i=1}^{n} f(\xi_i)\Delta x_i$ 的极限就是曲边梯形面积 A 的精确值，即 $A = \lim_{\lambda \to 0} \sum_{i=1}^{n} f(\xi_i)\Delta x_i$.

为刻画上述情况下的**极限值**，引入**定积分**的概念.

2. 定积分的定义

设函数 $f(x)$ 在 $[a,b]$ 上有界，在 $[a,b]$ 中任意插入 $n-1$ 个分点 $a = x_0 < x_1 < x_2 < \cdots < x_{n-1} < x_n = b$，把区间 $[a,b]$ 分成 n 小区间 $[x_{i-1}, x_i](i = 1, 2, \cdots, n)$，其长度记作 $\Delta x_i = x_i - x_{i-1}(i = 1, 2, \cdots, n)$，在每个小区间 $[x_{i-1}, x_i]$ 上任取一个点 $\xi_i(x_{i-1} \leqslant \xi_i \leqslant x_i)$，作乘积 $f(\xi_i)\Delta x_i$ 的和式 $\sum_{i=1}^{n} f(\xi_i)\Delta x_i$，记 $\lambda = \max\{\Delta x_1, \Delta x_2, \cdots, \Delta x_n\}$，如果不论对区间 $[a,b]$ 采取何种分法以及 ξ_i 如何选取，只要当 $\lambda \to 0$ 时，和式的极限存在，则称此极限值为函数 $f(x)$ 在区间 $[a, b]$ 上的**定积分**，记作 $\int_a^b f(x)\mathrm{d}x$，即

$$\int_a^b f(x)\mathrm{d}x = \lim_{\lambda \to 0} \sum_{i=1}^{n} f(\xi_i)\Delta x_i.$$

其中"$\int$"称为积分号，x称为积分变量，$f(x)$称为被积函数，$f(x)\mathrm{d}x$称为被积表达式，a称为积分下限，b称为积分上限，$[a,b]$称为积分区间.

根据定积分的定义，上述案例可以表述为

曲边梯形面积 $\qquad A = \int_a^b f(x)\mathrm{d}x.$

定积分定义的说明：

(1) $\int_a^b f(x)\mathrm{d}x = \int_a^b f(t)\mathrm{d}t = \int_a^b f(u)\mathrm{d}u$，

即定积分的值只与被积函数和积分区间有关，而与积分变量无关.

(2) $\int_a^b f(x)\mathrm{d}x = -\int_b^a f(x)\mathrm{d}x.$

(3) $\int_a^a f(x)\mathrm{d}x = 0.$

知识点2：定积分的几何意义

从曲边梯形面积的计算可以看出：

当$f(x) \geq 0$时，定积分$\int_a^b f(x)\mathrm{d}x$表示由曲线$y=f(x)$，直线$x=a$，$x=b$及x轴所围成的平面图形的面积A，即$\int_a^b f(x)\mathrm{d}x = A$（图6-1-4）.

当$f(x) \leq 0$时，$\int_a^b f(x)\mathrm{d}x = -A$（图6-1-5）.

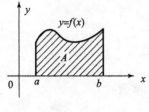
图6-1-4

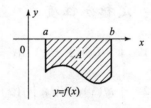
图6-1-5

因此，定积分$\int_a^b f(x)\mathrm{d}x$的几何意义为：它是由曲线$y=f(x)$，直线$x=a$，$x=b$以及x轴所围成平面图形面积的代数和，即$\int_a^b f(x)\mathrm{d}x = A_1 - A_2 + A_3$（图6-1-6）.

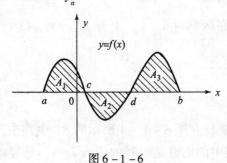
图6-1-6

训练 6-1-1 用定积分表示图 6-1-7 所示图形中阴影部分的面积.

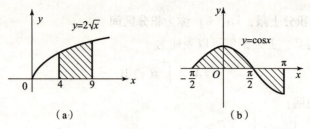

图 6-1-7

解 (1) 图 6-1-7 (a) 所示图形中阴影部分的面积 $A = \int_4^9 2\sqrt{x}\,dx$.

(2) 图 6-1-7 (b) 所示图形中阴影部分的面积 $A = A_1 + A_2 = \int_{-\frac{\pi}{2}}^{\frac{\pi}{2}} \cos x\,dx - \int_{\frac{\pi}{2}}^{\pi} \cos x\,dx$.

训练 6-1-1 利用定积分的几何意义计算下定积分 $\int_0^1 \sqrt{1-x^2}\,dx$.

解 被积函数 $f(x) = \sqrt{1-x^2}$, 化简得
$$x^2 + y^2 = 1(0 \leq x \leq 1, y > 0),$$
即单位圆在第一象限的部分, 根据定积分的几何意义, 求定积分的值即求被积函数与 x 轴所围成图形的面积, 所以得
$$\int_0^1 \sqrt{1-x^2}\,dx = \frac{\pi \cdot 1^2}{4} = \frac{\pi}{4}.$$

知识点 3: 定积分性质

性质 6-1-1 $\int_a^b [f(x) \pm g(x)]\,dx = \int_a^b f(x)\,dx \pm \int_a^b g(x)\,dx.$

性质 6-1-2 $\int_a^b kf(x)\,dx = k\int_a^b f(x)\,dx$ (k 为常数).

性质 6-1-3 (定积分的区间可加性) $\int_a^b f(x)\,dx = \int_a^c f(x)\,dx + \int_c^b f(x)\,dx.$

性质 6-1-4 $\int_a^b 1\,dx = \int_a^b dx = b - a.$

性质 6-1-5 如果在区间 $[a, b]$ 上 $f(x) \geq 0$, 则 $\int_a^b f(x)\,dx \geq 0$.

性质 6-1-6 如果在区间 $[a, b]$ 上有 $f(x) \leq g(x)$, 则
$\int_a^b f(x)\,dx \leq \int_a^b g(x)\,dx.$

四、拓展资源

[**电容器电量的计算问题**] 在图 6-1-8 所示的 RC 电路中, 给电容器充电的时段内, 电路中的电流是时间的函数 $I(t)$, 推导电容

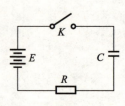

图 6-1-8

器中的蓄电量 Q 与时间 t 的关系式.

解 数学建模过程如下.

1. 模型假设

假设 RC 电路正常工作.

2. 问题分析与模型求解

电容器的电量是由电荷的定向移动得到的，而电荷的定向移动形成电流，电量的多少与电流的强度有直接关系，电流为恒定电流时二者之间的关系式为

$$Q = It.$$

现由于电流为非恒定电流，可采用微元法思想：把整段时间分割成若干小段，将每小段上的电流看作不变，求出各小段的电量再相加，便得到电量的近似值，最后通过对时间的无限细分过程求得电量的精确值.

1）分割

$T_1 = t_0 < t_1 < t_2 < \cdots < t_{n-1} < t_n = T_2$，各小段时间长记为 $\Delta t_i = t_i - t_{i-1} (i = 1, 2, \cdots, n)$.

2）近似代替

在第 i 个小区间 $[t_{i-1}, t_i]$ 上任取一点 ξ_i，用 $I(\xi_i)\Delta t_i$ 近似代替电容器在第 i 个小段时间的电量 Δq_i，即 $\Delta q_i \approx I(\xi_i)\Delta t_i$.

3）求和

$$Q \approx \sum_{i=1}^{n} I(\xi_i) \Delta t_i.$$

4）取极限

记 $\lambda = \max\{\Delta t_1, \Delta t_2, \cdots, \Delta t_n\}$，当 $\lambda \to 0$ 时，和式 $\sum_{i=1}^{n} I(\xi_i) \Delta t_i$ 的极限就是电量 Q 的精确值，即

$$Q = \lim_{\lambda \to 0} \sum_{i=1}^{n} I(\xi_i) \Delta t_i.$$

由定积分的定义和电容器充电的过程可知电量与电流强度的关系是

$$Q(t) = \int_0^t I(t) \, dt.$$

3. MATLAB 实现

不定积分在 MATLAB 中的命令如下：

int(f)

其中 f 为符号表达式，即数学中的函数表达式 $f(x)$.

如果要使用的自变量名称不是 x，比如使用 t，在求积分时应该使用命令：

int(f,'t').

对于定积分来说，MATLAB 命令和不定积分类似，在输入参数中添加积分区间即可，具

体命令如下:

　　int(f,a,b)

其中 f 为符号表达式,即数学中的函数表达式 $f(x)$,a 为积分下限,b 为积分上限.

如果要使用自变量名称不是 x,比如使用 t,在求积分时应该使用命令:

　　int(f,'t',a,b).

参数含义同上.

课后训练 6.1

1. 用定积分表示图 6-1-9 所示图形中阴影部分的面积.

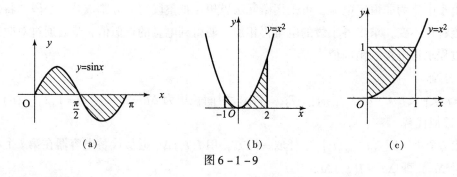

(a)　　　　　　　(b)　　　　　　　(c)

图 6-1-9

2. 利用定积分的几何意义计算下列定积分:

(1) $\int_0^1 x\mathrm{d}x$;　　　　(2) $\int_0^3 \sqrt{3^2-x^2}\mathrm{d}x$.

6.2　微积分基本公式

一、学习目标

【能力目标】　能够利用定积分的基本公式计算比较简单的积分,并利用积分解决实际问题.

【知识目标】　掌握积分的基本公式和微积分基本公式,理解原函数的概念和定积分与不定积分的联系.

二、线上学习导学单

观看微积分基本公式 PPT 课件 → 观看微积分基本公式微课(或视频) → 完成课前任务 6.2 → 完成在线测试 6.2 → 在 6.2 讨论区发帖

三、知识链接

知识点 1：原函数与不定积分

1. 原函数的概念

如果在某一区间上，有 $F'(x)=f(x)$ 或 $\mathrm{d}F(x)=f(x)\mathrm{d}x$，则称函数 $F(x)$ 是 $f(x)$ 在该区间上的一个**原函数**.

例如，因为 $(\sin x)'=\cos x$，所以 $\sin x$ 是 $\cos x$ 的一个原函数.

因为 $(x^2)'=2x$，所以 x^2 是 $2x$ 的一个原函数.

因为 $(x^2+3)'=2x$，所以 x^2+3 是 $2x$ 的一个原函数.

函数 $f(x)$ 满足什么条件，才能保证它的原函数一定存在？每个初等函数在其定义区间上都有原函数.

如果一个函数有原函数，那么原函数一共有多少个？原函数之间有什么关系？

原函数性质定理　如果函数 $f(x)$ 有原函数，那么它就有无穷多个原函数，并且任意两个原函数之差是一个常数.

原函数性质定理表明，如果 $F(x)$ 是 $f(x)$ 的一个原函数，那么 $f(x)$ 必有无穷多个原函数，并且任意一个原函数都可以表示为 $F(x)+C$ 的形式（C 是任意常数）. 也就是说，$F(x)+C$ 就是 $f(x)$ 的全部原函数.

2. 不定积分的概念

函数 $f(x)$ 的全部原函数称为 $f(x)$ 的**不定积分**，记作 $\int f(x)\mathrm{d}x$，其中符号 "$\int$" 称为积分号，$f(x)$ 称为被积函数，$f(x)\mathrm{d}x$ 称为被积表达式，x 称为积分变量.

由定义可知，若 $F(x)$ 是 $f(x)$ 的一个原函数，则

$$\int f(x)\mathrm{d}x = F(x)+C,$$

其中 C 是任意常数，称为积分常数.

不定积分的定义还表明，求函数 $f(x)$ 的不定积分，就是求 $f(x)$ 的全部原函数，这时只要求出 $f(x)$ 的一个原函数，再加上任意常数 C 即可.

训练 6-2-1　求 $\int x^2 \mathrm{d}x$.

解　因为 $\left(\dfrac{1}{3}x^3\right)' = x^2$，所以 $\dfrac{1}{3}x^3$ 是 x^2 的一个原函数，于是

$$\int x^2 \mathrm{d}x = \frac{1}{3}x^3 + C.$$

训练 6-2-2　求 $\int \dfrac{1}{x}\mathrm{d}x$.

解　当 $x>0$ 时，因为 $(\ln x)' = \dfrac{1}{x}$，所以 $\int \dfrac{1}{x}\mathrm{d}x = \ln x + C$；

当 $x<0$ 时,因为 $[\ln(-x)]' = \dfrac{1}{(-x)} \cdot (-x)' = \dfrac{1}{x}$,所以 $\int \dfrac{1}{x}dx = \ln(-x) + C$.

将上面两式合并写在一起,得 $\int \dfrac{1}{x}dx = \ln|x| + C$.

知识点2:不定积分的性质

性质 6-2-1 $\left[\int f(x)dx\right]' = f(x)$ 或 $d\left[\int f(x)dx\right] = f(x)dx$.

性质 6-2-2 $\int F'(x)dx = F(x) + C$ 或 $\int dF(x) = F(x) + C$.

由此可见,积分与微分互为逆运算,当积分符号与微分符号连在一起时,或互相抵消,或抵消后相差一个常数.

利用微分运算法则和不定积分的定义,可得下列运算性质:

性质 6-2-3 $\int kf(x)dx = k\int f(x)dx$($k$ 为常数).

性质 6-2-4 $\int [f(x) \pm g(x)]dx = \int f(x)dx \pm \int g(x)dx$.

注意:性质 6-2-4 可推广到有限多个函数之和的情形.

知识点3:基本积分公式

根据不定积分的定义,由导数的基本公式,即可得到基本积分公式:

(1) $\int dx = x + C$;

(2) $\int x^\alpha dx = \dfrac{1}{\alpha+1}x^{\alpha+1} + C\ (\alpha \neq -1)$;

(3) $\int \dfrac{1}{x}dx = \ln|x| + C$;

(4) $\int a^x dx = \dfrac{1}{\ln a}a^x + C$;

(5) $\int e^x dx = e^x + C$;

(6) $\int \sin x dx = -\cos x + C$;

(7) $\int \cos x dx = \sin x + C$;

(8) $\int \sec^2 x dx = \tan x + C$;

(9) $\int \csc^2 x dx = -\cot x + C$;

(10) $\int \sec x \tan x dx = \sec x + C$;

(11) $\int \csc x \cot x dx = -\csc x + C$;

(12) $\int \dfrac{1}{\sqrt{1-x^2}}dx = \arcsin x + C$;

(13) $\int \dfrac{1}{1+x^2}dx = \arctan x + C$.

这些公式是求不定积分的基础,必须熟记.

训练 6-2-3 求 $\int x^2 \sqrt{x} dx$.

解 $\int x^2 \sqrt{x} dx = \int x^{\frac{5}{2}} dx = \dfrac{x^{\frac{5}{2}+1}}{\frac{5}{2}+1} + C = \dfrac{2}{7}x^{\frac{7}{2}} + C = \dfrac{2}{7}x^3 \sqrt{x} + C$.

训练 6-2-4 求 $\int 3^x e^x dx$.

解 $\int 3^x e^x dx = \int (3e)^x dx = \frac{(3e)^x}{\ln(3e)} + C = \frac{3^x e^x}{1+\ln 3} + C.$

训练 6-2-5 求 $\int \cot^2 x dx$.

解 $\int \cot^2 x dx = \int (\csc^2 x - 1) dx = \int \csc^2 x dx - \int dx = -\cot x - x + C.$

训练 6-2-6 求 $\int \sin^2 \frac{x}{2} dx$.

解 $\int \sin^2 \frac{x}{2} dx = \int \frac{1-\cos x}{2} dx = \frac{1}{2} \int (1-\cos x) dx = \frac{1}{2}(x - \sin x) + C.$

训练 6-2-7 求 $\int \left(2x^5 - 4\sin x + \frac{1}{x} + 1\right) dx$.

解 $\int \left(2x^5 - 4\sin x + \frac{1}{x} + 1\right) dx$

$= 2\int x^5 dx - 4\int \sin x dx + \int \frac{1}{x} dx + \int dx$

$= 2 \times \frac{1}{5+1} x^{5+1} + 4\cos x + \ln|x| + x + C$

$= \frac{1}{3} x^6 + 4\cos x + \ln|x| + x + C.$

注意：解答中出现 4 个积分，按道理计算后应有 4 个积分常数，但由于这些任意常数之和仍是任意常数，因此，只要总的写出一个任意常数 C 即可。

知识点 4：微积分基本公式

定理 6-2-1 如果函数 $F(x)$ 是初等函数 $f(x)$ 在区间 $[a,b]$ 上的一个原函数，则

$$\int_a^b f(x) dx = F(b) - F(a).$$

这就是**牛顿-莱布尼茨公式**，又称为**微积分基本公式**。

为了方便起见，将 $F(b) - F(a)$ 记为 $F(x)\big|_a^b$ 或 $[F(x)]_a^b$，于是有

$$\int_a^b f(x) dx = F(x)\big|_a^b = F(b) - F(a) \text{ 或} \int_a^b f(x) dx = [F(x)]_a^b = F(b) - F(a).$$

这个公式表明，计算定积分 $\int_a^b f(x) dx$，只要求出 $f(x)$ 的一个原函数 $F(x)$（即求不定积分），并计算 $F(b) - F(a)$ 的值即可。

牛顿-莱布尼茨公式建立了定积分与不定积分之间的联系，简化了定积分的计算，从而使积分学在各个科学领域内得到广泛的应用。

训练 6-2-8 计算 $\int_0^1 x^2 dx$.

解 $\int_0^1 x^2 dx = \frac{1}{3} x^3 \big|_0^1 = \frac{1}{3} \times 1^3 - \frac{1}{3} \times 0 = \frac{1}{3}.$

训练 6-2-9　计算 $\int_0^1 e^x dx$.

解　$\int_0^1 e^x dx = e^x \big|_0^1 = e^1 - e^0 = e - 1.$

训练 6-2-10　计算 $\int_0^1 \dfrac{1}{1+x^2} dx$.

解　$\int_0^1 \dfrac{1}{1+x^2} dx = \arctan x \big|_0^1 = \arctan 1 - \arctan 0 = \dfrac{\pi}{4}.$

四、拓展资源

[电感器系的计算问题]　在 RL 电路中会产生电磁波，电磁波产生的原因大致如下：电感线圈通过电流吸收能量，将电能转化为磁能，以电磁波的形式发射. 电感元件吸收的功率的计算公式为

$$p = ui = Li\dfrac{di}{dt},$$

根据以上提示，现建立电感元件吸收的能量 W 与电流 I 之间的关系式. 并求电流 I 从 0 增加到 2 时，电感元件在这个过程中吸收的能量.

解　数学建模过程如下.

1. 模型假设

假设电感线圈吸收的能量直接使用所给的公式，无须考虑其他情况.

2. 模型分析与建立

电流为零时，磁场亦为零，即无磁场能量，在 dt 时间内，电感元件在磁场中的能量增加量为

$$dW = p dt = Li di.$$

由定积分的定义知，当电流从 0 增大到 i 时，电感元件储存的磁场能量为

$$W = \int_0^i Li di = \dfrac{1}{2} Li^2.$$

由此可见，磁场能量只与最终的电流值有关，而与电流变化的过程无关.

3. 模型求解

电流 I 从 0 增加到 2 时，电感元件在这个过程中吸收的能量计算如下.

$$W = \int_0^2 (Li) di = \left[\dfrac{Li^2}{2}\right]_0^2 = 2L.$$

4. MATLAB 实现

在 MATLAB 中输入如下命令即可得到结果：
```
syms  x,L;      f = 'L*x';
int(f,0,2);
```

课后训练 6.2

1. 判断题（正确的打"√"，错误的打"×"）.

   (1) $y = \ln 3x$ 与 $y = \ln x$ 是同一个函数的原函数. （　　）

   (2) 若 $\int f(x)\,dx = \int g(x)\,dx$，则 $f(x) = g(x)$. （　　）

   (3) 若 $\int f(x)\,dx = f(x) + C$，则 $f(x) = e^x$. （　　）

   (4) 若 $F'(x) = f(x)$，则 $\int F'(x)\,dx = f(x) + C$. （　　）

2. 填空题.

   (1) $\left(\int \sqrt{1+x^2}\,dx\right)' = $ _____ ；

   (2) $\int d(e^{2x}\sin x^2) = $ _____.

3. 求下列不定积分：

   (1) $\int \dfrac{3}{x^4}\,dx$； (2) $\int \dfrac{\sqrt{x}}{x^2}\,dx$；

   (3) $\int x(1+x-x^2)\,dx$； (4) $\int \dfrac{1+x-x^2}{x^2}\,dx$；

   (5) $\int \dfrac{6^x - 3^x}{2^x}\,dx$； (6) $\int \cos^2 \dfrac{x}{2}\,dx$.

4. 若曲线过点 (1, 2)，且曲线上任意一点处切线的斜率都等于该点横坐标的平方，求该曲线的方程.

5. 求下列定积分：

   (1) $\int_1^2 \left(x^2 + \dfrac{1}{x^4}\right)dx$； (2) $\int_{-\frac{1}{2}}^{\frac{1}{2}} \dfrac{dx}{\sqrt{1-x^2}}$；

   (3) $\int_0^1 e^x(1-e^{-x})\,dx$； (4) $\int_0^{\frac{\pi}{4}} \tan^2\theta\,d\theta$.

6.3 换元积分法

一、学习目标

【能力目标】 能够利用定积分的定义，利用定积分解决电学实际应用问题.

【知识目标】 掌握不定积分的换元法，理解定积分的换元法.

二、线上学习导学单

观看换元积分法 PPT 课件 → 观看换元积分法微课（或视频）→ 完成课前任务 6.3 →

完成在线测试6.3 → 在6.3讨论区发帖

三、知识链接

知识点1：不定积分的第一换元积分法

如果被积函数是复合函数，无法直接使用基本积分公式，通过引入中间变量 u，将原积分化为关于变量 u 的一个简单的积分，再套用基本积分公式求解.

一般的，有下面的定理：

第一类换元定理 设 $\int f(u)\mathrm{d}u = F(u) + C$，且 $u = \varphi(x)$ 为可微函数，则

$$\int f[\varphi(x)]\varphi'(x)\mathrm{d}x = F[\varphi(x)] + C.$$

这个定理表明：在基本积分公式中，x 换成任一可微函数 $u = \varphi(x)$ 后公式仍然成立，这就扩大了基本积分公式的使用范围.

若不定积分的被积表达式 $g(x)\mathrm{d}x$ 能写为 $f[\varphi(x)]\varphi'(x)\mathrm{d}x = f[\varphi(x)]\mathrm{d}\varphi(x)$ 的形式，那么就可以按下述方法计算不定积分：

$$\int g(x)\mathrm{d}x = \int f[\varphi(x)]\varphi'(x)\mathrm{d}x = \int f[\varphi(x)]\mathrm{d}\varphi(x)$$

$$\underline{\text{令}\varphi(x) = u} \int f(u)\mathrm{d}u = F(u) + C$$

$$\underline{\text{回代}u = \varphi(x)} F[\varphi(x)] + C.$$

这样的积分方法称为不定积分的**第一类换元积分法**或**凑微分法**.

在凑微分时，常用到下列凑微分的式子，熟悉它们有助于求不定积分：

(1) $\mathrm{d}x = \dfrac{1}{a}\mathrm{d}(ax+b)$； (2) $x^n\mathrm{d}x = \dfrac{1}{n+1}\mathrm{d}(x^{n+1})$（$n$ 为正整数）；

(3) $\dfrac{1}{x}\mathrm{d}x = \mathrm{d}(\ln x)$（$x > 0$）； (4) $\dfrac{1}{\sqrt{x}}\mathrm{d}x = 2\mathrm{d}(\sqrt{x})$；

(5) $\dfrac{1}{x^2}\mathrm{d}x = -\mathrm{d}\left(\dfrac{1}{x}\right)$； (6) $\dfrac{1}{1+x^2}\mathrm{d}x = \mathrm{d}(\arctan x)$；

(7) $\dfrac{1}{\sqrt{1-x^2}}\mathrm{d}x = \mathrm{d}(\arcsin x)$； (8) $e^x\mathrm{d}x = \mathrm{d}(e^x)$；

(9) $\sin x\mathrm{d}x = -\mathrm{d}(\cos x)$； (10) $\cos x\mathrm{d}x = \mathrm{d}(\sin x)$；

(11) $\sec^2 x\mathrm{d}x = \mathrm{d}(\tan x)$； (12) $\csc^2 x\mathrm{d}x = -\mathrm{d}(\cot x)$；

训练 6-3-1 求 $\int (3x+1)^8 \mathrm{d}x$.

解 $\int (3x+1)^8 \mathrm{d}x = \dfrac{1}{3}\int (3x+1)^8 \cdot 3\mathrm{d}x = \dfrac{1}{3}\int (3x+1)^8 \mathrm{d}(3x+1)$

$\underline{\text{令}3x+1 = u} \dfrac{1}{3}\int u^8 \mathrm{d}u = \dfrac{1}{3} \cdot \dfrac{u^9}{9} + C \underline{\text{回代}u = 3x+1} \dfrac{(3x+1)^9}{27} + C.$

第6章 积分及其应用

训练 6-3-2 求 $\int x\mathrm{e}^{x^2}\mathrm{d}x$.

解 $\int x\mathrm{e}^{x^2}\mathrm{d}x = \dfrac{1}{2}\int \mathrm{e}^{x^2} 2x\mathrm{d}x = \dfrac{1}{2}\int \mathrm{e}^{x^2}\mathrm{d}(x^2) \xlongequal{\text{令}\, x^2 = u} \dfrac{1}{2}\int \mathrm{e}^u \mathrm{d}u$

$= \dfrac{1}{2}\mathrm{e}^u + C \xlongequal{\text{回代}\, u = x^2} \dfrac{1}{2}\mathrm{e}^{x^2} + C.$

训练 6-3-3 求 $\int \dfrac{\ln^2 x}{x}\mathrm{d}x$.

解 $\int \dfrac{\ln^2 x}{x}\mathrm{d}x = \int \ln^2 x \cdot \dfrac{1}{x}\mathrm{d}x = \int \ln^2 x \mathrm{d}(\ln x) \xlongequal{\text{令}\, \ln x = u} \int u^2 \mathrm{d}u$

$= \dfrac{u^3}{3} + C \xlongequal{\text{回代}\, u = \ln x} \dfrac{\ln^3 x}{3} + C.$

当运算比较熟练后，变量代换和回代的步骤可以省略不写.

训练 6-3-4 求 $\int 2x\sqrt{1-x^2}\mathrm{d}x$.

解 $\int 2x\sqrt{1-x^2}\mathrm{d}x = -\int (1-x^2)^{\frac{1}{2}}\mathrm{d}(1-x^2)$

$= -\dfrac{1}{1+\dfrac{1}{2}}(1-x^2)^{\frac{1}{2}+1} + C = -\dfrac{2}{3}(1-x^2)^{\frac{3}{2}} + C.$

训练 6-3-5 求 $\int \dfrac{\mathrm{d}x}{5x-3}$.

解 $\int \dfrac{\mathrm{d}x}{5x-3} = \dfrac{1}{5}\int \dfrac{\mathrm{d}(5x-3)}{5x-3} = \dfrac{1}{5}\ln|5x-3| + C.$

训练 6-3-6 求 $\int \dfrac{1}{a^2+x^2}\mathrm{d}x$.

解 $\int \dfrac{1}{a^2+x^2}\mathrm{d}x = \dfrac{1}{a^2}\int \dfrac{1}{1+\left(\dfrac{x}{a}\right)^2}\mathrm{d}x = \dfrac{1}{a}\int \dfrac{1}{1+\left(\dfrac{x}{a}\right)^2}\mathrm{d}\left(\dfrac{x}{a}\right) = \dfrac{1}{a}\arctan\dfrac{x}{a} + C.$

即 $\int \dfrac{1}{a^2+x^2}\mathrm{d}x = \dfrac{1}{a}\arctan\dfrac{x}{a} + C.$

类似的，可得

$$\int \dfrac{1}{\sqrt{a^2-x^2}}\mathrm{d}x = \arcsin\dfrac{x}{a} + C.$$

训练 6-3-7 求 $\int \tan x \mathrm{d}x$.

解 $\int \tan x \mathrm{d}x = \int \dfrac{\sin x}{\cos x}\mathrm{d}x = -\int \dfrac{1}{\cos x}\mathrm{d}(\cos x) = -\ln|\cos x| + C.$

即 $\int \tan x \mathrm{d}x = -\ln|\cos x| + C.$

类似的，可得

$$\int \cot x \mathrm{d}x = \ln|\sin x| + C.$$

训练 6-3-8 求 $\int \sin^2 x \, dx$.

解 $\int \sin^2 x \, dx = \frac{1}{2}\int(1-\cos 2x)dx = \frac{1}{2}\int dx - \frac{1}{2}\int \cos 2x \, dx$

$= \frac{1}{2}x - \frac{1}{4}\int \cos 2x \, d(2x) = \frac{1}{2}x - \frac{1}{4}\sin 2x + C.$

知识点2：定积分换元法

定积分换元定理 设 $f(x)$ 在区间 $[a,b]$ 上是初等函数，函数 $x = \varphi(t)$ 满足条件：

(1) $a = \varphi(\alpha)$，$b = \varphi(\beta)$，当 x 在区间 $[a,b]$ 上变化时，t 在区间 $[\alpha,\beta]$ 上变化；

(2) $x = \varphi(t)$ 在区间 $[\alpha,\beta]$ 上有连续导数，

则有

$$\int_a^b f(x)dx = \int_\alpha^\beta f[\varphi(t)]\varphi'(t)dt.$$

上式叫作**定积分的换元公式**.

使用定积分换元积分法时应注意：在换元的同时要换积分的上、下限.

有一些不定积分的结果，以后在求其他积分时常常会遇到，可作为积分公式使用，现列出如下：

(1) $\int \tan x \, dx = -\ln|\cos x| + C$；

(2) $\int \cot x \, dx = \ln|\sin x| + C$；

(3) $\int \sec x \, dx = \ln|\sec x + \tan x| + C$；

(4) $\int \csc x \, dx = \ln|\csc x - \cot x| + C$；

(5) $\int \frac{1}{a^2 + x^2} dx = \frac{1}{a}\arctan \frac{x}{a} + C$；

(6) $\int \frac{1}{a^2 - x^2} dx = \frac{1}{2a}\ln\left|\frac{a+x}{a-x}\right| + C$；

(7) $\int \frac{1}{\sqrt{a^2 - x^2}} dx = \arcsin \frac{x}{a} + C \,(a > 0)$；

(8) $\int \sqrt{a^2 - x^2} \, dx = \frac{a^2}{2}\arcsin \frac{x}{a} + \frac{1}{2}x\sqrt{a^2 - x^2} + C \,(a > 0)$；

(9) $\int \frac{1}{\sqrt{x^2 \pm a^2}} dx = \ln\left|x + \sqrt{x^2 \pm a^2}\right| + C \,(a > 0)$.

训练 6-3-9 求定积分 $\int_0^1 \frac{e^x}{1 + e^x} dx$.

解 $\int_0^1 \frac{e^x}{1 + e^x} dx = \int_0^1 \frac{1}{1 + e^x} \cdot e^x \, dx = \int_0^1 \frac{1}{1 + e^x} d(1 + e^x)$

$= \ln(1 + e^x)\big|_0^1 = \ln(1 + e) - \ln 2.$

训练 6-3-10 求定积分 $\int_0^{\frac{\pi}{2}} \sin^2 x \cos x \, dx$.

解 $\int_0^{\frac{\pi}{2}} \sin^2 x \cos x \, dx = \int_0^{\frac{\pi}{2}} \sin^2 x \, d(\sin x) = \left. \frac{\sin^3 x}{3} \right|_0^{\frac{\pi}{2}} = \frac{1}{3}$.

四、拓展资源

[**电热能及交流电有效值的计算问题**] 在日常生活中，人们所说的 220 伏电压，事实上只是交流电压的有效值为 220 伏．目前，我国交流电气设备名牌上所标的电流、电压，以及一般交流电压表、交流电流表上显示的测量值都是有效值．为什么交流量需要"有效值"这样的概念呢？因为交流量不同于直流量，直流量是始终不变的，而交流量的大小和方向却是以时间为自变量，并按照正弦规律周期变化的，它有无数多的"瞬时值"，怎样衡量或比较这种此一时彼一时、不断变化的交流量呢？

例如，某交流电 $i = 5\sin(\omega t - 30°)$ 的有效值是多少呢？根据高中物理或电工学可知，有效值等于最大值除以 $\sqrt{2}$．正弦量的有效值为什么恰好等于最大值除以 $\sqrt{2}$？或者说，为什么正弦量的最大值等于有效值的 $\sqrt{2}$ 倍？

解 数学建模过程如下．

1. 模型假设

假设电路为纯电阻电路，电能全部转化为热能．

2. 问题分析

以交流电发挥的"作用"来衡量，也就是通过交流电和直流电在相同一段时间内的能量转换"效应"进行比较，产生了交流电的有效值的概念：设一个交流电和一个直流电分别作用于同一个电阻 R（电阻值相等），如果在交流电一个周期的时间内，两者产生的热量（能）相等，那么，这个直流电（的大小）就称为该交流电的有效值．

3. 模型建立与求解

首先计算交流电经过电阻 R 在一个周期时间 T 内产生的热量（能）：

$$W_1 = \int_0^T R i^2 \, dt = R \int_0^T i^2 \, dt$$

$$\cdots = 25R \int_0^T \sin^2 \omega t \, dt.$$

然后考虑直流电流经过电阻 R 在一个周期时间 T 内产生的热量（能）

$$W_2 = R I^2 T.$$

按照有效值的定义，两者产生的热量（能）相等，即 $W_1 = W_2$，于是得到方程：

$$R I^2 T = 25R \int_0^T \sin^2 \omega t \, dt.$$

利用定积分的换元法即可求出这个交流电流 $i = 5\sin \omega t$ 的有效值：

$$I = \sqrt{\frac{25}{T}\int_0^T \sin^2\omega t\, dt} = \sqrt{\frac{25}{T}\int_0^T \frac{1-\cos 2\omega t}{2}dt}$$

$$= \sqrt{\frac{25}{T}\cdot\frac{1}{2}\left(t - \frac{1}{2}\sin 2\omega t\right)\Big|_0^T} = \sqrt{\frac{25}{T}\cdot\frac{1}{2}\left(T - \frac{1}{2}\sin 2\omega T\right)}$$

$$= \sqrt{\frac{25}{T}\cdot\frac{1}{2}\left(T - \frac{1}{2}\sin 4\pi\right)} = \frac{5}{\sqrt{2}}.$$

4. MATLAB 实现

在 MATLAB 中计算积分 $\int_0^T \sin^2\omega t\, dt$ 的值时，使用如下命令可得到结果：

```
syms t,T;   f='(sin((2*pi/T)*t))^2';
int(f,0,T);
```

课后训练 6.3

1. 在下列各等式右端的空格线上填入适当的常数，使等式成立：

(1) $dx = \underline{\qquad} d(3x-1)$；　　　　(2) $xdx = \underline{\qquad} d(x^2)$；

(3) $x^2 dx = \underline{\qquad} d(2x^3+1)$；　　(4) $\dfrac{1}{\sqrt{x}}dx = \underline{\qquad} d(\sqrt{x})$；

(5) $\dfrac{1}{x^2}dx = \underline{\qquad} d\left(\dfrac{1}{x}\right)$；　　(6) $e^{-x}dx = \underline{\qquad} d(e^{-x})$；

(7) $\dfrac{1}{x}dx = \underline{\qquad} d(3\ln x)$；　　(8) $\dfrac{1}{1+x^2}dx = \underline{\qquad} d(2\arctan x)$.

2. 判断题（正确的打"√"，错误的打"×"）.

(1) $\int \tan x\, dx = \sec^2 x + C$.　　　　　　　　　　　　　　　　　　（　　）

(2) $\int \dfrac{1}{1+e^{2x}}dx = \ln(1+e^{2x}) + C$.　　　　　　　　　　　　　　（　　）

(3) $\int \sin^2 x\, dx = \dfrac{\sin^3 x}{3} + C$.　　　　　　　　　　　　　　　　（　　）

(4) $\int_0^4 \dfrac{1}{2+\sqrt{x}}dx \xsubsubseteq{\diamond\sqrt{x}=t} \int_0^4 \dfrac{1}{2+t}\cdot 2t\, dt$.　　　　　　　　　　（　　）

3. 求下列不定积分：

(1) $\int (3x-1)^4 dx$；　　　　　　(2) $\int e^{-x} dx$；

(3) $\int \dfrac{1}{(2x-1)^3}dx$；　　　　(4) $\int \dfrac{\ln^3 x}{x}dx$；

(5) $\int \dfrac{x}{\sqrt{2-x^2}}dx$；　　　　(6) $\int \sin x\cos x\, dx$；

(7) $\int \dfrac{e^{2x}}{1+e^{2x}}dx$; (8) $\int x^2 e^{x^3}dx$;

(9) $\int \dfrac{(\arctan x)^2}{1+x^2}dx$; (10) $\int \dfrac{1}{x^2}\cos\dfrac{1}{x}dx$;

(11) $\int \dfrac{\cos x}{1+\sin^2 x}dx$; (12) $\int \cos^3 x dx$.

4. 求下列定积分:

(1) $\int_0^1 (2x-1)^5 dx$; (2) $\int_{-e-1}^{-2} \dfrac{dx}{1+x}$;

(3) $\int_0^{\frac{\pi}{6}} \sin\left(x+\dfrac{\pi}{3}\right)dx$; (4) $\int_1^e \dfrac{\ln x}{x}dx$;

(5) $\int_0^{\frac{\pi}{4}} \cos^2 x dx$; (6) $\int_1^2 \dfrac{1}{x^2}e^{\frac{1}{x}}dx$;

(7) $\int_0^{\frac{\pi}{2}} \cos^3 x \sin x dx$; (8) $\int_0^1 \dfrac{\arctan x}{1+x^2}dx$.

6.4 分部积分法

一、学习目标

【能力目标】 能够掌握纯电阻电路和非纯电阻电路电功的区别,并使用定积分求解电路所做的电功.

【知识目标】 掌握不定积分的分部积分法,理解定积分的分部积分法.

二、线上学习导学单

观看分部积分法 PPT 课件 → 观看分部积分法微课(或视频)→ 完成课前任务6.4 → 完成在线测试6.4 → 在6.4讨论区发帖

三、知识链接

知识点1:分部积分法

对于某些不定积分,用换元法无法求解,如 $\int x\cos x dx$、$\int xe^x dx$、$\int \ln x dx$ 等. 为此,介绍一种新的求积分的方法——分部积分法.

设函数 $u=u(x)$,$v=v(x)$ 均可微,根据两个函数乘积的微分法则,有
$$d(uv) = vdu + udv,$$
移项得
$$udv = d(uv) - vdu,$$

两边积分得

$$\int u\,dv = \int d(uv) - \int v\,du = uv - \int v\,du,$$

即

$$\int u\,dv = uv - \int v\,du.$$

上式称为不定积分的分部积分公式.

根据不定积分的分部积分公式可得

$$\int_a^b u\,dv = (uv)\Big|_a^b - \int_a^b v\,du,$$

这就是定积分的分部积分公式.

训练 6-4-1 求 $\int x e^x dx$.

解 $\int x e^x dx = \int x d(e^x) = x e^x - \int e^x dx = x e^x - e^x + c = e^x(x-1) + C.$

训练 6-4-1 是选取 $u=x$, $dv = e^x dx$ 算出结果. 如果选取 $u = e^x$, $dv = x dx$, 则

$$\int x e^x dx = \int e^x d\left(\frac{x^2}{2}\right) = \frac{1}{2}x^2 e^x - \int \frac{1}{2}x^2 e^x dx,$$

上式右边的积分 $\int \frac{1}{2}x^2 e^x dx$ 比左边的积分 $\int x e^x dx$ 更复杂. 可见, u 和 dv 的选择直接影响积分的计算, 所以在用分部积分法求积分时, 关键是恰当地选取 u 和 dv. 选取 u 和 dv 一般要考虑以下两点:

(1) v 要容易求得;

(2) $\int v\,du$ 要比 $\int u\,dv$ 容易积出.

训练 6-4-2 求 $\int x\cos x\,dx$.

解 $\int x\cos x\,dx = \int x d(\sin x) = x\sin x - \int \sin x\,dx = x\sin x + \cos x + C.$

由训练 6-4-1、训练 6-4-2 可知, 下列类型的不定积分可以采用分部积分法, 并且选取 $u = x^n$, 其中 n 是正整数:

$$\int x^n e^{ax} dx 、 \int x^n \sin ax\,dx 、 \int x^n \cos ax\,dx.$$

训练 6-4-3 求 $\int x\ln x\,dx$.

解 $\int x\ln x\,dx = \frac{1}{2}\int \ln x\,d(x^2) = \frac{1}{2}\left[x^2\ln x - \int x^2 d(\ln x)\right]$

$= \frac{1}{2}\left[x^2\ln x - \int x^2 \cdot \frac{1}{x}dx\right] = \frac{x^2}{2}\ln x - \frac{x^2}{4} + C.$

训练 6-4-4 求 $\int x\arctan x\,dx$.

解 $\int x\arctan x\,dx = \int \arctan x \cdot x\,dx = \int \arctan x\,d\left(\frac{x^2}{2}\right)$

$$= \frac{x^2}{2}\arctan x - \int \frac{x^2}{2}\mathrm{d}(\arctan x)$$

$$= \frac{x^2}{2}\arctan x - \frac{1}{2}\int \frac{x^2}{1+x^2}\mathrm{d}x$$

$$= \frac{x^2}{2}\arctan x - \frac{1}{2}\int \frac{(1+x^2)-1}{1+x^2}\mathrm{d}x$$

$$= \frac{x^2}{2}\arctan x - \frac{1}{2}\int \left(1 - \frac{1}{1+x^2}\right)\mathrm{d}x$$

$$= \frac{x^2}{2}\arctan x - \frac{x}{2} + \frac{1}{2}\arctan x + C.$$

由训练 6-4-3、训练 6-4-4 可知，下列类型的不定积分可以采用分部积分法求积分，并且选取 $u = \ln x$ 或 $\arctan x$，其中 n 是非负整数：

$$\int x^n \ln x \mathrm{d}x 、 \int x^n \arctan x \mathrm{d}x.$$

训练 6-4-5　求 $\int_1^e \ln x \mathrm{d}x$.

解　$\int_1^e \ln x \mathrm{d}x = (x\ln x)\big|_1^e - \int_1^e x \mathrm{d}\ln x$

$$= \mathrm{e} - \int_1^e x \cdot \frac{1}{x}\mathrm{d}x = \mathrm{e} - \int_1^e \mathrm{d}x = \mathrm{e} - (\mathrm{e}-1) = 1.$$

四、拓展资源

[**电流所做电功的计算问题**]　在纯电阻电路中，电流所做的功全部转化为热能，所以在纯电阻电路中电流所做的功，即电功可以使用如下公式求出：

$$W = UIt = Q = I^2 Rt.$$

在非纯电阻电路中，比如在电路中有电风扇、电解槽等元件时，电功除了转化为电路中消耗的热能外，还有部分转化为机械能和化学能。电功只能用如下公式求出：

$$W = UIt$$

现有一非纯电阻电路，电路中的总电压为 $U(t)$，总电阻 $R = 2$（欧），总电流为 $I(t)$. 从 $t = 0$ 时刻起，到 $t = 1$（秒）时刻终止，在这段时间内，总电压 $U(t)$ 为指数增长，即 $U(t) = \mathrm{e}^t$，而总电流 $I(t)$ 满足余弦规律，即 $I(t) = \cos t$，求在这段时间内电流所做的功。

解　数学建模过程如下。

1. 模型假设

假设该电路正常工作。

2. 问题分析

电流做功与时间有关，该任务中电流和电压不断发生变化，不能直接使用中学所学过的电流做功的公式。为此，采用微元法的思想，在比较小的时间段里，电流和电压均可认为大小不发生变化，可使用公式 $W = UI\Delta t$，对时间进行累加求和可得到电流在该时间段里所做的总功，根据定积分的定义，该和也即关于时间 t 的定积分.

3. 模型建立与求解

根据定积分的定义和电流做功的特点，可得出电功的公式为

$$W = \int_0^1 e^t \cos t \, dt.$$

其对应的不定积分为：

$$\int e^t \cos t \, dt = \int \cos t \, d(e^t) = e^t \cos t - \int e^t d(\cos t)$$

$$= e^t \cos t + \int e^t \sin t \, dt$$

$$= e^t \cos t + \int \sin t \, d(e^t)$$

$$= e^t \cos t + e^t \sin t - \int e^t d(\sin t)$$

$$= e^t \cos t + e^t \sin t - \int e^t \cos t \, dt,$$

移项后得

$$2\int e^t \cos t \, dt = e^t \cos t + e^t \sin t + C_1,$$

故

$$\int e^t \cos t \, dt = \frac{1}{2} e^t (\cos t + \sin t) + C,$$

故从时刻 $t=0$ 到 $t=1$ 这段时间内，电流所做的电功为

$$W = \frac{1}{2} e^t (\cos t + \sin t) \Big|_0^1 = \frac{1}{2} e(\cos 1 + \sin 1) - \frac{1}{2}.$$

4. MATLAB 实现

在 MATLAB 中输入如下命令即可得到结果：
```
syms t;    f='exp(t)*cos(t)';
int(f,0,1);
```

课后训练6.4

1. 求下列不定积分：

(1) $\int x e^{-x} dx$；　　　　　　(2) $\int x \sin 2x \, dx$；

(3) $\int \ln(x+1) dx$；　　　　　(4) $\int x^2 \cos x \, dx$；

(5) $\int \arccos x \, dx$；　　　　　(6) $\int x^2 \ln x \, dx$.

2. 求下列定积分：

(1) $\int_0^{\frac{\pi}{2}} x\cos x\,dx$；

(2) $\int_0^1 xe^{2x}\,dx$；

(3) $\int_1^e x\ln x\,dx$；

(4) $\int_0^1 \arctan x\,dx$.

6.5　定积分的应用

一、学习目标

【能力目标】　能够利用定积分计算平面图形的面积．

【知识目标】　理解积分的微元法思想，了解求平面几何图形面积的公式．

二、线上学习导学单

观看定积分的应用 PPT 课件 → 观看定积分的应用微课（或视频）→ 完成课前任务 6.5 → 完成在线测试 6.5 → 在 6.5 讨论区发帖

三、知识链接

知识点 1：微元法

在解决实际问题时，常常采用"**微元法**"．为了说明这种方法，先回顾求由曲线 $y = f(x)$ 及直线 $x = a$，$x = b$，$y = 0$ 所围成的曲边梯形的面积 A 的方法与步骤（图 6-5-1），即"分割、近似代替、求和、取极限"．

第一步：分割，将所求的整体量 A 分割成部分量 ΔA 之和，即

$$A = \sum_{i=1}^n \Delta A_i.$$

第二步：近似代替，求出部分量 ΔA 的近似代替，即

$$\Delta A_i \approx f(\xi_i)\Delta x_i \quad (i = 1,2,\cdots,n).$$

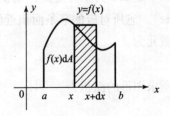

图 6-5-1

第三步：求和，将近似的各部分量加起来，得到整体量 A 的近似值，即

$$A = \sum_{i=1}^n \Delta A_i \approx \sum_{i=1}^n f(\xi_i)\Delta x_i.$$

第四步：取极限，取 $\lambda = \max\{\Delta x_i\} \to 0$ 时的极限，即

$$A = \lim_{\lambda \to 0} \sum_{i=1}^n f(\xi_i)\Delta x_i = \int_a^b f(x)\,dx.$$

为了便于应用，将上述四步简化为两步：

(1) 在区间 $[a,b]$ 上任取一个小区间 $[x, x+dx]$，写出在这个小区间上部分量 ΔA 的

近似值，记为 $dA = f(x)dx$（称为整体量 A 的微元）.

(2) 将微元 dA 在区间 $[a, b]$ 上积分，即得 $A = \int_a^b dA = \int_a^b f(x)dx$.

这种方法称为定积分的**微元法**. 微元法在几何、物理及其他方面的有许多应用.

知识点 2：定积分的几何应用

现在求由连续曲线 $y = f(x)$，直线 $x = a$，$x = b(a < b)$ 和 x 轴所围成的曲边梯形的面积.
由定积分的几何意义知：

$$A = \int_a^b f(x)dx (f(x) \geq 0) \quad \text{或} \quad A = -\int_a^b f(x)dx (f(x) \leq 0).$$

用定积分的微元法可以计算一些比较复杂的图形面积.

现计算由上、下两条曲线 $y = f(x)$ 与 $y = g(x)$ 及直线 $x = a$，$x = b(a < b)$ 所围成的图形面积，如图 6-5-2、图 6-5-3 所示.

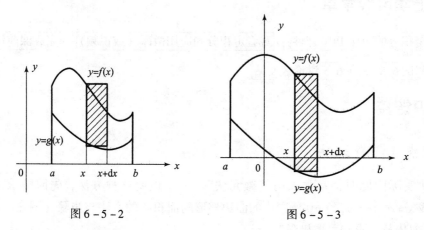

图 6-5-2   图 6-5-3

选取 x 为积分变量，则积分区间为 $[a, b]$，在 $[a, b]$ 内任取一个小区间 $[x, x + dx]$，它所对应的窄条面积近似等于以 $f(x) - g(x)$ 为高、以 dx 为底的矩形的面积，即面积微元为

$$dA = [f(x) - g(x)]dx,$$

所求图形的面积为

$$A = \int_a^b [f(x) - g(x)]dx.$$

训练 6-5-1 求由曲线 $y = x^2 - 2x$ 和直线 $x = -1$，$x = 2$ 以及 x 轴所围成的平面图形的面积.

解 曲线 $y = x^2 - 2x$ 与 x 轴的交点为 $(0, 0)$ 和 $(2, 0)$，所求面积为

$$A = \int_{-1}^0 (x^2 - 2x)dx - \int_0^2 (x^2 - 2x)dx$$

$$= \left[\frac{x^3}{3} - x^2\right]_{-1}^0 - \left[\frac{x^3}{3} - x^2\right]_0^2 = \frac{8}{3}.$$

训练 6-5-2 计算由抛物线 $y^2 = 2x$ 与直线 $y = x - 4$ 所围成的平面图形的面积.

解 解方程组 $\begin{cases} y = x - 4, \\ y^2 = 2x, \end{cases}$ 可知两线交点为 (2, -2) 和 (8, 4), 取 x 为积分变量, 则积分区间为 [0, 8], 所求面积为

$$A = 2\int_0^2 \sqrt{2x}\,\mathrm{d}x + \int_2^8 [\sqrt{2x} - (x-4)]\,\mathrm{d}x$$

$$= \frac{4\sqrt{2}}{3}x^{\frac{3}{2}}\bigg|_0^2 + \left[\frac{2\sqrt{2}}{3}x^{\frac{3}{2}} - \frac{1}{2}x^2 + 4x\right]_2^8$$

$$= 18.$$

知识点3: 定积分在工程中的应用

[变力所做的功] 如果物体在作直线运动的过程中有一个不变的力 F 作用在这个物体上, 且这个力的方向与物体的运动方向一致, 那么, 当物体由 a 点移动到 b 点时, 常力 F 所做的功为

$$W = F \cdot (b - a).$$

如图 6-5-4 所示, 当 $F(x)$ 表示变力时, $F(x)\mathrm{d}x$ 则表示物体在变力 $F(x)$ 的作用下移动微小距离 $\mathrm{d}x$ 所做的功, 即功微元为 $\mathrm{d}W = F(x)\mathrm{d}x$, 因此, 物体在变力 $F(x)$ 的作用下由点 $x = a$ 移动到点 $x = b$ 所做的功为 $W = \int_a^b F(x)\mathrm{d}x$.

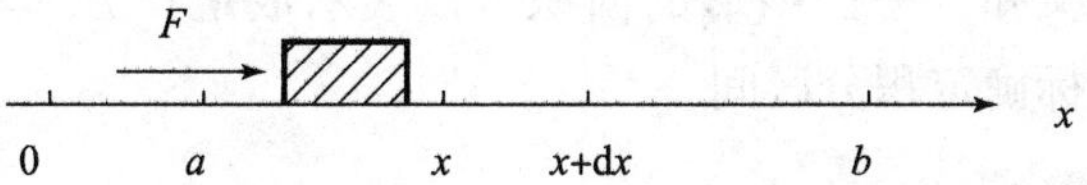

图 6-5-4

训练 6-5-3 把一个带电量为 $+Q$ 的点电荷放在 r 轴的原点 O 处, 它产生一个电场, 对周围的电荷产生作用力. 现有单位正电荷 q 在电场中从 a 处沿 r 轴移动到 b 处 ($a \leqslant b$), 求电场力 F 所做的功.

解 由电磁学知识知道, 单位电荷 $q(q = 1)$ 在电场中受到的电场力为

$$F = k\frac{Q \cdot q}{r^2} = k\frac{Q}{r^2}.$$

取 r 为积分变量, 功微元为

$$\mathrm{d}W = k \cdot \frac{Q}{r^2}\mathrm{d}r,$$

于是所求的功为

$$W = k\int_a^b \frac{Q}{r^2}\mathrm{d}r = \frac{-kQ}{r}\bigg|_a^b = kQ\left(\frac{1}{a} - \frac{1}{b}\right).$$

四、拓展资源

[定积分在工程中的应用问题] 直线与直线相交出的平面图形, 一般为三角形或者四边形, 在求所围成的平面图形的面积时, 使用三角形或四边形的面积公式即可求出面积. 二

次曲线围成的平面图形的面积应该怎样求呢？在机械工程中，要制造一个机械零件，其横截面是由曲线 $y=x^2$ 和 $y^2=x$ 所围成的，计算该零件横截面的平面图形面积，如图 6-5-5 所示.

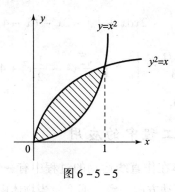

图 6-5-5

解 数学建模过程如下.

1. 模型假设

本题已经为比较理想化的模型，无须作任何假设.

2. 模型分析

由定积分的几何意义知，平面图形的面积可以表示成定积分. 本题转化为定积分的计算，而由曲线的交点坐标确定积分区间.

3. 模型建立与求解

解方程组 $\begin{cases} y=x^2 \\ y^2=x \end{cases}$，可知两线交点为 $(0,0)$ 和 $(1,1)$，如图 6-5-5 所示，取 x 为积分变量，积分区间为 $[0,1]$，所求面积为

$$A = \int_0^1 (\sqrt{x} - x^2) dx = \left[\frac{2}{3}x^{\frac{3}{2}} - \frac{x^3}{3}\right]_0^1 = \frac{1}{3}$$

4. MATLAB 实现

在 MATLAB 中输入如下命令即可得到结果：

```
syms x;    f='sqrt(x)-x^2';
int(f,0,1);
```

课后训练 6.5

1. 求图 6-5-6 所示各图形中阴影部分的面积：

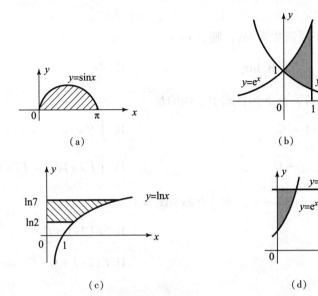

图 6-5-6

2. 求由下列曲线所围成的平面图形的面积：

(1) 求由曲线 $y = e^x$，$y = x^2$，$x = 0$，$x = 1$ 所围成的平面图形的面积；

(2) 求由曲线 $y = \sqrt{x}$ 与 $y = x^3$ 所围成的平面图形的面积；

(3) 求由曲线 $y = \dfrac{1}{x}$ 与直线 $y = x$，$x = 2$ 所围成的平面图形的面积；

(4) 求由抛物线 $y = x^2$ 与直线 $y = 2x + 3$ 所围成的平面图形的面积；

(5) 求由抛物线 $y^2 = x$ 及直线 $y = 2 - x$ 所围成的平面图形的面积.

3. 已知弹簧每拉长 0.02 米要用 9.8 牛的力，如果把弹簧由原长拉伸 6 厘米，计算所做的功.

4. 设有一长为 100 米、宽为 50 米、深为 2 米的长方形鱼塘，塘内贮满水，若要把水抽尽，需做多少功？

5. 一边长为 2 米的正方形薄板垂直放入水中，使该薄板的上边与水面齐平. 试求该薄板的一侧所受的水的压力.

自测题 6

1. 判断题（正确的打"√"，错误的打"×"）.

(1) $y = \dfrac{1}{x}$ 与 $y = \ln x$ 是同一个函数的原函数. ( )

(2) 若 $\int f(x)dx = F(x) + C$，则 $\int f(\sin x)dx = F(\sin x) + C$. ( )

(3) $\int \dfrac{1}{f(x)}dx = \ln|f(x)| + C$. ( )

(4) $\int_{-\pi}^{\pi} x^3 \cos x dx = 0$. ( )

2. 选择题.

(1) 若 $f(x)$ 的一个原函数为 $\ln x$，则 $f(x) = ($).

A. $x\ln x$ B. $\ln x$ C. $\dfrac{1}{x}$ D. $-\dfrac{1}{x^2}$.

(2) 若 $F'(x) = f(x)$，则下列各式中正确的是（ ）.

A. $\int F'(x)\mathrm{d}x = f(x) + C$ B. $\int f(x)\mathrm{d}x = F(x) + C$

C. $\int F(x)\mathrm{d}x = F'(x) + C$ D. $\int f'(x)\mathrm{d}x = F(x) + C$

(3) 若 $\int f(x)\mathrm{d}x = F(x) + C$，则 $\int f(2x)\mathrm{d}x = ($).

A. $F(x) + C$ B. $2F(2x) + C$

C. $\dfrac{1}{2}F(2x) + C$ D. $F(2x) + C$

(4) $\int \dfrac{1}{x^2} f'\left(\dfrac{1}{x}\right)\mathrm{d}x = ($).

A. $f\left(-\dfrac{1}{x}\right) + C$ B. $-f\left(-\dfrac{1}{x}\right) + C$

C. $f\left(\dfrac{1}{x}\right) + C$ D. $-f\left(\dfrac{1}{x}\right) + C$

(5) $\int_0^3 |2 - x|\mathrm{d}x = ($).

A. $\dfrac{5}{2}$ B. $\dfrac{1}{2}$ C. $\dfrac{3}{2}$ D. $\dfrac{2}{3}$

3. 计算下列积分：

(1) $\int \sqrt{x\sqrt{x}}\mathrm{d}x$；

(2) $\int \dfrac{1+x}{1+x^2}\mathrm{d}x$；

(3) $\int (2x - 1)^6 \mathrm{d}x$；

(4) $\int \dfrac{\sin x}{1 + \cos^2 x}\mathrm{d}x$；

(5) $\int x\mathrm{e}^{-2x}\mathrm{d}x$；

(6) $\int_1^e \dfrac{\ln^2 x}{x}\mathrm{d}x$；

(7) $\int_0^{\frac{1}{2}} \arcsin x \mathrm{d}x$.

4. 求由曲线 $y = \sin x$，$y = \cos x$ 及直线 $x = 0$，$x = \dfrac{\pi}{2}$ 所围成的平面图形的面积.

5. 设有一直径为 20 米的半球形水池，池内贮满水，若要把水抽尽，问至少需要做多少功？

6. 一梯形大坝高 20 米，顶宽 50 米，底宽 30 米，如果水平面离坝顶 4 米，求大坝承受的压力.

第7章 常微分方程

【能力目标】 会识别微分方程、一阶线性微分方程与二阶常系数线性微分方程；能解简单的一阶线性微分方程与二阶常系数线性微分方程，能用建立微分方程模型的方法解决专业问题.

【知识目标】 了解微分方程，微分方程的解、通解及特解，一阶线性微分方程、二阶线性微分方程的概念；掌握可分离变量微分方程、一阶线性微分方程与二阶常系数齐次线性微分方程的解法.

【素质目标】 培养分工合作、独立完成任务的能力；养成系统分析问题、解决问题的能力.

在科学研究和生产实际中，常常需要表示客观事物的变量之间的函数关系，在大量的实际问题中，经常不能直接得到所求的函数关系，但可以得到含有未知函数的导数或微分的关系式，即通常所说的微分方程. 微分方程是描述客观事物的数量关系的一种重要的数学模型，本章主要介绍微分方程的基本概念和几种常用的微分方程的解法，并用微分方程解决实际问题和专业问题.

7.1 微分方程的基本概念

一、学习目标

【能力目标】 能识别微分方程、微分方程的解、微分方程的阶数；能针对现实问题建立简单的微分方程模型.

【知识目标】 了解微分方程、微分方程的阶，理解微分方程的解、通解及特解的概念.

二、线上学习导学单

观看微分方程的基本概念 PPT 课件 → 观看微分方程的基本概念微课（或视频）→ 完成课前任务 7.1 → 完成在线测试 7.1 → 在 7.1 讨论区发帖

三、知识链接

微分方程理论起始于 17 世纪末，是研究自然现象的强有力的工具，是数学科学联系实际的主要途径之一. 1676 年，莱布尼茨在给牛顿的信中首次提到"微分方程"（Differential Equation）这个名词. 微分方程研究领域的代表人物还有伯努利（Bernoulli）、柯西（Cauchy）、欧拉（Euler）、泰勒（Taylor）、庞加莱（Poincare）、李雅普诺夫（Liyapunov）等.

微分方程理论的发展经历了三个阶段：求微分方程的解；定性理论与稳定性理论；微分方程的现代分支理论.

知识点1：微分方程的概念

凡含有未知函数的导数（或微分）的方程称为**微分方程**.

本章只讨论微分方程中未知函数是一元函数（只有一个自变量）的情形，这样的微分方程也叫作**常微分方程**.

方程 $y' = 2x$、$s'' = -0.4$ 都是微分方程，而 $\sqrt{1+x^2} + y^2 = 1$、$\tan x + xy - 2 = 0$ 不是微分方程.

知识点2：微分方程的阶

微分方程中出现的未知函数的最高阶导数的阶数，称为**微分方程的阶数**，简称**微分方程的阶**.

例如，微分方程 $y' = 2x$ 的阶数是 1，称为一阶微分方程；微分方程 $s'' = -0.4$ 的阶数是 2，称为二阶微分方程.

通常把二阶及二阶以上的微分方程称为高阶微分方程. 本章主要讨论一阶和二阶微分方程.

知识点3：线性微分方程的概念

如果微分方程中所含未知函数及其各阶导数的项全是一次项，则称该微分方程为**线性微分方程**.

例如，$y' = xy$ 是一阶线性微分方程，$y'' - 6y' + 7y = 2x$ 是二阶线性微分方程，而 $y'' - 3yy' = 2x$ 不是线性微分方程.

知识点4：微分方程的解、通解、特解、初始条件

1. 微分方程的解

满足微分方程的函数称为**微分方程的解**.

2. 微分方程的通解

若微分方程的解中含有相互独立的任意常数，且其个数等于微分方程的阶数，则称此解为**微分方程的通解**.

3. 微分方程的特解

不含任意常数的解称为**微分方程的特解**.

4. 微分方程的初始条件

用来确定通解中任意常数的值的条件称为**微分方程的初始条件**.

一般的,一阶微分方程的初始条件是 $y|_{x=x_0} = y_0$;二阶常微分方程的初始条件是 $y|_{x=x_0} = y_0$,$y'|_{x=x_0} = y_1$.

训练 7-1-1 一曲线通过点 (1,2),且在该曲线上任一点 $M(x,y)$ 处的切线的斜率为 $2x$,求该曲线的方程.

解 设曲线的方程为 $y = y(x)$,则有
$$y' = 2x.$$
这是含有未知函数导数的方程,满足:当 $x = 1$ 时,$y = 2$,可记为 $f(1) = 2$ 或 $y|_{x=1} = 2$.

解方程得
$$y = \int y' \mathrm{d}x = \int 2x \mathrm{d}x = x^2 + C,$$
将 $y|_{x=1} = 2$ 代入上式,得 $C = 1$. 故所求曲线方程为 $y = x^2 + 1$.

训练 7-1-2 验证函数 $y = C_1 \sin x + C_2 \cos x$(其中 C_1 和 C_2 是任意常数)是微分方程 $y'' + y = 0$ 的解,并说明是通解还是特解.

解 微分方程 $y'' + y = 0$ 中除含有 y 外,还含有 y'',先求 y'',得
$$y' = C_1 \cos x - C_2 \sin x, \quad y'' = -C_1 \sin x - C_2 \cos x.$$
将 y、y'' 代入微分方程 $y'' + y = 0$ 的左边,得
$$y'' + y = -C_1 \sin x - C_2 \cos x + C_1 \sin x + C_2 \cos x = 0,$$
故函数 $y = C_1 \sin 2x + C_2 \cos 2x$ 是微分方程 $y'' + 4y = 0$ 的解.

又因为 $y = C_1 \sin x + C_2 \cos x$ 中有两个独立的任意常数,与方程 $y'' + y = 0$ 的阶数相同,所以 $y = C_1 \sin x + C_2 \cos x$ 是该微分方程的通解.

四、拓展资源

1. 电力学问题

有一个电路如图 7-1-1 所示,其中电源电动势为 $E = E_m \sin \omega t$(E_m、ω 都是常数),电阻 R 和电感 L 都是常量,写出电流 $i(t)$ 所满足的方程.

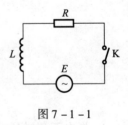

图 7-1-1

解 由电学知识知道,当电流变化时,L 上有感应电动势 $-L\dfrac{\mathrm{d}i}{\mathrm{d}t}$,由回路电压定律,得
$$E - L\frac{\mathrm{d}i}{\mathrm{d}t} - iR = 0,$$
即
$$\frac{\mathrm{d}i}{\mathrm{d}t} + \frac{R}{L}i = \frac{E}{L}.$$
把 $E = E_m \sin \omega t$ 代入上式,得
$$\frac{\mathrm{d}i}{\mathrm{d}t} + \frac{R}{L}i = \frac{E_m}{L} \sin \omega t.$$

这就是 $i(t)$ 满足初始条件为 $i|_{t=0}=0$ 的微分方程.

2. 一阶 RC 电路的零输入响应

图 7-1-2 所示的电路在换路前处于稳态，在 $t=0$ 时刻，开关 S 由 1 点置于 2 点，这时电容 C 储存电场能量，电阻 R 与电容 C 构成串联电路. 电容 C 通过电阻 R 放电，电阻 R 吸收电能，回路中的响应属于零输入响应. 换路后，电路如图 7-1-3 所示，此时的电路方程是怎样的？

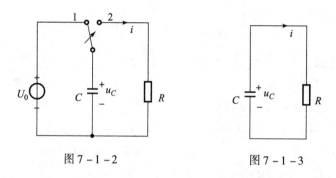

图 7-1-2　　　　　　　图 7-1-3

解　1) 模型假设

(1) 假设电阻 R 为线性电阻元件；

(2) 电路在换路前处于稳定状态.

2) 建立模型

根据零输入响应依靠动态元件的初始储能进行，当电路中存在耗能元件 R 时，有限的初始储能最终将被消耗殆尽，零输入响应终将为零，可列方程

$$RC\frac{du_C}{dt} + u_C = 0.$$

课后训练 7.1

1. 指出下列微分方程的阶数，并判断是否为线性微分方程：

(1) $\dfrac{dy}{dx} = 4x^2 - xy$；

(2) $y' + \sin y + 2x = 0$；

(3) $\left(\dfrac{dy}{dx}\right)^2 = y^5 + 7$；

(4) $y^{(4)} = x^2 + 1$；

(5) $L\dfrac{d^2Q}{dt^2} + R\dfrac{dQ}{dt} + Qt = 0$；

(6) $\dfrac{du}{dt} + ut = 0$.

2. 验证下列各题中所给函数是否为所给微分方程的解，若是指出是通解还是特解：

(1) $y = e^{-3x} + \dfrac{1}{3}$，$\dfrac{dy}{dx} + 3y = 1$；

(2) $y = e^x + e^{-x}$，$y'' - 2y' + y = 0$；

(3) $y = \cos\omega x$ $(\omega > 0)$, $\dfrac{d^2 y}{dx^2} + \omega^2 y = 0$.

3. 验证函数 $y = (C_1 + C_2 x)e^{-x}$（C_1，C_2 为任意常数）是微分方程 $y'' + 2y' + y = 0$ 的解.

4. 验证函数 $y = 3e^{2x}$ 是微分方程 $y'' - 4y = 0$ 的解.

5. 有一电路如图 7-1-4 所示，其中电源电动势为 $E = 110\sin 35t$，写出电流 $i(t)$ 所满足的方程.

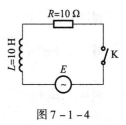

图 7-1-4

7.2　一阶微分方程

一、学习目标

【能力目标】　能识别一阶线性微分方程；能解简单的一阶微分方程，能用建立微分方程模型的方法解决实际问题.

【知识目标】　了解一阶线性微分方程的概念；掌握可分离变量微分方程、一阶线性微分方程的解法.

二、线上学习导学单

观看一阶线性微分方程 PPT 课件 → 观看微课：可分离变量的微分方程及其解法、一阶线性非齐次微分方程及其解法 → 完成课前任务 7.2 → 完成在线测试 7.2 → 在 7.2 讨论区发帖

三、知识链接

知识点 1：可分离变量的微分方程及其解法

形如

$$\frac{dy}{dx} = f(x)g(y) \qquad (7-2-1)$$

的微分方程称为**可分离变量的微分方程**.

可分离变量的微分方程的求解步骤如下：

(1) 分离变量：

$$\frac{1}{g(y)}dy = f(x)dx.$$

(2) 两边积分：

$$\int \frac{1}{g(y)}dy = \int f(x)dx.$$

(3) 求出通解：

$$G(y) = F(x) + C.$$

其中 $G(y)$，$F(x)$ 分别是函数 $\dfrac{1}{g(y)}$ 和 $f(x)$ 的一个原函数，C 是任意常数．

训练 7-2-1 求解方程 $\dfrac{dy}{dx} = -\dfrac{x}{y}$．

解 将变量分离，得到
$$y dy = -x dx.$$

两边积分，即得
$$\frac{y^2}{2} = -\frac{x^2}{2} + \frac{C}{2}.$$

因此，通解为
$$x^2 + y^2 = C(C \text{ 是任意的正常数})，$$

或解出显式形式：
$$y = \pm \sqrt{C - x^2}.$$

训练 7-2-2 求微分方程 $e^x dx - (1 + e^x) dy = 0$ 的通解．

解 将原方程变形并分离变量，得
$$dy = \frac{e^x}{1 + e^x} dx,$$

两边积分，得
$$\int dy = \int \frac{e^x}{1 + e^x} dx,$$
$$y = \ln(1 + e^x) + C,$$

所以，原方程的通解为 $y = \ln(1 + e^x) + C$．

训练 7-2-3 求微分方程 $y \dfrac{dy}{dx} = -\dfrac{\sqrt{1-y^2}}{\sqrt{1-x^2}}$ 满足初始条件 $y|_{x=0} = 1$ 的特解．

解 分离变量，得
$$\frac{y}{\sqrt{1-y^2}} dy = -\frac{1}{\sqrt{1-x^2}} dx,$$

两边积分，得
$$\int \frac{y}{\sqrt{1-y^2}} dy = -\int \frac{1}{\sqrt{1-x^2}} dx,$$
$$-\sqrt{1-y^2} = -\arcsin x - C,$$

方程的通解为
$$\sqrt{1-y^2} = \arcsin x + C.$$

将 $y|_{x=0} = 1$ 代入通解，得 $C = 0$．

所以，原方程的特解为 $\sqrt{1-y^2} = \arcsin x$．

需要指出，微分方程的解可以写成显函数，也可以写成隐函数．

知识点 2：一阶线性微分方程及其解法

1. 一阶线性微分方程的概念

形如
$$y' + P(x)y = Q(x) \tag{7-2-2}$$
的微分方程称为**一阶线性微分方程**.

当 $Q(x) = 0$ 时，方程
$$y' + P(x)y = 0 \tag{7-2-3}$$
称为对应于方程 (7-2-2) 的**一阶线性齐次微分方程**.

当 $Q(x) \neq 0$ 时，方程 (7-2-2) 称为**一阶线性非齐次微分方程**.

2. 常数变易法

（1）设方程 (7-2-2) 的通解为 $y = C(x) e^{-\int P(x) dx}$，其中 $C(x)$ 是待定函数.

（2）两边求导得 $y' = C'(x) e^{-\int P(x) dx} - C(x) P(x) e^{-\int P(x) dx}$.

（3）将 y 和 y' 代入方程 (7-2-2)，得
$$C'(x) e^{-\int P(x) dx} - C(x) P(x) e^{-\int P(x) dx} + P(x) C(x) e^{-\int P(x) dx} = Q(x),$$
$$C'(x) e^{-\int P(x) dx} = Q(x),$$
$$C'(x) = Q(x) e^{\int P(x) dx}.$$

（4）两边积分，得
$$C(x) = \int Q(x) e^{\int P(x) dx} dx + C.$$

所以，方程 (7-2-2) 的通解为
$$y = e^{-\int P(x) dx} \left(\int Q(x) e^{\int P(x) dx} dx + C \right) \tag{7-2-4}$$
或
$$y = e^{-\int P(x) dx} \cdot \int Q(x) e^{\int P(x) dx} dx + C e^{-\int P(x) dx}. \tag{7-2-5}$$

其中积分 $\int Q(x) e^{\int P(x) dx} dx$ 及 $\int P(x) dx$ 均只取一个原函数.

上面求非齐次方程的通解，先求出对应的齐次方程的通解 $y = C e^{-\int P(x) dx}$，再假设非齐次方程的通解为 $y = C(x) e^{-\int P(x) dx}$，然后代入原方程确定待定函数 $C(x)$，即可得通解，此法称为**常数变易法**.

3. 公式法

方程 (7-2-2) 的通解公式为：

$$y = e^{-\int P(x)dx}\left(\int Q(x) e^{\int P(x)dx} dx + C\right) \qquad (7-2-6)$$

或

$$y = e^{-\int P(x)dx} \cdot \int Q(x) e^{\int P(x)dx} dx + C e^{-\int P(x)dx}. \qquad (7-2-7)$$

其中积分 $\int Q(x) e^{\int P(x)dx} dx$ 及 $\int P(x)dx$ 均只取一个原函数.

训练 7-2-4 求微分方程 $y' - \dfrac{2}{x} y = x$ 的通解.

解法一：用常数变易法求解.

(1) 设方程的通解为 $y = C(x) e^{-\int P(x)dx} = C(x) e^{-\int \left(-\frac{2}{x}\right)dx} = C(x) x^2$，其中 $C(x)$ 是待定函数.

(2) 两边求导得 $y' = C'(x) x^2 + 2 C(x) x$.

(3) 将 y 和 y' 代入原方程，得

$$C'(x) x^2 + 2 C(x) x - \dfrac{2}{x} C(x) x^2 = x,$$

$$C'(x) = \dfrac{1}{x}.$$

(4) 两边积分，得

$$C(x) = \ln|x| + C.$$

所以，方程的通解为：$y = x^2 (\ln|x| + C)$.

解法二：用公式法求解.

已知 $P(x) = -\dfrac{2}{x}$，$Q(x) = x$，得 $\int P(x)dx = \int \left(-\dfrac{2}{x}\right) dx = -2\ln x$，则

$$\int Q(x) e^{\int P(x)dx} dx = \int x e^{\int \left(-\frac{2}{x}\right)dx} dx = \int x \cdot \dfrac{1}{x^2} dx = \ln|x|$$

$$y = e^{-\int \left(-\frac{2}{x}\right)dx} \left(\int x e^{\int \left(-\frac{2}{x}\right)dx} dx + C\right) = x^2 \left(\int x \cdot \dfrac{1}{x^2} dx + C\right) = x^2 (\ln|x| + C),$$

所以，方程的通解为 $y = x^2(\ln|x| + C)$.

四、拓展资源

1. 一阶 RC 电路的零输入响应

图 7-2-1 所示的电路在换路前处于稳态，在 $t = 0$ 时刻，开关 S 由 1 点置于 2 点，这时电容 C 储存电场能量，电阻 R 与电容 C 构成串联电路. 电容 C 通过电阻 R 放电，电阻 R 吸收电能，回路中的响应属于零输入响应. 换路后，电路如图 7-2-2 所示，此时电容 C 两端的电压及电流分别是多少？

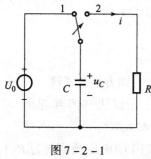 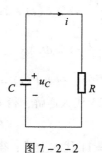

图 7-2-1　　　　　图 7-2-2

解　设电阻 R 为线性电阻元件，$u_R = i \cdot R$，电路在换路前处于稳定状态，$u_{C(t=0)} = U_0$. 换路后，电阻和电容构成串联电路，由回路电压定律得：$u_R + u_C = 0$.

因为
$$u_R = Ri_C = R\frac{\mathrm{d}Q}{\mathrm{d}t} = R\frac{\mathrm{d}(Cu_C)}{\mathrm{d}t} = RC\frac{\mathrm{d}u_C}{\mathrm{d}t},$$

所以可得方程
$$RC\frac{\mathrm{d}u_C}{\mathrm{d}t} + u_C = 0.$$

以上方程可化为
$$\frac{\mathrm{d}u_C}{u_C} = -\frac{1}{RC}\mathrm{d}t$$

两边积分有
$$\int \frac{\mathrm{d}u_C}{u_C} = \int -\frac{1}{RC}\mathrm{d}t,$$
$$\ln u_C = -\frac{1}{RC}t + C_1,$$

两边取以 e 为底的指数得
$$u_C = \mathrm{e}^{-\frac{1}{RC}t + C_1} = A\mathrm{e}^{-\frac{1}{RC}t}.$$

将初始条件 $u_{C(t=0)} = U_0$ 代入，得 $A = U_0$.

可以求得
$$\begin{cases} u_C = U_0 \mathrm{e}^{-\frac{1}{RC}t}, \\ i = C\frac{\mathrm{d}u_C}{\mathrm{d}t} = \frac{U_0}{R}\mathrm{e}^{-\frac{1}{RC}t}. \end{cases}$$

2. 国民生产总值

1999 年我国的国民生产总值（GDP）为 80 423 亿元，如果我国能保持每年 8% 的相对增长率，问到 2010 年我国的 GDP 是多少？

解　记 $t=0$ 代表 1999 年，并设第 t 年我国的 GDP 为 $P(t)$. 由题意知，从 1999 年起，$P(t)$ 的相对增长率为 8%，得

$$\frac{\frac{\mathrm{d}P(t)}{\mathrm{d}t}}{P(t)} = 8\%,$$

得微分方程 $\dfrac{\mathrm{d}P(t)}{\mathrm{d}t} = 8\%P(t)$，且 $P(0) = 80\,423$.

分离变量得 $\dfrac{\mathrm{d}P(t)}{P(t)} = 8\%\,\mathrm{d}t$.

方程两边同时积分，得 $\ln P(t) = 0.08t + \ln C$，即方程的通解.

将 $P(0) = 80\,423$ 代入通解，得 $C = 80\,423$，所以从 1999 年起第 t 年我国的 GDP 为
$$P(t) = 80\,423\mathrm{e}^{0.08t},$$

将 $t = 2010 - 1999 = 11$ 代入上式，得 2010 年我国 GDP 的预测值为 $P(11) = 80\,423\mathrm{e}^{0.08 \times 11} = 19\,3891.787$（亿元）.

3. 环境污染问题

某水塘原有 50 000 吨清水（不含有害杂质），从时间 $t = 0$ 开始，含有有害杂质 5% 的浊水流入该水塘，流入的速度为 2 吨/秒，在塘中充分混合（不考虑沉淀）后又以 2 吨/秒的速度流出水塘. 问经过多长时间后塘中有害物质的浓度达到 4%？

解 设在时刻 t 塘中有害物质的含量为 $Q(t)$，此时塘中有害物质的浓度为 $\dfrac{Q(t)}{50\,000}$，不妨设单位时间内有害物质的变化量为 M，单位时间内流入水塘的有害物质的量为 s_1，单位时间内流出水塘的有害物质的量为 s_2，于是有
$$\dfrac{\mathrm{d}Q}{\mathrm{d}t} = M = s_1 - s_2,$$

即 $\dfrac{\mathrm{d}Q}{\mathrm{d}t} = \dfrac{5}{100} \times 2 - \dfrac{Q(t)}{50\,000} \times 2 = \dfrac{1}{10} - \dfrac{Q(t)}{25\,000}.$

初始条件为 $Q(0) = 0$.

以上方程是可分离变量方程，分离变量得
$$\dfrac{\mathrm{d}Q}{2\,500 - Q(t)} = \dfrac{1}{25\,000}\mathrm{d}t.$$

积分得
$$Q(t) - 2\,500 = C\mathrm{e}^{-\frac{t}{25\,000}},$$

即得方程的通解为 $Q(t) = 2\,500 + C\mathrm{e}^{-\frac{t}{25\,000}}$.

由初始条件 $t = 0$，$Q = 0$ 得 $C = -2\,500$，故 $Q(t) = 2\,500(1 - \mathrm{e}^{-\frac{t}{25\,000}})$.

当塘中有害物质的浓度达到 4% 时，应有 $Q = 50\,000 \times 4\% = 2\,000$（吨），这时 t 应满足 $2\,000 = 2\,500(1 - \mathrm{e}^{-\frac{t}{25\,000}})$. 由此解得 $t \approx 670.6$（分钟），即经过 670.6 分钟后，塘中有害物质的浓度达到 4%，由于 $\lim\limits_{t \to +\infty} Q(t) = 2\,500$，塘中有害物质的最终浓度为 $\dfrac{2\,500}{50\,000} = 5\%$.

4. 一阶电路的零状态响应

图 7 - 2 - 3 所示电路，开关 S 闭合前电路处于零初始状态，即 $u_C(0) = 0$. 在 $t = 0$ 时刻，开关 S 闭合，电路接入直流电压源 U_S，求该电路的零状态响应.

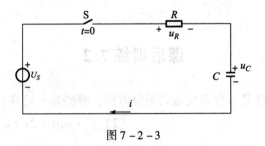

图 7-2-3

1) 数学建模

(1) 模型假设：

①电阻 R 为线性电阻元件，$u_R = i \cdot R$；

②电路在换路前处于稳定状态，$u_{C(t=0)} = U_0$.

(2) 建立模型：

由回路电压定律得

$$u_R + u_C = U_S.$$

可列出方程为

$$RC \frac{du_C}{dt} + u_C = U_S.$$

(3) 模型求解：

以上模型可化为

$$\frac{du_C}{U_S - u_C} = \frac{1}{RC} dt.$$

两边积分有

$$\int \frac{du_C}{U_S - u_C} = \int \frac{1}{RC} dt,$$

即

$$-\int \frac{d(U_S - u_C)}{U_S - u_C} = \int \frac{1}{RC} dt.$$

整理后得

$$U_S - u_C = e^{-\frac{1}{RC}t + C_1} = A e^{-\frac{1}{RC}t}.$$

由 $u_{C(t=0)} = 0$，得 $A = U_S$.

则 RC 电路的零状态响应为

$$u_C(t) = U_S - U_S e^{-\frac{1}{RC}t} = U_S (1 - e^{-\frac{1}{RC}t}).$$

2) 数学软件求解

本题的 MATLAB 程序为：

dsolve ('RC * Du + u = U')

输出结果为：

ans =

U + exp (-1/RC*t) *C1

课后训练 7.2

1. 下列式子中，哪些是可分离变量的微分方程？哪些是一阶线性微分方程？

(1) $x\mathrm{d}y + y\mathrm{d}x = 0$；
(2) $y' + \sin y + 2x = 0$；
(3) $\dfrac{\mathrm{d}y}{\mathrm{d}x} + y = \mathrm{e}^{-x}$；
(4) $y' + y\tan x = \sin 2x$.

2. 解下列微分方程：

(1) $\dfrac{\mathrm{d}y}{\mathrm{d}x} = 3x$；
(2) $x\mathrm{d}y = 2y\mathrm{d}x$；
(3) $y' + 2xy = 0$；
(4) $\dfrac{\mathrm{d}u}{\mathrm{d}t} - ut^2 = 0$；
(5) $xy' + y = \cos x$；
(6) $y' + 2xy = 4x$；
(7) $3x^2 + 5x - 5y' = 0$；
(8) $y' = \dfrac{\cos x}{3y^2 + \mathrm{e}^y}$；
(9) $xy' = y\ln y$；
(10) $y' + y = \mathrm{e}^{-x}$；
(11) $y' + \dfrac{y}{x} = \sin x$；
(12) $y'\cos x + y\sin x = 1$；
(13) $y' + \dfrac{1-2x}{x^2}y = 1$，$y(1) = 0$；
(14) $y' - y = 2x\mathrm{e}^{2x}$，$y(0) = 1$.

3. 解下列微分方程：

(1) $\dfrac{\mathrm{d}y}{\mathrm{d}x} = y + \sin x$；
(2) $\dfrac{\mathrm{d}i}{\mathrm{d}t} + 3i = \mathrm{e}^{2t}$；
(3) $\dfrac{\mathrm{d}s}{\mathrm{d}t} = -s\cos t + \dfrac{1}{2}\sin 2t$；
(4) $\dfrac{\mathrm{d}y}{\mathrm{d}x} - \dfrac{n}{x}y = \mathrm{e}^x x^n$，$n$ 为常数；
(5) $\dfrac{\mathrm{d}y}{\mathrm{d}x} + \dfrac{1-2x}{x^2}y - 1 = 0$.

4. 设有一个由电阻 $R = 10$（欧）、电感 $L = 2$（亨）和电源电压 $E = 20\sin 5t$（伏）串联组成的电路，开关 K 合上以后，电路中有电流通过．求电流 i 与时间 t 的函数关系．

7.3 二阶常系数线性微分方程

一、学习目标

【能力目标】 能识别二阶线性微分方程；能解简单的二阶常系数线性齐次微分方程，能用建立微分方程模型的方法解决实际问题．

【知识目标】 了解二阶微分方程、二阶线性微分方程、二阶常系数线性齐次微分方程、线性相关、线性无关的概念；掌握二阶常系数线性齐次微分方程的解法．

二、线上学习导学单

观看二阶线性微分方程 PPT 课件 → 观看微课：二阶常系数线性齐次微分方程的解法 → 完成课前任务 7.3 → 完成在线测试 7.3 → 在 7.3 讨论区发帖

三、知识链接

知识点 1：二阶线性微分方程的概念

形如
$$y'' + P(x)y' + Q(x)y = f(x) \tag{7-3-1}$$

的微分方程称为**二阶线性微分方程**.

当 $f(x) = 0$ 时，方程 (7-3-1) 称为**二阶线性齐次微分方程**；

当 $f(x) \neq 0$ 时，方程 (7-3-1) 称为**二阶线性非齐次微分方程**.

知识点 2：线性相关与线性无关的概念

设 $y_1(x)$，$y_2(x)$ 是定义在区间 I 上的函数，则 $y_1(x)$，$y_2(x)$ 线性相关的充要条件是 $\dfrac{y_1(x)}{y_2(x)}$ 为常数，线性无关的充要条件是 $\dfrac{y_1(x)}{y_2(x)}$ 不恒为常数.

证明从略.

训练 7-3-1 讨论下列每组函数的线性相关和无关性：

(1) e^x 和 e^{2x}；   (2) $\sin 2x$ 和 $\sin x \cdot \cos x$；
(3) $\ln x$ 和 $\ln x^2$；   (4) $\cos 2x$ 和 $\cos x$.

解 (1) 因为 $\dfrac{e^x}{e^{2x}} = e^{-x} \neq$ 常数，所以 e^x 和 e^{2x} 线性无关.

(2) 因为 $\dfrac{\sin 2x}{\sin x \cdot \cos x} = \dfrac{2\sin x \cdot \cos x}{\sin x \cdot \cos x} = 2 =$ 常数，所以 $\sin 2x$ 和 $\sin x \cdot \cos x$ 线性相关.

(3) 因为 $\dfrac{\ln x}{\ln x^2} = \dfrac{\ln x}{2\ln x} = \dfrac{1}{2} =$ 常数，所以 $\ln x$ 和 $\ln x^2$ 线性相关.

(4) 因为 $\dfrac{\cos 2x}{\cos x} \neq$ 常数，所以 $\cos 2x$ 和 $\cos x$ 线性无关.

知识点 3：二阶线性齐次微分方程解的结构

定理 7-3-1（解的迭加原理） 如果函数 $y_1(x)$，$y_2(x)$ 是方程 (7-3-1) 的两个解，则
$$y = C_1 y_1(x) + C_2 y_2(x)$$

也是方程 (7-3-1) 的解，其中 C_1，C_2 是任意常数.

证明从略.

定理 7-3-2 设 $y_1(x)$，$y_2(x)$ 是齐次方程 $y'' + P(x)y' + Q(x)y = 0$ 的两个线性无关的解，则其通解为 $y = C_1 y_1(x) + C_2 y_2(x)$.

知识点 4：二阶常系数线性齐次微分方程的解法

形如
$$y'' + py' + qy = 0 \qquad (7-3-2)$$
的方程称为二阶常系数线性齐次微分方程，其中 p，q 为常数.

要求二阶常系数线性齐次微分方程（7-3-2）的通解，需先求出其特征方程的根，再根据根的情况确定其通解，见表 7-3-1：

表 7-3-1

特征方程 $r^2 + pr + q = 0$ 的根	微分方程 $y'' + py' + qy = 0$ 通解
有两个不相等的实根：r_1，r_2	$y = C_1 e^{r_1 x} + C_2 e^{r_2 x}$
有两个相等的实根：$r_1 = r_2$	$y = (C_1 + C_2 x) e^{r_1 x}$
有一对共轭复根：$r_{1,2} = \alpha \pm i\beta$	$y = (C_1 \cos\beta x + C_2 \sin\beta x) e^{\alpha x}$

训练 7-3-2 求方程 $y'' + 3y' - 10y = 0$ 的通解.

解 所给方程的特征方程为
$$r^2 + 3r - 10 = 0,$$
$$r_1 = 2, \quad r_2 = -5,$$
所求通解为
$$y = C_1 e^{2x} + C_2 e^{-5x}.$$

训练 7-3-3 求方程 $y'' + 2y' + 5y = 0$ 的通解.

解 所给方程的特征方程为
$$r^2 + 2r + 5 = 0,$$
$$r_1 = -1 + 2i, \quad r_2 = -1 - 2i,$$
所求通解为：
$$y = e^{-x}(C_1 \cos 2x + C_2 \sin 2x).$$

训练 7-3-4 求方程 $\dfrac{d^2 S}{dt^2} + 2\dfrac{dS}{dt} + S = 0$ 满足初始条件 $S|_{t=0} = 4$，$S'|_{t=0} = -2$ 的特解.

解 所给方程的特征方程为
$$r^2 + 2r + 1 = 0,$$
$$r_1 = r_2 = -1,$$
通解为
$$S = (C_1 + C_2 t) e^{-t}.$$
将初始条件 $S|_{t=0} = 4$ 代入，得 $C_1 = 4$，于是
$$S = (4 + C_2 t) e^{-t},$$
对其求导得

$$S' = (C_2 - 4 - C_2 t)e^{-t}.$$

将初始条件 $S'|_{t=0} = -2$ 代入上式,得

$$C_2 = 2,$$

所求特解为

$$S = (4 + 2t)e^{-t}.$$

四、拓展资源

1. 强迫振动

有一弹性系数为 10 牛顿/米的弹簧上挂重 150 千克的物体,假定物体原来在平衡位置,有向上的初速度 80 米/秒,如果物体不受外力作用且阻力忽略不计,则由 $mx'' = -ax' - kx + F(t)$ 得物体在任一时刻 t 的位移 $s(t)$ 所满足的微分方程为

$$150\frac{d^2s}{dt^2} = -80\frac{ds}{dt} - 10s,$$

即

$$150\frac{d^2s}{dt^2} + 80\frac{ds}{dt} + 10s = 0,$$

初始条件为 $s|_{t=0} = 0$,$s'|_{t=0} = -2$,求 $s(t)$.

解 1)用数学知识求解

微分方程 $150\frac{d^2s}{dt^2} + 80\frac{ds}{dt} + 10s = 0$ 的特征方程为

$$15r^2 + 8r + 1 = 0.$$

特征根是 $r = -\frac{1}{5}$,$r = -\frac{1}{3}$.

通解是 $s(t) = C_1 e^{-\frac{1}{5}t} + C_2 e^{-\frac{1}{3}t}$.

对通解求导数得 $s'(t) = -\frac{1}{5}C_1 e^{-\frac{1}{5}t} - \frac{1}{3}C_2 e^{-\frac{1}{3}t}$.

初始条件为 $s|_{t=0} = 0$,$s'|_{t=0} = -2$,代入得

$$\begin{cases} C_1 + C_2 = 0, \\ -\frac{1}{5}C_1 - \frac{1}{3}C_2 = -2. \end{cases}$$

解得 $C_1 = -15$,$C_2 = 15$.

所以微分方程的特解是 $s(t) = 15e^{-\frac{1}{5}t} - 15e^{-\frac{1}{3}t}$.

2)用数学软件求解

软件输入:

s = dsolve('15*D2s+8*Ds+s=0','s(0)=0,Ds(0)=2')

输出结果:

s =

15*exp(-1/5*t)-15*exp(-1/3*t)

2. 列车制动

列车在直线轨道上以20米/秒的速度行驶，制动列车获得负加速度-0.4米/秒²，问开始制动后要经过多长时间才能把列车刹住？在这段时间内列车行驶了多少路程？

解 记列车制动的时刻为 $t=0$，设制动后 t 秒列车行驶了 s 米．由题意知，制动后列车行驶的加速度 $\dfrac{d^2 s}{dt^2}$ 等于 -0.4 米/秒²，即

$$\frac{d^2 s}{dt^2} = -0.4. \qquad (7-3-3)$$

初始条件为当 $t=0$ 时，$s=0$，故

$$v = \frac{ds}{dt} = 20.$$

将方程（7-3-3）两端同时对 t 积分，得

$$v(t) = \frac{ds}{dt} = -0.4t + C_1, \qquad (7-3-4)$$

式（7-3-4）两端对 t 再积分一次，得

$$s = -0.2t^2 + C_1 t + C_2, \qquad (7-3-5)$$

其中 C_1，C_2 都是任意常数，把条件当 $t=0$ 时，$\dfrac{ds}{dt}=20$ 代入式（7-3-4），得 $C_1=20$，把条件当 $t=0$ 时，$s=0$ 代入式（7-3-5），得 $C_2=0$．于是，列车制动后的运动方程为

$$s = -0.2t^2 + 20t, \qquad (7-3-6)$$

速度方程为

$$v = \frac{ds}{dt} = -0.4t + 20. \qquad (7-3-7)$$

因为列车刹住时速度为零，在式（7-3-7）中，令 $v=\dfrac{ds}{dt}=0$，得 $0=-0.4t+20$，解得列车从开始制动到完全刹住的时间为

$$t = \frac{20}{0.4} = 50(秒).$$

再把 $t=50$ 代入式（7-3-6），得列车在制动后所行驶的路程为

$$s = -0.2 \times 50^2 + 20 \times 50 = 500(米).$$

3. RLC 电路

如图 7-3-1 所示，先将开关 K 拨向 A，使电容充电，当达到稳定状态后再将开关 K 拨向 B．设开关 K 刚开始拨向 A 时的时间 $t=0$，求回路中的电流 $i(t)$．已知 $E=20$(伏)，$C=0.5$(法)，$L=1.6$(亨)，$R=4.8$(欧)，且 $i\big|_{t=0}=0$，$\dfrac{di}{dt}\Big|_{t=0} = \dfrac{25}{2}$.

解 1) 数学建模

(1) 模型假设：

① 电阻 R 为线性电阻元件；

② 电路在换路前处于稳定状态；

③ 电路满足基尔霍夫定律.

(2) 模型建立：在电路中各元件的电压降分别为

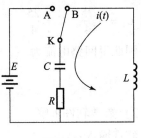

图 7 - 3 - 1

$$\begin{cases} U_R = Ri, \\ U_C = \dfrac{Q}{C}, \\ U_L = -E_L = L\dfrac{di}{dt}. \end{cases}$$

根据基尔霍夫电压定律，得

$$U_R + U_C + U_L = E.$$

将上述格式代入，得

$$L\frac{di}{dt} + Ri + \frac{Q}{C} = E.$$

将上式两边对 t 求导，因为 $i = \dfrac{dQ}{dt}$，因此得

$$L\frac{d^2 i}{dt^2} + R\frac{di}{dt} + \frac{1}{C}i = 0,$$

即

$$\frac{d^2 i}{dt^2} + \frac{R}{L}\frac{di}{dt} + \frac{1}{LC}i = 0.$$

将 $C = 0.5$(法)，$L = 1.6$(亨)，$R = 4.8$(欧)代入，得

$$\frac{d^2 i}{dt^2} + 3\frac{di}{dt} + \frac{5}{4}i = 0.$$

上述方程的特征方程为

$$r^2 + 3r + \frac{5}{4} = 0.$$

所以得方程的通解为

$$i = C_1 e^{-\frac{5}{2}t} + C_2 e^{-\frac{1}{2}t}.$$

为求得满足初始条件的特解，求导数得

$$i' = -\frac{5}{2}C_1 e^{-\frac{5}{2}t} - \frac{1}{2}C_2 e^{-\frac{1}{2}t}.$$

将初始条件 $i\big|_{t=0} = 0$，$\dfrac{di}{dt}\bigg|_{t=0} = \dfrac{25}{2}$ 代入，得

$$\begin{cases} C_1 + C_2 = 0, \\ \dfrac{25}{2}C_1 + \dfrac{1}{2}C_2 = -\dfrac{25}{2}, \end{cases}$$

解得 $C_1 = -\dfrac{25}{4}$,$C_2 = \dfrac{25}{4}$.

因此得回路电流为

$$i = -\dfrac{25}{4}e^{-\frac{5}{2}t} + \dfrac{25}{4}e^{-\frac{1}{2}t}.$$

2）数学软件求解

软件输入：

I = dsolve('D2u + 3 * Du + 5/4 * u = 0','t')

结果输出：

I = C1 * exp(-1/2 * t) + C2 * exp(-5/2 * t).

课后训练 7.3

1. 下列函数组在其定义区间内哪些是线性无关的？

(1) x,$3x$; (2) e^{-x},e^x;

(3) $\cos 2x$,$\sin 2x$; (4) $\ln x$,$x\ln x$.

2. 验证 $y_1 = \cos\omega x$ 及 $y_2 = \sin\omega x$ 都是方程 $y'' + \omega^2 y = 0$ 的解.

3. 验证 $y = C_1 \cos 3x + C_2 \sin 3x + \dfrac{1}{32}(4x\cos x + \sin x)$（$C_1$,$C_2$ 是任意常数）是方程 $y'' + 9y = x\cos x$ 的通解.

4. 试验证 $y = \sin x$ 是微分方程 $y'' + y = 0$ 的解.

5. 求下列微分方程的通解：

(1) $y'' + y' - 2y = 0$; (2) $y'' + y = 0$;

(3) $y'' - 4y' = 0$; (4) $4y'' - 20y' + 25y = 0$;

(5) $y'' - 4y' + 13y = 0$; (6) $x'' + x' + x = 0$（x 是 t 的函数）;

(7) $x'' + 7x' + 10x = 0$（x 是 t 的函数）.

6. 求下列微分方程满足所给初始条件的特解：

(1) $4y'' + 4y' + y = 0$,$y|_{x=0} = 2$,$y'|_{x=0} = 0$;

(2) $y'' - 3y' - 4y = 0$,$y|_{x=0} = 0$,$y'|_{x=0} = -5$;

(3) $y'' + 25y = 0$,$y|_{x=0} = 2$,$y'|_{x=0} = 5$.

7. 在图 7-3-2 所示的 RC 电路中，已知在开关 K 合上前电容 C 上没有电荷，电容 C 两端的电场为零，电源的电动势为 E. 把开关 K 合上，电源对电容 C 充电，电容 C 上的电压 U_C 逐渐升高，求电压 U_C 随时间 t 变化的规律.

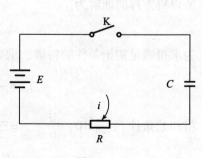

图 7-3-2

自测题 7

1. 填空题.

(1) 微分方程 $(y'')^3 + 2xy' = e^x$ 的阶数是_____.

(2) 常微分方程中的自变量个数是_____.

(3) 方程 $\left(\dfrac{dr}{ds}\right)^3 = \sqrt{1 + \dfrac{d^2 r}{ds^2}}$ 是_____阶方程.

(4) 函数 $y = \dfrac{C^2 - x^2}{2x}$ 满足的一阶方程是_____.

(5) 已知曲线 $y = f(x)$ 通过点 $(0, 1)$，且曲线上任一点 (x, y) 处的切线垂直于此点与原点的连线，则此曲线所满足的微分方程是_____，初始条件是_____.

2. 选择题.

(1) 下列方程中，为线性微分方程的是（　　）.

A. $xy' - 2yy' + x = 0$ B. $2x^2 y'' + 3x^3 y' + x = 0$

C. $(x^2 - y^2)dx + (x^2 + y^2)dy = 0$ D. $(y'')^2 + 5y' + 3y - x = 0$

(2) 下列函数中，线性相关的是（　　）.

A. x 与 $x + 1$ B. x^2 与 $-2x^2$

C. $\sin x$ 与 $\cos x$ D. $\ln x$ 与 $\ln 2x$

(3) 设 K 是任意常数，则微分方程 $y' = 3y^{\frac{2}{3}}$ 的一个特解是（　　）.

A. $y = (x + 2)^3$ B. $y = x^3 + 1$

C. $y = (x + K)^3$ D. $y = K(x + 1)^3$

(4) 以 $y = C_1 e^x + C_2 e^{-x}$ 为通解的微分方程是（　　）.

A. $y'' + y = 0$ B. $y'' - y = 0$

C. $y'' + y' = 0$ D. $y'' - y' = 0$

3. 求下列方程的解：

(1) $y^3 y' = x^3$；   (2) $\dfrac{dy}{dx} = \dfrac{y}{x}$；

(3) $y'' - y = 0$；   (4) $y'' + 2y' + 10y = 0$，$y|_{x=0} = 1$，$y'|_{x=0} = 2$.

4. 已知曲线过点 $(0, 1)$，且在任一点 (x, y) 处的切线的斜率等于该点的横坐标的平方，求该曲线的方程.

5. 由于放射性的原因，铀的含量是随时间而不断减少的，这种现象叫作衰变，由原子物理学知识可知，铀的衰变速度与当时未衰变的原子的含量成正比. 已知 $t = 0$ 时，铀的含量为 M_0，求在衰变过程中铀含量随时间变化的规律.

6. 已知在图 7-3-3 所示的 RC 电路中，电容 C 的初始电压为 U_0，当开关 K 闭合时电容就开始放电，求开关 K 闭合后电路中的电流强度 i 的变化规律.

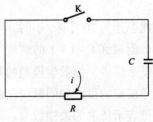

图 7-3-3

附录 1　数学建模

随着科学技术的迅速发展，数学模型越来越多地渗透于人们的生产、工作和社会活动中．工程师需要建立所要控制的生产过程的数学模型；气象工作者需要根据气压、雨量、风速等资料来建立相应的数学模型；医学专家需要建立药物在人体内随时间和空间变化的数学模型；决策者需要建立一个包括人口、经济、交通、环境等因素的城市发展规划的数学模型；企业经营者需要根据产品的需求状况、生产条件和成本、贮存费等信息，建立可以获得最大经济效益的数学模型．人们在日常活动中（如采购、旅游等）也都在寻求一个优化模型，以实现省钱的目的．

附录 1.1　数学模型的概念

人们对"数学模型"这一名词已不陌生，早在中学学习数学的时候，学生们就已经用建立数学模型的方法来解决实际问题了．

1.1.1　模型

模型是指人们为了某个特定目的，将原型的某一部分信息进行简缩、提炼而成的原型的替代物．下面以附训练 1-1-1 来说明什么是数学模型．

附训练 1-1-1　航行问题

甲、乙两地相距 750 千米，船从甲地到乙地顺水航行需 30 小时，从乙地到甲地逆水航行需 50 小时，问船的速度是多少？

解　设 x 为船速，y 为水速，依照题意列出方程：

$$\begin{cases} (x+y) \times 30 = 750, \\ (x-y) \times 50 = 750, \end{cases}$$

解方程组得

$$\begin{cases} x = 20, \\ y = 5. \end{cases}$$

因此船速为 20 千米/小时．

附训练 1-1-1 的解题过程和一般的应用题基本相同，相对而言，实际问题的数学模型要复杂得多，但数学模型的基本内容已经包含在此解题过程中．对此题进行分析：根据建立数学模型的目的和问题提出的背景作出必要的简化假设（航行中设船速、水速为常数）；用字母表示待求的未知数（x 为船速，y 为水速）；利用相应的物理或其他规律（匀速运动的距离等于速度乘以时间），列出数学式子（二元一次方程）；求出数学上的解答（$x=20$，$y=5$）；用这个答案解释原问题（船速和水速分别为 20 千米/小时和 5 千米/小时）；最后用实际现象验证上述结果.

1.1.2 数学模型

数学模型是指对于现实世界的一个特定对象,为了一个特定目的,根据其特有的内在规律,作出一些必要的简化假设,运用适当的数学工具,得到的一个数学结构.

可以肯定地说,一切数学概念、数学理论体系、方程式和算法系统都是数学模型,各种数学分支也都可以看成数学模型. 数学模型是指解决实际问题时所用的一种框架,它不同于一般的模型,是用数学语言模拟现实的一种模型. 不难得出,从形式上看,数学模型与一般的数学应用题很相似,都是由"研究什么"到"为什么要研究"再到"怎样研究"的一系列过程,不同的是:(1) 问题的条件是否充分;(2) 解决问题的过程是否需要假设. 数学模型在"怎样研究"之前必需增设一些"必要的简化假设".

附录1.2 数学建模

前面的航行问题大致描述了用数学建模的方法解决实际问题的途径. 一般来说这一过程可以分为表述、求解、解释、验证几个部分,并且通过这些部分完成从现实对象到数学模型,再从数学模型回到现实对象的循环,如附图1-2-1所示.

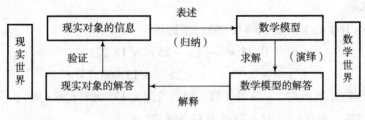

附图1-2-1

表述是指根据建模目的和掌握的信息(数据、现象),将实际问题翻译成数学问题,用数学语言确切地表述出来.

求解即选择适当的数学方法求得数学模型的解答.

解释是指把数学语言表述的解答翻译给现实对象,给出实际问题的解答.

验证是指用现实对象的信息检验得到的解答,以确认结果的正确性.

附图1-2-1揭示了现实对象和数学模型的关系,数学模型是将现实对象的信息加以翻译、归纳的产物,它用精确的语言表述了对象的内在特性. 数学模型经过求解、演绎,得到数学上的解答,再经过翻译回到现实对象,给出分析、预报、决策、控制的结果,并经受实际的检验,完成"实践—理论—实践"这一循环. 若检验结果正确或基本正确,便可以用来指导实际,否则重复上述过程.

1.2.1 数学建模的概念

下面给出三个实际案例,说明从现实对象到数学模型的过程,重点是如何做出合理的、简化的假设,用数学语言确切地表述实际问题,以及模型的结果怎样解释实际现象.

附训练 1-2-1 一个旅馆有 150 间客房,经过一段时间的经营实践发现:房价为 160 元/(间·天),住房率为 55%;房价为 140 元/(间·天),住房率为 65%;房价为 120 元/(间·天),住房率为 75%;房价为 100 元/(间·天),住房率为 85%. 欲使旅馆每天收入最高,每间房间应如何定价?

解 (1) 问题假设. 房价及住房率应作一些必要的假设:

①每间房间定价相同.

②最高房价为 160 元/(间·天).

③随着房价的下降,住房率呈线性增长.

(2) 问题分析.

中心问题是用数学语言把每天的总收入用房价表示出来.

(3) 建立模型.

设 y 表示旅馆每天的总收入,与 160 元相比每间客房降低的房价为 x 元,由假设③可得,每降低 1 元房价,住房率就增加了 $10\% \div 20 = 0.005$,因此有

$$y = 150 \times (160 - x) \times (0.55 + 0.005x).$$

由 $0.55 + 0.005x \leq 1$,可得 $0 \leq x \leq 90$.

于是,问题转化为当 $0 \leq x \leq 90$ 时,y 的最大值是多少.

(4) 模型求解.

将 $y = 150 \times (160 - x) \times (0.55 + 0.005x)$ 整理得

$$y = 0.75 \times [-(x-25)^2 + 18\,225],$$

$$y = -0.75 \times (x-25)^2 + 13\,668.75.$$

由上可知,当 $x = 25$ 元时,y 有最大值,即房价定为 135 元/(间·天),住房率为 $0.55 + 0.005 \times 25 = 67.5\%$,每天的总收入最高为 13 668.75 元.

(5) 模型解释和验证.

①容易验证此收入是已知各种定价收入中最高的.

②若定价 180 元/(间·天),住房率应为 45%,总收入为 12 150 元,因此假设②是成立的.

附训练 1-2-2 小张师傅接到任务,要在一露天草坪上安装电灯,由于场地不是很平,他第一次将"人"字梯放在地上时只有三只脚着地. 问题:在起伏不平的地面上,小张师傅如何将他的"人"字梯放稳从而安心地安装电灯?

解: (1) 问题假设. 对"人"字梯和地面应作一些必要的假设:

①"人"字梯四条腿一样长,梯脚与地面接触处可视为一个点,四脚的连线呈正方形.

②地面高度是连续变化的,沿任何方向都不会出现间断(没有台阶那样的情况),即地面可视为数学上的连续曲面.

③对于梯脚的间距和梯腿的长度而言,地面是相对平坦的,使"人"字梯在任何位置至少有三只脚同时着地.

(2) 问题分析.

中心问题是用数学语言把方凳四只脚同时着地的条件和结论表示出来,即在一连续的曲面上,能否任意找出共面的四点构成一个正方形.

(3) 建立模型.

如附图 1-2-2 所示建立坐标系,其中 A,B,C,D 代表"人"字梯的四只脚,以正方形 $ABCD$ 的中心为坐标原点. θ 为 AC 连线与 x 轴的夹角,$f(\theta)$ 为 A,C 两脚与地面距离之和,$g(\theta)$ 为 B,D 两脚与地面距离之和,$f(\theta) \geq 0$,$g(\theta) \geq 0$. 由假设② f,g 都是连续函数. 由假设③,对于任意 θ,$f(\theta)$ 和 $g(\theta)$ 中至少有一个为零,当 $\theta = 0$ 时不妨设 $g(0) = 0$,$f(0) > 0$. 这样,改变"人"字梯的位置使四只脚同时着地,就归结为证明如下数学命题:已知 $f(\theta)$ 和 $g(\theta)$ 是连续函数,对于任意 θ,$f(\theta) \cdot g(\theta) = 0$,且 $g(0) = 0$,$f(0) > 0$,则存在 θ_0,使 $f(\theta_0) = g(\theta_0) = 0$. 这就是该实际问题的数学模型.

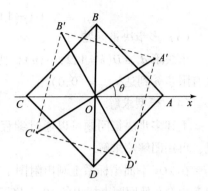

附图 1-2-2

(4) 模型求解.

将"人"字梯旋转 $\frac{\pi}{2}$,对角线 AC 与 BD 互换. 由 $g(0) = 0$ 和 $f(0) > 0$ 可知 $g\left(\frac{\pi}{2}\right) > 0$ 和 $f\left(\frac{\pi}{2}\right) = 0$.

令 $h(\theta) = f(\theta) - g(\theta)$,则 $h(0) > 0$,$h\left(\frac{\pi}{2}\right) < 0$. 由 f,g 都是连续函数知 h 也是连续函数. 根据连续函数的基本性质,必存在 $\theta_0(0 < \theta_0 < \pi/2)$,使 $h(\theta_0) = 0$,即 $f(\theta_0) = g(\theta_0)$. 又因为 $f(\theta_0) \cdot g(\theta_0) = 0$,所以 $f(\theta_0) = g(\theta_0) = 0$.

附训练 1-2-3 [**商人们怎样安全过河**] 三个商人各带一名随从乘船渡河,一只小船只能容纳二人(自己划行). 随从们密约,在河的任一岸,一旦随从的人数比商人多,就杀人越货. 但是乘船渡河的方案由商人决定. 商人们怎样才能安全过河?

解:(1) 问题分析.

这一理想化的虚拟问题无须再作假设. 安全渡河问题可以视为一个多步决策过程,即要对每一步(此岸到彼岸或彼岸到此岸)船上的人员作出决策,在保证安全的前提下(两岸的随从数不比商人多),经有限步使全体人员过河. 若用状态(变量)表示某一岸的人员状况,用决策(变量)表示船上的人员状况,中心问题转化为:如何找出状态随决策变化的规律,在状态的允许变化范围内(安全渡河条件),确定每个步骤,达到渡河的目标.

(2) 模型构成.

记第 $k(k = 1,2,\cdots)$ 次渡河前此岸的商人数为 x_k,第 k 次渡河前此岸的随从数为 y_k(x_k,$y_k = 0,1,2,3$),定义二维向量 $s_k = (x_k, y_k)$ 为**状态**,安全渡河条件下的状态集合 $s = \{(x,y) \mid x = 0, y = 0, 1, 2, 3; x = 3, y = 0, 1, 2, 3; x = y = 1, 2\}$ 称为**允许状态集合**,第 k 次渡船上的商人数为 u_k,随从数为 v_k(u_k,$v_k = 0, 1, 2$),则定义 $d_k = (u_k, v_k)$ 为**决策**,$D =$

$\{(u,v)|u+v=1,2\}$ 为**允许决策集合**.

因为 k 为奇数时船从此岸驶向彼岸，k 为偶数时船从彼岸驶回此岸，所以状态 s_k 随决策 d_k 变化的规律是

$$s_{k+1} = s_k + (-1)^k d_k \text{------------状态转移律}$$

(3) 多步决策问题.

求决策 $d_k \in D(k=1,2,\cdots,n)$，使状态 $s_k \in S$ 遵循状态转移律，由初始状态 $s_1=(3,3)$ 经过有限步 n 到达 $s_{n+1}=(0,0)$.

(4) 模型求解.

上述多步决策问题可以通过编程用计算机求解，但对于商人数和随从数不大的简单状况，可用图解法求解.

在 xOy 平面坐标系上画出附图 1-2-3 所示的方格，方格点表示状态 $s=(x,y)$，允许状态集合 s 是用圆点标出的 10 个格子点. 允许决策 d_k 是沿方格线移动 1 或 2 格，k 为奇数时向左下方移动，k 为偶数时向右上方移动. 要确定一系列 d_k 使由 $s_1=(3,3)$ 经过那些圆点最终移动到 $s_{n+1}=(0,0)$.

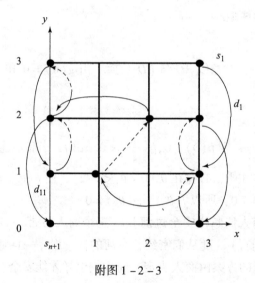

附图 1-2-3

附图 1-2-3 给出了一种移动方案，经过决策 d_1，d_2，$\cdots$，d_{11}，最终有 $s_{12}=(0,0)$，这个结果可翻译成渡河的方案.

(5) 模型分析.

此模型是一种规格化的方法，可以用计算机来求解，更具有推广的意义. 如当商人数和随从数增加或小船的容量增大时，靠一般的逻辑思维思考就很困难了，而用上述方法仍可方便地求解. 另外，适当设置状态和决策，并确定状态转移律，是有效解决很广泛的一类问题的建模方法.

上述三个案例展示了数学建模的全过程. 那么什么是数学建模？

1.2.2 数学建模

数学建模是根据具体问题，在一定的假设下找出解决这个问题的数学框架，求出模型的

解,并对它进行验证的全过程. 它包括表述、求解、解释、检验等.

附录1.3 建立数学模型的步骤

数学建模的步骤并没有一定的模式,通常与实际问题的性质、建模的目的等有关. 下面给出数学建模的一般步骤,如附图 1-3-1 所示.

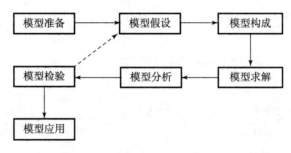

附图 1-3-1

(1) 模型准备:了解问题的实际背景,明确建模目的,搜集必需的信息,掌握对象的特征,由此形成一个比较清晰的"问题",初步确定用哪一类模型,总之是做好建模的准备工作.

(2) 模型假设:针对问题特点和建模目的,对问题作出必要的、合理的、简化的假设. 一般来说,一个实际问题不经过假设很难翻译成数学问题,即使可能,也很难求解. 不同的假设会得到不同的模型. 假设不合理或过分简单,会导致模型失败或部分失败;假设过分详细则可能导致很难甚至无法继续下一步工作. 这就要求假设必须在合理与简化之间作出折中.

(3) 模型构成:根据所作的假设分析对象的因果关系,利用对象的内在规律和适当的数学工具,用数学的语言、符号描述问题,构成各个量之间的等式关系或其他数学结构.

(4) 模型求解:应用解方程、画图、证明、逻辑运算等各种数学方法、软件和计算机技术对上述建立的数学结构进行求解.

(5) 模型分析:对模型解答进行数学上的分析,如结果的误差分析、统计分析、模型对数据的稳定性或灵敏性分析等.

(6) 模型检验:把数学上分析的结果翻译为实际问题,并与实际现象、数据进行比较,检验模型的合理性、适用性. 若模型检验的结果不符或者部分不符,应该对模型假设进行修改、补充假设,重新建模,如此反复,直到检验结果获得某种程度上的满意.

(7) 模型应用:应用的方式取决于问题的性质和建模的目的.

应当指出,并不是所有建模过程都必须经过上述几个步骤,有时各步骤之间的界限也不那么分明,建模时应采取灵活的表述方式.

附训练 1-3-1 [线路巡检模型] 台风过后,某电站巡检班接到检查线路任务,甲、乙两名工人,甲位于乙的正东 100 千米处开始骑自行车以 20 千米/时的速度沿正西方向巡检,与此同时,乙以 10 千米/时的速度向正北方向跑步进行巡检,问经过多少时间甲、乙相距最近（附图 1 - 3 - 2）？

解 （1）模型假设.

①将整体地面看成一个平面；

②甲、乙两人的行走路线为直线.

（2）模型建立.

设经过时间 t 后，甲、乙两人的距离 L 最小.

$OA = 100 - 20t, OB = 10t, AB = \sqrt{OA^2 + OB^2}.$

建立目标函数为

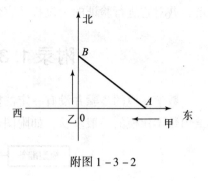

附图 1 - 3 - 2

$$L = \sqrt{(100 - 20t)^2 + (10t)^2}\,(t > 0).$$

（3）模型求解.

$$L' = \frac{2 \times (100 - 20t)(-20) + 2 \times (10t) \times 10}{2\sqrt{(100 - 20t)^2 + (10t)^2}} = \frac{-4\,000 + 1\,000t}{2\sqrt{(100 - 20t)^2 + (10t)^2}}.$$

令 $L' = 0$，得 $t = 4$.

（4）模型分析.

因为实际问题中一定存在最值，且在给定区域内仅有唯一一个驻点，所以当时间 $t = 4$（小时）时，甲、乙两人的距离 L 最小.

附录1.4 数学模型的特点和建模能力的培养

1.4.1 数学模型的特点

数学模型有如下特点：

(1) 模型的逼真性和可行性. 由于一个非常逼真的模型在数学上常常是难以处理的，因此也就不容易通过建模对现实问题进行分析、预报、决策或控制，即实用上不可行. 同时，逼真的模型不一定与模型应用时所需"费用"、模型取得的"效益"匹配，因此建模时需要在模型的逼真性和可行性之间作出折中.

(2) 模型的渐进性. 稍微复杂一些的实际问题的建模通常不可能一次成功，要经过附录1.3 所描述的建模过程反复迭代，包括由简到繁，也包括删繁就简，以获得越来越令人满意的模型.

(3) 模型的强健性. 模型的结构和参数常常是由对象的信息如观察数据确定的，当允许有误差的观测数据有微小变化时，模型结构和参数只有微小变化，且一般也导致模型求解的结构有微小变化.

(4) 模型的可转移性. 模型是现实对象抽象化、理想化的产物，它不为对象的所属领域所独有，可以转移到其他领域. 模型的这种性质显示了其应用的极端广泛性.

(5) 模型的非预制性. 由于实际问题是各种各样、变化万千的，不可能要求把各种模型做成预制品供建模时使用. 这种非预制性使建模本身是事先没有答案的问题，在建立新模型的过程中甚至会伴随着新的数学方法或概念的产生.

(6) 模型的条理性. 从建模的角度考虑问题可以促使人们对现实对象的分析更全面、更深入、更具有条理性. 这样即使建立的模型由于某种原因尚未达到实用的程度,对问题的研究也是有利的.

(7) 模型的技艺性. 建模的方法与其他数学方法根本不同,无法归纳出普遍适用的建模准则和技巧. 因此,建模与其说是一门技术,不如说是一种艺术,是技艺性很强的技巧.

(8) 模型的局限性. ①模型是现实对象简化、理想化的产物,因此其结论的通用性和精确性只是相对的和近似的;②由于人们的认识能力和科学技术包括数学本身发展的限制,还有不少实际问题很难得到具有实际价值的数学模型;③某些领域中的问题尚未发展到用数学建模的方法寻求数量规律的阶段.

1.4.2 建模能力的培养

数学建模能力要求人们必须具备有相应的**数学运算**、**逻辑推理能力**,以及想象力、洞察力、判断力.

想象力是指人们在原有知识的基础上,将感知的形象与记忆中的形象比较,重新组合,加工处理,创造出新的形象的能力;洞察力是指人们在充分占有资料的基础上,经过初步分析能迅速抓住主要矛盾,舍弃次要矛盾的能力;判断力是指对研究的对象运用不同的方法来解决问题,并对不同方法的优劣作出判断的能力.

附录 1.5 全国大学生数学建模竞赛简介

数学建模就是根据客观的实际问题抽象出它的数学形式,用以分析、研究和解决实际问题的一种科学方法. 它强调的是以解决实际问题为背景的数学方法和计算手段.

随着计算机技术的普及和发展,数学进入科研工作的各个领域. 人们逐渐认识到,在诸如化学、生物、医药、地质、管理、社会科学等传统领域中,不是没有数学的用武之地,而是计算手段的不足限制了数学在这些领域中的应用. 计算机技术的不断发展,为数学进入这些领域提供了强有力的计算手段. 这不仅为数学的应用提供了广阔的发展空间,也为数学本身提出了很多新的课题.

"高技术本质上是一种数学技术"很早就在美国的科技界得到了共识. 传统的数学教育已经不能适应未来科技人才的需求. 基于这种前瞻性考虑,1985 年美国数学教育界出现了一个名为 *Mathematical Competition in Modeling*(数学建模竞赛)的一种竞赛活动. 其目的就是以赛促教. 随着网络技术的发展,这项活动很快发展为一项国际性的竞赛.

我国的部分高校于 1989 年参加了国际大学生数模竞赛活动,1992 年举行了首届全国联赛. 1994 年教育部高教司正式发文,要求在全国普通高校陆续开展数学建模、机械设计、电子设计等三大竞赛. 自此,在一些社会单位的资助下大学生数学建模竞赛活动在全国迅速发展起来. 大多数本科高等院校相继开设了这门课程. 据统计,全国大学生数学建模竞赛的参赛队由 1993 年的 420 个发展到 2008 年的 12 836 个,遍及全国 31 个省/市/自治区的 1 022 所院校. 数学建模竞赛的题目来自各个领域的实际问题,如"钻井布局""节水洗衣机";

有些来自当今前沿领域中的问题,如"投资的收益和风险""DNA 序列分类".与一般的竞赛活动不同,竞赛题目本身有些没有固定的答案.评价建模工作看重的是建模的合理性、创造性和使用的数学方法、算法等.

全国大学生数学建模竞赛面向全国本、专科院校的学生,不分专业(分甲、乙两组,甲组竞赛所有大学生均可参加,乙组竞赛只有大专生可以参加).该竞赛在每年 9 月的第二个星期五开始,历时 3 天.

参赛者每 3 人组成一队,每个队需配有一名指导教师.甲组的每个参赛队可在给出的 A、B 两道试题中选择一题,乙组的每个参赛队可在给出的 C、D 两道试题中选择一题,在 72 小时内合作完成所选的题目并提交一篇论文.竞赛期间可以查阅各种资料,组内的队员可以互相讨论.通过竞赛可锻炼学生们的实事求是、刻苦拼搏、团结协作、创新意识、论文写作等科研素质和品质.这种新颖的开放式竞赛模式很受学生们的欢迎.

附录 2　数学实验

20 世纪 50 年代以来，随着科学技术尤其是计算技术的飞速发展，计算机已被广泛地应用于自然科学及工程技术等各个领域，数学软件与人们的日常工作和科研工作越来越密切地联系在一起．在学习数学的过程中，要花大量时间推导公式、画图和计算数据，其中绝大部分工作是按照固定的公式、法则进行的烦琐和重复的劳动．另外，在科学研究和工程应用的过程中，往往需要进行大量的数值计算、符号解析运算和图形及文字处理，传统的纸笔和计算器已以不能满足工作的需要．为了帮助处理和解决大量数学问题，由专业人士用计算机语言编制好的数学软件应运而生．

MATLAB 是由美国 Mathworks 公司开发的一套高性能的数值计算和可视化软件，它的含义是矩阵实验室（Matrix Laboratory）．最初主要用于方便矩阵的存取，其基本元素是无须定义维数的矩阵．MATLAB 目前集数值分析、矩阵运算、信号处理和图像显示于一体．MATLAB 编程代码很接近数学推导格式，简洁直观，更符合人们的思维习惯，所以编程极其方便，被称为"草稿纸"式的编程工具．MATLAB 的典型应用包括以下几个方面：数学计算、算法开发、建模及仿真、数据分析及可视化、科学及工程绘图、应用开发（包括图形界面）．

附录 2.1　MATLAB 软件基础

1. MATLAB 的启动和运行

在 Windows 环境下安装好 MATLAB．双击 MATLAB 图标，进入附图 2 – 1 – 1 所示的开机画面．

附图 2 – 1 – 1

MATLAB 的主要窗口有 4 个，分别为命令窗口、命令历史窗口、工作区窗口和当前路径窗口，如附图 2 – 1 – 2 所示．

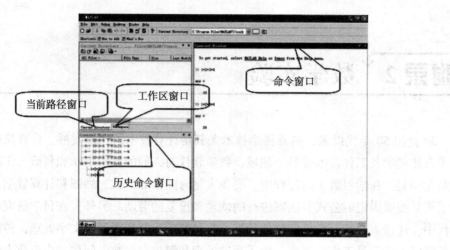

附图 2-1-2

(1) 命令窗口（Command Window）：在该窗口可输入各种送给 MATLAB 运行的指令、函数、表达式，并显示除图形外的所有运算结果。

(2) 历史命令窗口（Command History）：该窗口记录已经运行过的指令、函数、表达式；允许用户对它们进行选择复制、重运行，以及产生 M 文件。

(3) 工作区窗口（Workspace）：该窗口罗列出 MATLAB 工作空间中所有的变量名、大小、字节数；并且可对变量进行观察、编辑、提取和保存。

(4) 当前路径窗口（Current Directory）：其主要功能是显示或改变当前目录。

2. MATLAB 的基本操作

MATLAB 语言是一种"表达式"语言。用户所输入的表达式将被 MATLAB 系统解释并求值。MATLAB 语句的通常形式为：

$$变量 = 表达式,$$

或简单写为：

$$表达式.$$

例如：计算 $\dfrac{1\,800}{64}$，可按以下两种方式输入：

```
>> 1800/64
ans =               % 结果输出
    28.1250


>> a =1800/64       % 为变量 a 赋值
a =                 % 结果输出,并赋值至变量 a
    28.1250
```

一个语句一般以回车键表示终止。如果语句的最后一个字符是分号";"，则执行后的结果将不被显示，但语句照常完成。若最后一个字符为逗号","或无任何字符，则结果将进行显示.

如果表达式很复杂,无法在一行中写完,那么可用两重或多重省略号后紧跟回车键表明下一行是该行的续行.

附训练 2-1-1 计算数列 $\left\{1, -\dfrac{1}{2}, \cdots, (-1)^{n+1}\dfrac{1}{n}, \cdots\right\}$ 前 12 项的和.

解 程序如下:

```
>> S = 1 -1/2 +1/3 -1/4 +1/5 -1/6 +1/7…
      -1/8 +1/9 -1/10 +1/11 -1/12
```

输出结果:

S = 0.6532

在 MATLAB 的基本操作过程中,需要注意以下几个方面:

(1) MATLAB 的变量和函数,其名字的第一个字符必须是字母,后面可以由字母、数字、下划线组成,但不能使用标点. 变量长度不超过 31 位,第 31 个字符之后的字符将被 MATLAB 语言忽略.

(2) MATLAB 对字体很敏感,一般区分大小写,所以 a 和 A 是两个不同的变量. 所有函数名必须小写,例如:inv(A) 表示求矩阵 *A* 的逆矩阵,但 INV(A) 代表一个未定义的函数;

(3) MATLAB 中有很多特殊的固定变量,称作常量. 这些常量具有特定的意义,用户在自定义变量名时应避免使用. 附表 2-1-1 给出了 MATLAB 中部分常用的常量.

附表 2-1-1

常量名	说 明
ans	用于结果的默认变量名
pi	圆周率 π
inf/Inf	无穷大,如 $\dfrac{1}{0}$,当分母或除数为 0 时返回
NaN	Not-a-Number,表示未定式 $\dfrac{0}{0}$ 或 $\dfrac{\infty}{\infty}$
i, j	虚数单位 $\sqrt{-1}$

在日常数学公式的推导与演算中,变量的定义是按照约定俗成的惯例来辨别的,如 $y = f(x)$,$v = v(t)$,$\cdots$ 中 x,y,v,t 都是变量,且 y、v 是因变量,x、t 是自变量,但 f 是对应法则,不是变量. 但是,计算机不理会人的习惯,它必须要人给它们具体的定义,否则计算机将不能识别或算出错误的结果.

为了使用方便,MATLAB 按照数学习惯定义符号变量. MATLAB 中有默认的符号自变量,主要有 x、x1、y、y1、z、v、u、t、theta、alpha. 当这些变量中的某几个组成符号数学表达式时,默认自变量的顺序是:

$$x > x1 > y > y1 > z > v > u > t > theta > alpha.$$

例如:当数学表达式为 cos(2^*x*a^2) 时,默认的自变量为 x;当数学表达式为

cos(2*t*alpha)时,默认的自变量为 t.

MATLAB 做符号运算时,还有大量的符号变量需要使用者重新定义. 在 MATLAB 中,符号变量可以通过命令 syms 和 sym 定义,syms 命令一次可以定义一个或多个符号变量,多个符号变量间用空格分开;sym 命令一次只能定义一个符号变量. 另外,也可采用单引号定义一个符号变量. 例如:

```
>> syms x y z t        % 定义符号变量 x、y、z、t
>> syms u              % 定义符号变量 u
>> x = 's'             % 定义符号变量 s
```

数学中的方程及函数在 MATLAB 中,可以通过基本赋值语句,采用单引号或 sym、syms 命令定义.

附训练 2-1-2 定义函数 $f(x) = \sin(x+1) + e^x - x^2 + 3$.

解 程序如下:

```
>> f = 'sin(x+1) + exp(x) - x^2 + 3'
```

运行结果:

```
f =
    sin(x+1) + exp(x) - x^2 + 3
```

附训练 2-1-3 定义函数 $z = a(x^2 + y^2) + \sin^2 x - 4$.

解 程序如下:

```
>> syms x y a                      % 定义变量 x、y、a
>> z = a*(x^2 + y^2) + sin(x)^2 - 4
```

运行结果:

```
z =
    a*(x^2 + y^2) + sin(x)^2 - 4
```

附训练 2-1-4 定义方程 $ax^2 + bx + c = 0$,$3 \cdot d^2y - 4 \cdot dy + 5y = 0$.

解 程序如下:

```
>> f = 'a*x^2 + b*x + c = 0'         % 定义符号代数方程
f =                                  % 输出符号代数方程
    a*x^2 + b*x + c = 0
>> f = syms('3*D2y - 4*Dy + 5*y = 0') % 定义微分方程
f =
    3*D2y - 4*Dy + 5*y = 0            % 输出微分方程
```

3. MATLAB 的基本运算

利用 MATLAB 可以做任何简单运算和复杂运算,可以直接进行算术运算,也可利用 MATLAB 定义的函数进行算;可以进行向量运算,也可以进行矩阵运算. 这里介绍最简单的几类基本运算,如算术运算、关系运算、逻辑运算等.

MATLAB 的算术表达式由字母或数字用运算符连接而成，十进制数字有时也可以使用科学记数法来书写，如 2.71E+3 表示 2.71×10^3，3.86E-6 表示 3.86×10^{-6}. MATLAB 中常用的算术运算符如下：

运算符	名称	示例
+	加法	2+3=5
-	减法	2-1=-1
*	乘法	2*3=6
/	右除	2/3=0.6667
\	左除	2\3=1.5000
^	乘方	2^3=8

例如：a^3/b+c 表示 $a^3\div b+c$ 或 $\dfrac{a^3}{b}+c$；a^2\(b-c) 表示 $(b-c)\div a^2$ 或 $\dfrac{b-c}{a^2}$. 这些运算符的使用和算术运算几乎一样．

MATLAB 将大多数基本函数作为内部函数，附表 2-1-2 列出了部分最基本、最常用的函数．

附表 2-1-2

函　数	名　称	函　数	名　称
sin(x)	正弦函数，x 为弧度	asin(x)	反正弦函数
cos(x)	余弦函数，x 为弧度	acos(x)	反余弦函数
tan(x)	正切函数，x 为弧度	atan(x)	反正切函数
cot(x)	余切函数，x 为弧度	acot(x)	反余切函数
abs(x)	绝对值或复数的模	max(x)	最大值
min(x)	最小值	sum(x)	元素的总和
sqrt(x)	开平方	exp(x)	以 e 为底的指数
log(x)	自然对数，即 lnx	log10(x)	以 10 为底的对数
sign(x)	符号函数	fix(x)	取整

利用函数运算时，函数里的参数必须用圆括号括起来．当没定义变量时，MATLAB 会将运算结果直接存入预定义变量 ans 之中，代表 MATLAB 运算后的答案（Answer）并显示其数值于屏幕上．例如：

```
>> 3721+7428/24
  ans =
    4.0305e+003
>> abs(-27)              % 求 -27 的绝对值
  ans =
    27
```

```
>> sin(29)            % 求 29 的正弦值
ans =
    -0.6636
```

在同一行上可以有多条命令,中间必须用逗号分开.例如:

```
>> 3^4,6^3*(3+2)      % 一行输入多个表达式
ans =
    81
ans =
    1080

>> sin(29),tan(35)    % 一行输入多个表达式
ans =
    -0.6636
ans =
    0.4738
```

MATLAB 中的关系运算符有六个:

< 小于	<= 小于等于
> 大于	>= 大于等于
== 等于	~= 不等于

例如:$(a+b)>=3$ 表示 $a+b\geq3$;$a\sim=2$ 表示 $a\neq2$. 关系运算符主要用来比较数、字符串、矩阵之间的大小或不等关系,其返回值为 0 或 1. 当返回值为 1 时,表示比较的两个对象关系为真;否则,当返回值为 0 时,表示比较的两个对象的关系为假. 需要注意的是,关系运算符 "==" 与赋值运算符 "=" 的不同. "==" 是判断两个数字或变量是否有相等关系的运算符,运算结果是 1 或 0;"=" 是用来为变量赋值的赋值运算符. 例如:

```
>> a=2;b=3;           % 为变量 a、b 赋值
>> a==b               % 判断 a、b 是否相等
ans =
    0

>> a=b                % 将变量 b 的值赋予变量 a
a =
    3
```

MATLAB 中的逻辑运算符主要包括以下 4 个:

| & 逻辑与 | \| 逻辑或 |
| ~ 逻辑非 | xor 逻辑异或 |

MATLAB 进行逻辑判断时,所有非零数值均被认为真,而零为假;在逻辑判断结果中,判断为真时输出 1,判断为假时输出 0.

在算术、关系、逻辑三种运算符中,算术运算符的优先级最高,关系运算符次之,而逻

辑运算符的优先级最低. 在逻辑"与""或""非"三者中,"与"和"或"有相同的优先级,从左到右依次执行,都低于"非"的优先级. 在实际应用中可以通过括号来调整运算的次序.

附训练 2 – 1 – 5 设 $A = \begin{pmatrix} 1 & 2 \\ 2 & 3 \end{pmatrix}$,求 A 中等于 2 的元素个数.

解 程序及运行结果如下:

```
>> A = [1 2;2 3];            % 为矩阵 A 赋值
>> B = A = = 2
B =
   0   1
   1   0
>> n = sum(sum(B))
n =
   2
```

附训练 2 – 1 – 6 设向量 $A = (0,1,1,0)$,$B = (1,1,0,0)$,试计算 $A\&B$,$A \mid B$,$!A$,$A \oplus B$.

解 程序及运行结果如下:

```
>> A = [0 1 1 0]; B = [1 1 0 0];
>> C1 = A&B
C1 =
   0   1   0   0
>> C2 = A|B
C2 =
   1   1   1   0
>> C3 = ~A
C3 =
   1   0   0   1
>> C4 = xor(A,B)
C4 =
   1   0   1   0
```

4. 函数的定义

MATLAB 包含一些常用的函数,比如指数函数、对数函数等,但在处理大量比较复杂的函数和解决一些特殊的问题时,需要用户自己创建新函数. MATLAB 为此提供了一种解决方法,先在一个以".m"为扩展名的 M 文件中输入数据和命令,然后再让 MATLAB 执行这些命令. 函数 M 文件的第一行有特殊的要求,其必须遵循如下形式:

function < 因变量 > = < 函数名 > (< 自变量 >)

其他各行为程序运行语句. 函数定义完后，将以"<函数名>.m"为文件名保存为一个 M 文件，以便今后随时调用.

附训练 2-1-7 定义函数 $f(x)=x^3+2x+3$，求 $f(2)$、$f(-3)$ 及 $f(0)$.

解 选择"File"→"New"→"M-file"命令，编辑"f1.m"文件如下：

```
function y = f1(x)
y = x^3 + 2*x + 3;
```

调用函数程序及运行结果如下：

```
>> y1 = f1(2)            % 调用 f1.m 求 f(2)
y1 =
    15
>> y2 = f1(-3)           % 调用 f1.m 求 f(-3)
y2 =
    -30
>> y3 = f1(0)            % 调用 f1.m 求 f(0)
y3 =
    3
```

附训练 2-1-8 定义正态分布的密度函数 $f(x,\sigma,\mu)=\dfrac{1}{\sqrt{2\pi}\sigma}e^{-\frac{(x-\mu)^2}{2\sigma^2}}$.

解 选择"File"→"New"→"M-file"命令，编辑"zhengtai.m"文件如下：

```
function y = zhengtai(x,a,b)
y = 1/sqrt(2*pi)/a*exp(-(x-b).^2/2/a^2);
```

调用函数程序及运行结果如下：

```
>> y = zhengtai(1,1,0)
y =
    0.2420
```

附录2.2　微积分运算

1. 导数运算

导数运算命令见附表2-2-1.

附表 2-2-1

命令	说明
diff(f)	关于符号变量对 f 求一阶导数
diff(f,v)	关于变量 v 对 f 求一阶导数
diff(f,n)	关于符号变量对 f 求 n 阶导数
diff(f,v,n)	关于变量 v 对 f 求 n 阶导数

附训练 2–2–1 求函数 $f(x)=\dfrac{\sin 2x}{x}$ 的导数 $f'(x)$.

解 程序如下：

```
>> syms x
>> f = sin(2*x)/x;
>> y1 = diff(f)
```

运行结果如下：

y1 =

   2*cos(2*x)/x - sin(2*x)/x^2

附训练 2–2–2 已知函数 $f=ax^3+x^2-bx-c$. 求 $\dfrac{\mathrm{d}f}{\mathrm{d}x}$，$\dfrac{\mathrm{d}f}{\mathrm{d}a}$，$\dfrac{\mathrm{d}^2f}{\mathrm{d}x^2}$，$\dfrac{\mathrm{d}^2f}{\mathrm{d}a^2}$.

解 程序如下：

```
>> syms x a b c
>> f = a*x^3 + x^2 - b*x - c;
>> y1 = diff(f)
>> y2 = diff(f,a)
>> y3 = diff(f,2)
>> y4 = diff(f,a,2)
```

运行结果如下：

y1 =

   3*a*x^2 + 2*x - b

y2 =

   x^3

y3 =

   6*a*x + 2

y4 =

   0

2. 微分运算

算法公式：$\mathrm{d}y=y'\mathrm{d}x$.

通常采用的程序如下：

编辑 "wf.m" 文件：

```
syms x dx
f = input('f =')
f1 = diff(f,x)
df = f1*dx
```

附训练 2–2–3 求函数 $f=(1+x^2)\arctan x$ 的微分 $\mathrm{d}f$.

解 在命令窗口运行：

```
>> wf                          % 导出 wf.m 文件
>> f = (1 +x^2) *atan(x)       % 从键盘输入函数表达式
f =
    (1 +x^2) *atan(x)
f1 =
    2 *x *atan(x) +1
df =
    (2 *x *atan(x) +1) *dx
```

3. 导数的应用

导数是研究函数局部性质的有力工具,通过对函数导数的研究可以清楚地描述函数的变化趋势. 这里主要借助 MATLAB 的帮助,通过实例讨论函数导数的一些简单应用.

附训练 2 – 2 – 4 求曲线 $\begin{cases} x = \cos t, \\ y = \sin t \end{cases}$ 在 $t_0 = \dfrac{\pi}{2}$ 的切线及法线方程.

解 分析:当 $t = t_0$ 时,参数方程 $\begin{cases} x = x(t), \\ y = y(t) \end{cases}$ 的切线及法线方程分别为

$$y = y(t_0) + y'(t_0)[x - x(t_0)],$$

$$y = y(t_0) - \frac{1}{y'(t_0)}[x - x(t_0)] (y'(t_0) \neq 0).$$

于是,编辑 M 文件 "qxfx.m" 如下:

```
syms x y t
x0 = input('x = ');
y0 = input('y = ');yd = diff(y0,t);
t = input('t0 = ');
y1 = eval(y0) + eval(yd) *(x - eval(x0))
y2 = eval(y0) -1/eval(yd) *(x - eval(x0))
```

程序如下:

```
>> qxfx                       % 调用 qxfx.m 文件
x = cos(t)
y = sin(t)
t0 = pi/4
```

运行结果如下:

```
y1 =
    1/2 *2^(1/2) +1/2 *2^(1/2) *(x -1/2 *2^(1/2))
y2 =
    1/2 *2^(1/2) -2^(1/2) *(x -1/2 *2^(1/2))
```

附训练 2 – 2 – 5 讨论函数 $y = \dfrac{x^2}{1 + x^2}$ 的极值、单调性、凹凸性及其导数的关系.

解 程序及运行结果如下：
```
>> syms x y dy d2y
>> y = x^2/(1 + x^2);
>> dy = diff(y)
dy =
    2*x/(1 + x^2) - 2*x^3/(1 + x^2)^2
>> dy = simple(dy)                      % 化简导函数
dy =
    2*x/(1 + x^2)^2
>> x1 = solve(dy)                       % 求驻点
x1 =
    0
>> d2y = diff(y,2);                     % 求二阶导数
>> d2y = simple(d2y)
d2y =
    -2*(-1 + 3*x^2)/(1 + x^2)^3
>> x2 = solve(d2y)                      % 求 d2y = 0 的解
x2 =
    [ 1/3*3^(1/2)]
    [-1/3*3^(1/2)]
>> lims = [-5,5];
>> subplot(3,1,1)
>> fplot('x^2/(1 + x^2)',lims)
>> subplot(3,1,2)
>> fplot('2*x/(1 + x^2)^2',lims)
>> subplot(3,1,3)
>> fplot('-2*(-1 + 3*x^2)/(1 + x^2)^3',lims)
```
最后运行结果如附图 2-2-1 所示.

程序说明：(1) 命令 simple(dy) 的功能是简化符号表达式 dy；

(2) 命令 subplot(3, 1, 1) 是在同一个窗口中生成一个 3 行 1 列的绘图区域阵，并把第一绘图区域设为激活状态；

(3) 用绘图命令 fplot 绘制函数图像，绘图区间由变量 lims 确定.

例题分析：(1) 虽然给出的仅是函数在区间 [-5, 5] 的图像，但不难看出函数在区间 $(-\infty, 0]$ 上是减函数，在区间 $[0, +\infty)$ 上是增函数.

(2) 点 $x = 0$ 为极小值点，且为唯一极值点，极小值为 0.

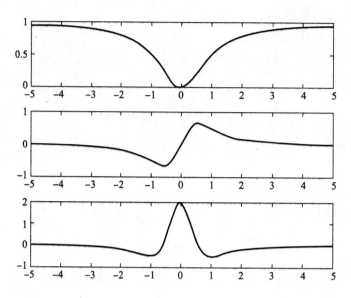

附图 2-2-1 函数 $y = \dfrac{x^2}{1+x^2}$ 及其一阶导数、二阶导数的图像

(3) 从函数的一阶导数的图像可以看出,导数 y' 在区间 $(-\infty, 0]$ 上小于 0,而在区间 $[0, +\infty)$ 上大于 0,所以对应的函数在区间 $(-\infty, 0]$ 上是减函数,在区间 $[0, +\infty)$ 上是增函数;导数 y' 在点 $x = 0$ 处的值为 0,所以函数在点 $x = 0$ 处取得极值.

(4) 从函数的二阶导数的图像可以看出,二阶导数 y'' 在 $(-\infty, 0]$ 和 $[0, +\infty)$ 上小于 0,从而函数曲线对应为凸的;二阶导数在点 $x = 0$ 处大于 0,所以在 0 周围的函数曲线是凹的,因此曲线有两个拐点 $\left(-\dfrac{\sqrt{3}}{3}, \dfrac{1}{4}\right)$, $\left(\dfrac{\sqrt{3}}{3}, \dfrac{1}{4}\right)$.

4. 积分运算

求积分运算命令见附表 2-2-2.

附表 2-2-2

命令	说明
int(f)	对 f 关于符号变量求不定积分 $\int f(x)\,dx$
int(f,v)	对 f 关于变量 v 求不定积分 $\int f(v)\,dv$
int(f,a,b)	对 f 关于符号变量从 a 到 b 求定积分 $\int_a^b f(x)\,dx$
int(f,v,a,b)	对 f 关于变量 v 从 a 到 b 求定积分 $\int_a^b f(v)\,dv$

附训练 2-2-6 计算不定积分 $\int \dfrac{1}{1+x^2}dx$.

解 程序如下：

```
>> syms x
>> f = 1/(1 + x^2);
>> f1 = int(f)
```

运行结果如下：

```
f1 =
    atan(x)
```

附训练 2-2-7 求 $f(x) = e^{ax}\cos bx$ 的不定积分 $\int f(x)dx$, $\int f(x)da$ 及 $\int f(x)db$.

解 程序如下：

```
>> syms x a b
>> f = exp(a*x)*cos(b*x);
>> f1 = int(f)
>> f2 = int(f,a)
>> f3 = int(f,b)
```

运行结果如下：

```
f1 =
    a/(a^2 + b^2)*exp(a*x)*cos(b*x) + b/(a^2 + b^2)*exp(a*x)*
    sin(b*x)
f2 =
    cos(b*x)/x*exp(a*x)
f3 =
    exp(a*x)/x*sin(b*x)
```

附训练 2-2-8 计算定积分 $\int_0^2 \sqrt{4-x^2}dx$.

解 程序如下：

```
>> syms x
>> f = sqrt(4 - x^2);
>> f1 = int(f,0,2)
```

运行结果如下：

```
    f1 =
        pi
```

附训练 2-2-9 计算广义积分 $\int_1^{\infty} \dfrac{1}{x^4}dx$ 及 $\int_{-\infty}^{\infty} e^{-x^2}dx$.

解 程序如下：

```
>> syms x
```

```
>> f = 1/(x^4);
>> g = exp(-x^2);
>> f1 = int(f,x,1,inf)
>> g1 = int(g,x,-inf,inf)
```
运行结果如下：
```
  f1 =
   1/3
  g1 =
   pi^(1/2)
```

5. 积分的应用

1）求平面图形的面积

在平面坐标系下，计算曲线 $y = y_1(x)$，$y = y_2(x)$ 在区间 $[a, b]$ 上所围平面图形的面积公式为

$$A = \int_a^b [y_2(x) - y_1(x)] dx.$$

通常采用如下程序：

编辑"pmtxmj.m"文件：
```
function y = pmtxmj(y1,y2,a,b)
    y = int((y2-y1),a,b);
```

附训练 2-2-10 求由 $y = e^x$，$y = e^{-x}$ 与直线 $x = 1$ 所围平面图形的面积.

解 程序如下：
```
>> syms x
>> y1 = exp(-x); y2 = exp(x);
>> a = 0; b = 1;
>> A = pmtxmj(y1,y2,a,b)
```
运行结果如下：
```
A =
  exp(1) + exp(-1) - 2
```

2）求极坐标下平面图形的面积

在极坐标下，曲线 $r = r(\theta)$，直线 $\theta = \alpha$ 及 $\theta = \beta$ 所围平面图形面积为

$$A = \frac{1}{2} \int_\alpha^\beta r^2(\theta) d\theta.$$

通常采用如下程序：

编辑"jzbtxmj.m"文件：
```
function y = jzbtxmj(r,a,b)
y = int(1/2*r^2,a,b);
```

附训练 2-2-11 计算心形线 $r = a(1 + \cos\theta)(a > 0)$ 所围平面图形的面积.

解 程序如下：
```
>> syms x a                    % 设置辐角变量为 x
>> r = a*(1 + cos(x))
>> a = 0; b = pi;
>> A1 = jzbtxmj(r,a,b)         % 计算心形上半部分面积
>> A = 2*A1                    % 心形线所围平面图形的面积
```
运行结果如下：
A1 =
    3/4*pi*a^2
A =
    3/2*pi*a^2

3) 求旋转体的体积

设 $y = f(x)$，$a \leq x \leq b$，则曲线绕 x 轴旋转而成的旋转体的体积为

$$V = \int_a^b \pi [f(x)]^2 dx.$$

通常采用如下程序：
编辑"xzttj. m"文件：
```
function y = xzttj(f,a,b)
y = int(pi*f^2,a,b);
```

附训练 2-2-12 求椭圆 $y = \dfrac{b}{a}\sqrt{a^2 - x^2}(a,b > 0)$ 绕 x 轴旋转而成的椭球体的体积.

解 程序如下：
```
>> syms x a b
>> f = b/a*sqrt(a^2 - x^2);
>> v = xzttj(f,-a,a)
```
运行结果如下：
v =
    4/3*pi*b^2*a

4) 求截面面积已知的立体的体积

截面面积已知的立体的体积计算公式为

$$V = \int_a^b A(x) dx.$$

通常采用如下程序：
编辑"jmtj. m"文件：
```
function y = jmtj(A,a,b)
y = int(A,a,b);
```

附训练 2-2-13 求截面面积为 $A(x) = 3x^4 + 6x - 5$，$x \in [0,5]$ 的立体的体积.

解 程序如下：

```
>> syms x
>> A = 3*x^4 + 6*x - 5;
>> V = jmtj(A,0,5)
```
运行结果如下：
```
V =
    1925
```

附录2.3 常微分方程的数值解

在自然科学的许多领域中，都会遇到常微分方程的求解问题. 然而，只有少数十分简单的微分方程能够用初等方法求得它们的解，多数情形是求不出解析解的，或者尽管存在解析解，但由于形式太复杂不便于应用. 因此，有必要探讨常微分方程的数值解法，利用近似方法进行求解.

MATLAB 提供了常微分方程的数值解法函数 ode23、ode45，称为龙格－库塔（Runge - Kutta）法，其中 ode23 是同时以二阶及三阶龙格－库塔法求解，而 ode45 则是以四阶及五阶龙格－库塔法求解. 具体函数调用格式及说明见附表2-3-1.

附表 2-3-1

调用格式	说明
[x,y] = ode23('dy',[x0 xn],y0)	dy 为常微分方程中的等式右边的函数，x0、xn 是要求解的区间 $[x_0, x_n]$ 的两个端点，y0 是初始值 $y_0 = y(x_0)$
[x,y] = ode45('dy',[x0 xn],y0)	各参数解释同上

注意：（1）在解含 n 个未知函数的方程组时，y0 和 y 均表示 n 维向量，M 文件中的待解方程组应以 x 的分量形式写出；

（2）使用 MATLAB 软件求数值解时，高阶微分方程必须等价地变换成一阶微分方程组.

附训练 2-3-1   在区间 $[0, 2]$ 上求解 $y' + 3y - x^2 - 1 = 0$ 的数值解，已知初始值 $y(0) = 1$.

解   建立一个名为 g1 的函数.

编辑"g1.m"文件：
```
function dy = g1(x,y);
    dy = -3*y + x^2 + 1;
```
程序如下：
```
>> [x,y] = ode45('g1',[0,2],1);
>> x = x', y = y'
```
运行结果为：

x =
  Columns 1 through 8
        0   0.0251   0.0502   0.0754   0.1005   0.1505   0.2005   0.2505
  Columns 9 through 16
    0.3005   0.3505   0.4005   0.4505   0.5005   0.5505   0.6005   0.6505
  Columns 17 through 24
    0.7005   0.7505   0.8005   0.8505   0.9005   0.9505   1.0005   1.0505
  Columns 25 through 32
    1.1005   1.1505   1.2005   1.2505   1.3005   1.3505   1.4005   1.4505
  Columns 33 through 40
    1.5005   1.5505   1.6005   1.6505   1.7005   1.7505   1.8005   1.8505
  Columns 41 through 45
    1.9005   1.9254   1.9502   1.9751   2.0000
y =
  Columns 1 through 8
    1.0000   0.9516   0.9068   0.8652   0.8268   0.7588   0.7010   0.6522
  Columns 9 through 16
    0.6113   0.5775   0.5501   0.5283   0.5117   0.4997   0.4920   0.4881
  Columns 17 through 24
    0.4878   0.4907   0.4968   0.5057   0.5174   0.5316   0.5482   0.5672
  Columns 25 through 32
    0.5884   0.6117   0.6372   0.6647   0.6941   0.7255   0.7588   0.7940
  Columns 33 through 40
    0.8310   0.8698   0.9105   0.9529   0.9970   1.0429   1.0905   1.1399
  Columns 41 through 45
    1.1910   1.2171   1.2435   1.2704   1.2978

从以上结果可以看出,共迭代 45 次,最后得出数值解为 $x = 2.0000$,$y = 1.2978$.

附训练 2-3-2 求 $y'' - c(1-y^2)y' + y = 0$，$H = [0, 50]$，$t = 0$，$y = 2$，$y' = 1$.

解 （1）转化方程.

（2）建立文件，设文件名为"dzdt02.m".

function dz = f(t,z)

c = 1;

dz(1) = z(2);

dz(2) = c * (1 - z(1)^2) * z(2) - z(1);

dz = [dz(1);dz(2)];

（3）调用求解.

\>\> H = [0,50];z0 = [2;1];[t,z] = ode45('dzdt02',H,z0);

\>\> plot(t,z(:,1),'m-',t,z(:,2),'g-.')

运行结果如附图 2-3-1 所示.

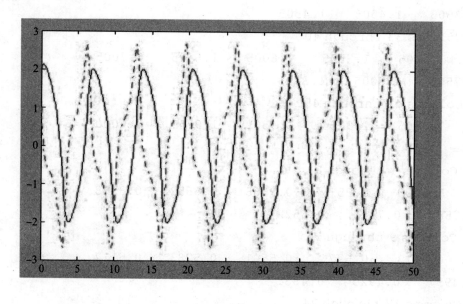

附图 2-3-1

附录 2.4　图像绘制

函数图像对于了解函数的性质非常有帮助. MATLAB 具有强大的图形处理功能，不管是二维图形还是三维图形，作图方法都非常简便. 本附录主要介绍基本的平面图形和空间图形的绘制.

1. 平面图形的绘制

在 MATLAB 中，ezplot 函数可以实现符号二维曲线的绘制. ezplot 函数可以绘制显函数及隐函数的图像，也可以绘制参数方程的图像. 其调用格式见附表 2-4-1.

附表 2-4-1

调用格式	说明
ezplot(f)	绘制函数 $f(x)$ 在区间 $(-2\pi, 2\pi)$ 上的图像
ezplot(f,[a,b])	绘制函数 $f(x)$ 在给定区间 (a, b) 上的图像
ezplot(f(x,y))	绘制隐函数 $f(x,y)=0$ 在区间 $-2\pi<x<2\pi$, $-2\pi<y<2\pi$ 上的图像
ezplot(f(x,y),[a,b,c,d])	绘制隐函数 $f(x,y)=0$ 在给定区间 $a<x<b$, $c<y<d$ 上的图像
ezplot(x,y)	绘制参数方程 $x=x(t)$, $y=y(t)$ 在区间 $-2\pi<t<2\pi$ 上的图像
ezplot(x,y,[a,b])	绘制参数方程 $x=x(t)$, $y=y(t)$ 在区间 $a<t<b$ 上的图像

附训练 2-4-1 绘制余弦函数 $y=\cos x$ 在区间 $(-2\pi, 2\pi)$ 上的图像.

解 程序如下:

```
>> syms x
>> f = cos(x);
>> ezplot(f)
>> grid                         % 绘制网格
```

运行得到的图像如附图 2-4-1 所示.

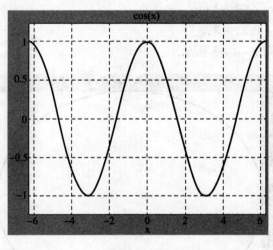

附图 2-4-1

附训练 2-4-2 绘制函数 $y=x^2 e^{-x^2}$ 在区间 $(-5, 5)$ 上的图像.

解 程序如下:

```
>> syms x
>> f = x^2 * exp(-x^2);
>> ezplot(f,[-5,5])
```

运行得到的图像如附图 2-4-2 所示.

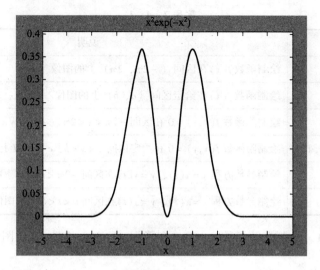

附图 2-4-2

附训练 2-4-3 绘制椭圆 $\dfrac{x^2}{9}+\dfrac{y^2}{4}=1$ 的图像.

解 程序如下:

```
>> syms xy
>> f = x^2/9 +y^2/4 -1;
>> ezplot(f,[ -3,3, -2,2])
```

运行得到的图像如图 2-4-3 所示.

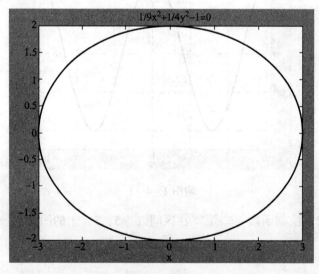

附图 2-4-3

附训练 2-4-4 画出参数方程 $x=\sin 3t\cos t$, $y=\sin 3t\sin t$ 在 $(0,\pi)$ 上的图像.

解 程序如下:

```
>> syms t
>> x = sin(3*t)*cos(t);
```

```
>> y = sin(3 * t) * sin(t);
>> ezplot(x,y,[0,pi])
```
运行得到的图像如图 2-4-4 所示.

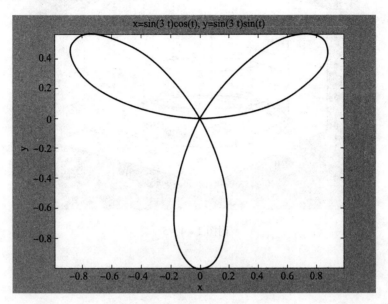

附图 2-4-4

2. 空间图形的绘制

在 MATLAB 中，ezplot3 函数可以实现三维空间曲线的绘制. ezplot3 函数用于绘制三维参数曲线. 调用格式见附表 2-4-2.

附表 2-4-2

调用格式	说明
ezplot3(x,y,z)	绘制参数方程 $x=x(t)$，$y=y(t)$，$z=z(t)$ 在区间 $0<t<2\pi$ 上的图像
ezplot3(x,y,z,[a,b])	绘制参数方程 $x=x(t)$，$y=y(t)$，$z=z(t)$ 在区间 $a<t<b$ 上的图像

附训练 2-4-5 画空间螺旋线 $\begin{cases} x=\cos t, \\ y=\sin t, \\ z=t \end{cases}$ 在 $0<t<6\pi$ 时的图像.

解 程序如下：

```
>> syms t
>> x = cos(t);
>> y = sin(t);
>> z = t;
>> ezplot3(x,y,z,[0,6 * pi]);
```

运行得到的图像如附图 2-4-5 所示.

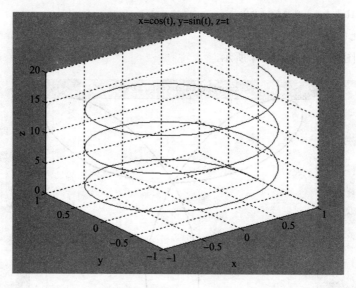

附图 2-4-5

附录2.5 线性代数实验

1. 矩阵的输入

MATLAB 中矩阵的输入可以直接按行方式输入每个元素,输入时使用下述规则:同一行中不同元素用逗号或用空格来分隔,空格个数不限;不同行用分号分隔或者分行输入;所有元素置于一对方括号"〔 〕"内.

附训练 2-5-1 输入矩阵 $A = \begin{bmatrix} 1 & 2 & 3 \\ 4 & 5 & 6 \\ 7 & 8 & 9 \end{bmatrix}$, $B = \begin{bmatrix} 1 & 2 & 3 & 4 & 5 \\ 6 & 7 & 8 & 9 & 0 \\ 5 & 4 & 3 & 2 & 1 \end{bmatrix}$.

解 程序如下:

```
>> A = [1 2 3;4 5 6;7 8 9];
>> B = [1 2 3 4 5
        6 7 8 9 0
        5 4 3 2 1];
>> A,B
```

运行结果如下:

```
A =
    1    2    3
    4    5    6
    7    8    9
B =
    1    2    3    4    5
```

```
    6    7    8    9    0
    5    4    3    2    1
```

向量可以看作一个特殊的矩阵. 例如：行向量可以看作是一个行数为1的矩阵；列向量可以看作一个列数为1的矩阵.

附训练 2-5-2 输入向量 $A = [2\ 5\ 8\ 11]$，$B = \begin{bmatrix} 3 \\ 7 \\ 9 \end{bmatrix}$.

解 程序如下：

```
>> A = [2 5 8 11];
>> B = [3;7;9];
>> A,B
```

运行结果如下：

```
A =
    2    5    8   11
B =
    3
    7
    9
```

在 MATLAB 中，可以通过函数自动生成一些具有某种特殊性质的矩阵. 生成特殊矩阵的部分函数见附表 2-5-1.

附表 2-5-1 特殊矩阵函数

函数	说明
zeros(n,m)	n 行 m 列零矩阵
ones(n,m)	n 行 m 列各元素全为1的矩阵
eye(n)	n 阶单位阵
eye(size(A))	与 A 同阶的单位阵
diag(X)	以向量 X 作对角元素创建对角矩阵
diag(A)	以 A 对角线元素构成的列向量
triu(A)	由 A 的上三角元素构成的上三角矩阵
tril(A)	由 A 的下三角元素构成的下三角矩阵

附训练 2-5-3 生成 3×4 阶零矩阵、4阶1矩阵及4阶单位矩阵.

解 程序如下：

```
>> A = zeros(3,4);        % 生成 3×4 阶零矩阵
>> B = ones(4);           % 生成 4 阶 1 矩阵
>> C = eye(4);            % 生成 4 阶单位矩阵
```

```
>> A,B,C
```
运行结果如下：

A =

0	0	0	0
0	0	0	0
0	0	0	0

B =

1	1	1	1
1	1	1	1
1	1	1	1
1	1	1	1

C =

1	0	0	0
0	1	0	0
0	0	1	0
0	0	0	1

附训练 2-5-4 设 $X = [2\ 5\ 8\ 11]$，求以 X 为主对角线的对角矩阵.

解 程序及如下：

```
>> X = [2 5 8 11];           % 输入向量 X
>> A = diag(X)               % 生成以 X 的分量为主对角线的矩阵 A
```

运行结果如下：

A =

2	0	0	0
0	5	0	0
0	0	8	0
0	0	0	11

附训练 2-5-5 设 $A = \begin{bmatrix} 1 & 0 & 2 & 4 \\ 9 & 6 & 8 & 5 \\ 3 & 9 & 2 & 7 \\ 5 & 7 & 3 & 5 \end{bmatrix}$，求以 A 主对角线元素构成的列向量及 A 生成的上、下三角矩阵.

解 程序如下：

```
>> A = [1 0 2 4;9 6 8 5;3 9 2 7;5 7 3 5];
                             % 输入矩阵 A
>> X = diag(A);              % 生成 A 主对角线元素构成的列向量
>> A1 = triu(A);             % 生成 A 上三角元素构成的上三角矩阵
>> A2 = tril(A);             % 生成 A 下三角元素构成的下三角矩阵
```

```
>> X,A1,A2
```
运行结果如下：
```
X =
    1
    6
    2
    5
A1 =
    1    0    2    4
    0    6    8    5
    0    0    2    7
    0    0    0    5
A2 =
    1    0    0    0
    9    6    0    0
    3    9    2    0
    5    7    3    5
```

2. 矩阵运算

矩阵的基本运算主要介绍矩阵的加、减，数与矩阵相乘，矩阵与矩阵相乘以及矩阵的转置. 矩阵的基本运算命令见附表 2-5-2.

附表 2-5-2 矩阵的基本运算命令

运算	意义
+	矩阵相加
-	矩阵相减
*	矩阵相乘，以及数与矩阵相乘
^	矩阵的幂
'	矩阵的转置

附训练 2-5-6 求矩阵 $A = \begin{bmatrix} 1 & 2 & 3 \\ -2 & 1 & 2 \\ 3 & -2 & 1 \end{bmatrix}$ 与矩阵 $B = \begin{bmatrix} 3 & 2 & 4 \\ 2 & 5 & -3 \\ -2 & 3 & 1 \end{bmatrix}$ 的和与差.

解 程序如下：
```
>> A = [1 2 3; -2 1 2; 3 -2 1];      % 输入矩阵 A
>> B = [3 2 4; 2 5 -3; -2 3 1];      % 输入矩阵 B
>> C = A + B;
>> D = A - B;
```

```
>> C,D
```
运行结果如下：

```
C =
     4     4     7
     0     6    -1
     1     1     2
D =
    -2     0    -1
    -4    -4     5
     5    -5     0
```

附训练 2-5-7 设 $A = \begin{bmatrix} 1 & 2 & -3 \\ 4 & 5 & 6 \end{bmatrix}$，$B = \begin{bmatrix} 5 & 6 \\ 7 & -8 \\ 9 & 10 \end{bmatrix}$，求矩阵 AB、$5A$ 及 $3B$.

解 程序如下：

```
>> A = [1 2 -3;4 5 6];
>> B = [5 6;7 -8;9 10];
>> C = A * B;
>> D = 5 * A;
>> E = 3 * B;
>> C,D,E
```

运行结果如下：

```
C =
    -8   -40
   109    44
D =
     5    10   -15
    20    25    30
E =
    15    18
    21   -24
    27    30
```

附训练 2-5-8 设矩阵 $A = \begin{bmatrix} 1 & 2 & 3 \\ 2 & 1 & 2 \\ 3 & -2 & 1 \end{bmatrix}$，求 A^5.

解 程序如下：

```
>>A = [1 2 3;2 1 2;3 -2 1];
>> B = A^5
```

运行结果如下：

B =

716	22	748
682	1	682
308	-22	276

附训练 2-5-9 设 $A = \begin{bmatrix} 1 & 2 & 3 \\ 4 & 5 & 6 \end{bmatrix}$，求 A'.

解 程序如下：

```
>> A = [1 2 3;4 5 6];
>> B = A';
>> A,B
```

运行结果如下：

A =

1	2	3
4	5	6

B =

1	4
2	5
3	6

附训练 2-5-10 判断 $A = \begin{bmatrix} 1 & 2 \\ 2 & 1 \end{bmatrix}$ 是否对称.

解 程序如下：

```
>> A = [1 2;2 1];
>> B = A';
>> if(A = = B)
disp('A 是对称矩阵')
else if(A = = ( -B))
disp('A 是反对称矩阵')
else
disp('A 既不是对称矩阵也不是反对称矩阵')
end
end
```

运行结果为：A 是对称矩阵

3. 行列式

在线性代数中，行列式是一个基本工具，其应用比较广泛. 在 MATLAB 中只需借助函数 det 就可以求出行列式的值，其格式为 det(A)，其中 A 为矩阵.

附训练 2-5-11 求矩阵 $A = \begin{bmatrix} 1 & 0 & 2 & 1 \\ -1 & 2 & 3 & 2 \\ 2 & 1 & 3 & 3 \\ 3 & 1 & 2 & 1 \end{bmatrix}$ 的行列式的值.

解 程序如下：

```
>> A=[1 0 2 1;-1 2 3 2;2 1 3 3;3 1 2 1];
>> a=det(A)
```

运行结果为：

a =

   18

函数 det 除了计算数值行列式外，也可以用于计算含有变量的行列式.

附训练 2-5-12 计算行列式 $\begin{vmatrix} a & 1 & 0 & 0 \\ -1 & b & 1 & 0 \\ 0 & -1 & c & 1 \\ 0 & 0 & -1 & d \end{vmatrix}$.

解 程序如下：

```
>> syms a b c d                    % 定义变量
>> A=[a 1 0 0;-1 b 1 0;0 -1 c 1;0 0 -1 d];
                                   % 输入符号矩阵
>> DA=det(A)
```

运行结果为：

DA =

   a*b*c*d+a*b+a*d+c*d+1

4. 矩阵的初等变换和矩阵的秩

在线性代数中，常把矩阵通过行变换化为行最简形，即非零行向量的第一个元素为 1，且含这些元素的列的其他元素都为 0. 利用矩阵的行最简形，可以求出矩阵的秩，求解线性方程组等. 在 MATLAB 中使用函数 rref 或 rrefmovie 就可以把矩阵化为行最简形，其格式为 rref(A)，其中 A 为矩阵.

矩阵的秩是指矩阵经过行变换化成行最简形后，非零行向量的个数，可以用函数 rank 求得，其格式为 rank(A)，其中 A 为矩阵.

附训练 2-5-13 将矩阵 $A = \begin{bmatrix} 2 & 1 & 1 & 2 \\ 1 & 2 & 2 & 1 \\ 1 & 2 & 1 & 2 \\ 2 & 2 & 1 & 1 \end{bmatrix}$ 化为行最简形，并求 A 的秩.

解 程序如下：

```
>> A=[2 1 1 2;1 2 2 1;1 2 1 2;2 2 1 1];
```

```
>> B = rref(A);
>> n = rank(A);
>> B,n
```
运行结果为:
```
B =
    1    0    0    0
    0    1    0    0
    0    0    1    0
    0    0    0    1
n =
    4
```

利用矩阵的初等行变换可以求线性方程组的解,即高斯消元法.

附训练 2-5-14 求方程组 $\begin{cases} -x_1 - 2x_2 + 4x_3 = 0 \\ 2x_1 + x_2 + x_3 = 0 \\ x_1 + x_2 - x_3 = 0 \end{cases}$ 的解.

解 程序如下:
```
>> A = [ -1 -2 4;2 1 1;1 1 -1];
>> B = rref(A)
```
运行结果为:
```
B =
    1    0    2
    0    1   -3
    0    0    0
```

于是,齐次方程组的基础解系为: $\boldsymbol{\xi} = \begin{pmatrix} -2 \\ 3 \\ 1 \end{pmatrix}$. 方程组的解为: $\boldsymbol{X} = k \cdot \boldsymbol{\xi}$.

附录 2.6 级数运算实验

在高等数学里级数部分主要讲述以下三个方面的内容:常数项级数的求和和审敛法则,幂级数的收敛半径和将函数的幂级数展开以及将函数的傅里叶级数展开.本部分内容主要介绍如何借助 MATLAB 解决上述问题.

1. 判断常数项级数的敛散性

通常通过以下几种方法判断常数项级数的敛散性:

(1) 级数的部分和数列 $\{S_n\}$ 有极限,则级数收敛;

(2) 级数的一般项 u_n 的极限不为 0,则级数发散;

(3) 比较法：对于正项级数 $\sum_{n=1}^{\infty} u_n$ 和 $\sum_{n=1}^{\infty} v_n$，若 $\lim_{n\to\infty}\dfrac{u_n}{v_n}=l\,(0<l<+\infty)$，则两级数同时收敛或同时发散；

(4) 根值法：若正项级数的一般项满足 $\lim_{n\to\infty}\dfrac{u_{n+1}}{u_n}=\rho$，则 $0<\rho<1$ 时级数收敛；$\rho>1$ 时级数发散；

(5) 根值法：若正项级数的一般项满足 $\lim_{n\to\infty}\sqrt[n]{u_n}=\rho$，则 $0<\rho<1$ 时级数收敛；$\rho>1$ 时级数发散.

附训练 2-6-1 判断下列级数的收敛性：

$$\frac{1}{1\cdot 3}+\frac{1}{3\cdot 5}+\frac{1}{5\cdot 7}+\cdots+\frac{1}{(2n-1)(2n+1)}+\cdots.$$

解 程序如下：

```
>> syms k n
>> sn = symsum(1/(2*k-1)/(2*k+1),1,n);   % 级数前 n 项求和
>> s = limit(sn,n,inf);                   % 前 n 项和的极限
>> sn,s
```

运行结果如下：

```
sn =
    -1/2/(2*n+1)+1/2
s =
    1/2
```

附训练 2-6-2 判断下列级数的收敛性：

$$\sin\frac{\pi}{2}+\sin\frac{\pi}{2^2}+\sin\frac{\pi}{2^3}+\cdots+\sin\frac{\pi}{2^n}+\cdots.$$

解 用比较法的极限形式：$\lim_{n\to\infty}\dfrac{\sin(\pi/2^n)}{1/2^n}$.

程序如下：

```
>> syms n
>> f = sin(pi/2^n)/(1/2^n);
>> p = limit(f,n,inf)
```

运行结果如下：

```
p =
    pi
```

由于级数 $\sum_{n=1}^{\infty}\dfrac{1}{2^n}$ 收敛，因此，所给级数收敛.

附训练 2-6-3 判断下列级数的收敛性：

$$2\sin\frac{\pi}{3}+2^2\sin\frac{\pi}{3^2}+2^3\sin\frac{\pi}{3^3}+\cdots+2^n\sin\frac{\pi}{3^n}+\cdots$$

解 用比值法：$\lim\limits_{n\to\infty}\dfrac{u_{n+1}}{u_n}$.

程序如下：

```
>> syms n
>> f=2^(n+1)*sin(pi/3^(n+1)/(2^n*sin(pi/3^n));
>> p=limit(f,n,inf)
```

运行结果如下：

```
>> p =
    2/3
```

由于 $1/3 < 1$，根据比值法知所给级数收敛.

2. 常数项级数求和

当级数收敛时，可以用函数 symsum 进行符号求和.

附训练 2-6-4 求 p 级数 $1+\dfrac{1}{2^2}+\dfrac{1}{3^2}+\cdots$ 及几何级数 $1+x+x^2+x^3+\cdots(|x|<1)$ 的和.

解 程序如下：

```
>> syms k x
>> s1=symsum(1/k^2,1,inf);
>> s2=symsum(x^k,k,0,inf);
>> s1,s2
```

运行结果为：

```
s1 =
    1/6*pi^2
s2 =
    -1/(x-1)
```

3. 幂级数

幂级数的一般形式为：

$$\sum_{n=0}^{\infty}a_n x^n = a_0 + a_1 x + a_2 x^2 + \cdots + a_n x^n + \cdots$$

1）求幂级数的收敛半径 R

算法：$\lim\limits_{n\to\infty}\left|\dfrac{a_{n+1}}{a_n}\right| = \rho$，$R = \begin{cases} \dfrac{1}{\rho}, & \rho \neq 0, \\ +\infty, & \rho = 0, \\ 0, & \rho = +\infty. \end{cases}$

附训练 2-6-5 求 $1-x+\dfrac{x^2}{2^2}+\cdots+(-1)^n\dfrac{x^n}{n^2}+\cdots$ 的收敛半径.

解 程序如下：

```
>> syms n
```

```
>> f = abs(((-1)^(n+1)/(n+1)^2)/((-1)^n/n^2));
>> g = simplify(f);              % 简化函数 f
>> P = limit(g,n,inf);
>> R = 1/P
```
运行结果如下：

R =

    1

2) 函数的幂级数展开

把函数用幂级数的形式展开就是泰勒展开的任务. 在 MATLAB 中泰勒展开由函数 taylor 来实现, 具体格式如下：

$$\text{taylor}(f, \text{variable}, n, a)$$

其中 f 为待展开的函数表达式；n 为展开阶数, 缺省时默认为 6；variable 指明 f 中的变量；a 为变量求导的取值点, 缺省时默认为 0, 即麦克劳林展开.

附训练 2-6-6 将 $\dfrac{1}{1+x^2}$ 展开为 x 的幂级数.

解 程序如下：

```
>> syms x
>> f = 1/(1+x^2);
>> f1 = taylor(f);
>> f2 = taylor(f,20)
>> f1,f2
```

运行结果如下：

f1 =

    1 - x^2 + x^4

f2 =

    1 - x^2 + x^4 - x^6 + x^8 - x^10 + x^12 - x^14 + x^16 - x^18

附训练 2-6-7 将 $\ln(a+x)$ 展开成 x 的幂级数.

解 程序如下：

```
>> syms a x
>> f = taylor('log(a+x)',x,9)
```

运行结果如下：

```
>> f =
    log(a) + 1/a*x - 1/2/a^2*x^2 + 1/3/a^3*x^3 - 1/4/a^4*x^4
    + 1/5/a^5*x^5 - 1/6/a^6*x^6 + 1/7/a^7*x^7 - 1/8/a^8*x^8
```

附训练 2-6-8 将 $\dfrac{1}{x}$ 展开成 $(x-3)$ 的幂级数.

解 程序如下：

```
>> syms x
```

```
>> f = taylor('1/x',x,8,3)
```
运行结果如下：
f =
   2/3 -1/9*x +1/27*(x -3)^2 -1/81*(x -3)^3 +1/243*(x -3)^4
   -1/729*(x -3)^5 +1/2187*(x -3)^6 -1/6561*(x -3)^7

4. 函数的傅里叶级数展开

傅里叶展开是把函数展开成无穷三角函数和的形式. 傅里叶展开在工程中应用非常广泛，是分析函数频域特性的基本工具. MATLAB 虽然没有提供专门的函数来进行傅里叶展开运算，但是运用 MATLAB 的符号运算功能可以完成这个任务.

把函数展开成傅里叶级数的形式为

$$f(x) = \frac{a_0}{2} + \sum_{k=1}^{\infty}(a_k\cos kx + b_k\sin kx).$$

其中展开后系数的计算方法为

$$a_n = \frac{1}{\pi}\int_{-\pi}^{\pi} f(x)\cos nx\,dx, \quad n = 0,1,2,\cdots,$$

$$b_n = \frac{1}{\pi}\int_{-\pi}^{\pi} f(x)\sin nx\,dx, \quad n = 1,2,\cdots.$$

编辑 "flyjs.m" 文件，求傅里叶系数：
```
function u = flyjs(f)
syms x y n
a0 = 1/pi*int(f,x,-pi,pi)
an = 1/pi*int(f*cos(n*x),x,-pi,pi)
bn = 1/pi*int(f*sin(n*x),x,-pi,pi)
```

附训练 2 - 6 - 9 求函数 $f(x) = \cos(x/2)$ 的傅里叶系数.

解 程序如下：
```
>> syms x
>> f = cos(x/2);
>> flyjs(f)
```
运行结果如下：
a0 =
   5734161139222659/4503599627370496
an =
   -5734161139222659/4503599627370496*cos(pi*n)/(-1 +4*n^2)
bn =
   0

附录2.7　求拉普拉斯变换实验

积分变换是工程设计与计算中常用的工具，特别在电气工程类和通信类各专业更是得到了广泛应用. 本附录主要介绍拉普拉斯变换.

设 $f(t)$ 在区间 $[0, +\infty]$ 上有定义，如果广义积分 $\int_0^{+\infty} f(t)e^{-st}dt$ 在 s 的某一区域内收敛，则由此积分所确定的一个以参变量 s 为自变量的函数，记作 $F(s)$，即

$$F(s) = \int_0^{+\infty} f(t)e^{-st}dt,$$

称作函数 $f(t)$ 的拉普拉斯变换，简称拉氏变换，记作 $L[f(t)] = F(s)$.

反之，若 $F(s)$ 是 $f(t)$ 的拉氏变换，则称 $f(t)$ 为 $F(s)$ 的拉氏逆变换，记作 $L^{-1}[F(s)]$，即 $f(t) = L^{-1}[F(s)]$.

在 MATLAB 中，求一个函数的拉氏变换是通过调用拉氏函数来实现的. 拉氏函数的调用格式及说明见附表 2-7-1.

附表 2-7-1

调用格式	说明
L = laplace(F)	在默认自变量和参变量的情况下，计算函数 F 的拉氏变换
L = laplace(F,z)	在默认自变量和指定参数 z 的情况下，计算函数 F 的拉氏变换
L = laplace(F,w,z)	在指定自变量 w 和指定参数 z 的情况下，计算函数 F 的拉氏变换

附训练 2-7-1 求 $f(t) = t^3 e^{3t-1}$ 的拉氏变换 $F(s)$.

解 程序如下：

```
>> syms t
>> f = t^3 * exp(3*t-1);
>> F = laplace(f)
```

运行结果如下：

F =

    6 * exp(-1)/(s-3)^4

附训练 2-7-2 求 $f(t) = \cos(3t-2)$ 的拉氏变换 $F(z)$.

解 程序如下：

```
>> syms z
>> f = cos(3*t-2);
>> F = laplace(f,z)
```

运行结果如下：

F =

    1/9 * cos(2) * z/(1/9 * z^2 +1) +1/3 * sin(2)/(1/9 * z^2 +1)

附训练 2-7-3 分别求 $f(x,y) = \sin(3x-y)$ 在默认自变量 x 和指定自变量 y 时的拉氏变换 $F(z)$.

解 程序如下：

```
>> syms x y z
>> f = sin(3*x-y);
```

```
>> F1 = laplace(f,z);        % 默认自变量 x 时的拉氏变换
>> F2 = laplace(f,y,z);      % 指定自变量 y 时的拉氏变换
>> F1,F2
```
运行结果为:
```
F1 =
    1/3*cos(y)/(1/9*z^2+1)-1/9*sin(y)*z/(1/9*z^2+1)
F2 =
    4*sin(x)*cos(x)^2*z/(z^2+1)-sin(x)*z/(z^2+1)-4*cos(x)
    ^3/(z^2+1)+3*cos(x)/(z^2+1)
```
在 MATLAB 中,求拉氏逆变换通过调用 ilaplace 函数实现. ilaplace 函数的调用格式见附表 2-7-2.

附表 2-7-2

调用格式	说明
F = ilaplace(L)	在默认自变量 s 和参变量 t 的情况下,计算函数 $L(s)$ 的拉氏逆变换
F = ilaplace(L,v)	在默认自变量 s 和指定参变量 v 的情况下,计算函数 $L(s)$ 的拉氏逆变换
F = ilaplace(L,v,x)	在指定自变量 x 和指定参变量 v 的情况下,计算函数 $L(x)$ 的拉氏逆变换

附训练 2-7-4 求 $L(s) = \dfrac{s^2+4}{s^3+2s^2+2s}$ 的拉氏逆变换.

解 程序如下:
```
>> syms s
>> f = (s^2+4)/(s^3+2*s^2+2*s);
>> F = ilaplace(f)
```
运行结果如下:
```
F =
    -exp(-t)*cos(t)-3*exp(-t)*sin(t)+2
```

附训练 2-7-5 求 $L(s) = \dfrac{2s-8}{s^2+36}$ 的拉氏逆变换 $F(u)$.

解 程序如下:
```
>> syms x y s u a
>> f = (2*s-8)/(s^2+36);
>> F = ilaplace(f,u)
```
运行结果如下:
```
F =
    2*cos(6*u)-4/3*sin(6*u)
```

附录 2.8 线性回归分析

在实际生活中,变量之间明显存在着某种联系,但又不能用一个函数表达式确切地表示

出来. 例如：身高和体重的关系，身高较高者，一般体重也重，但它们之间没有确定的函数关系，称其为相关关系. 回归分析就是处理相关关系的数学方法. 当自变量只有一个时，称为一元线性回归；当自变量有多个时，称为多元线性回归.

一元线性回归是因变量与一个自变量之间的线性关系. 由实验中得到的若干对数据 $(x_1, y_1), \cdots, (x_n, y_n)$ 确定线性回归模型 $y = a + bx$ 中系数 a 和 b 的估计. 其中最常采用的方法是最小二乘估计. 然而，在实际应用中，由于事物的复杂性，与某一变量 Y 有关的变量常常有多个，研究它们之间的定量关系即多元回归问题. 其主要内容包括：首先，由观测数据 $Y, X_1, X_2, \cdots, X_n$ 出发，求线性回归方程

$$Y = b + b_1 X_1 + b_2 X_2 + \cdots + b_n X_n$$

中的回归系数；其次，检验回归方程及回归系数的显著性，并利用回归方程进行预测和控制. 这里仅简单介绍如何利用 MATLAB 求解线性回归方程.

调用格式：`b = regress(Y,X)`

返回基于观测数据 Y 和回归矩阵 X 的最小二乘拟合系数的结果.

附训练 2-8-1　某种水泥在凝固时放出的热量 Y 与水泥中的四种化学成分所占的百分比有关，具体数据附表 2-8-1.

附表 2-8-1

编号	X_1	X_2	X_3	X_4	Y
1	7	26	6	60	78.5
2	1	29	15	52	74.3
3	11	56	8	20	104.3
4	11	31	8	47	87.6
5	7	52	6	33	95.9
6	11	55	9	22	109.2
7	3	71	17	6	102.7
8	1	31	22	44	72.5
9	2	54	18	22	93.1
10	21	47	4	26	115.9
11	1	40	23	34	83.8
12	11	66	9	12	113.3
13	10	68	8	12	109.4

求解线性回归方程.

解　程序如下：

```
>> X = [7 26 6 60
        1 29 15 52
        11 56 8 20
        11 31 8 47
```

```
            7 52 6 33
            11 55 9 22
            3 71 17 6
            1 31 22 44
            2 54 18 22
            21 47 4 26
            1 40 23 34
            11 66 9 12
            10 68 8 12];
>> Y = [78.5 74.3 104.3 87.6 95.9 109.2 102.7 72.5 93.1 115.9 83.8
        113.3 109.4]';
>> b = regress(Y,X)
```

运行结果如下：

b =
    2.1930
    1.1533
    0.7585
    0.4863

即回归方程为

$$Y = 2.1930X_1 + 1.1533X_2 + 0.7585X_3 + 0.4863X_4.$$

附录3　数学家简介

1. 牛顿（Newton，1642—1727 年）

伊萨克·牛顿（附图 3-1-1）于 1642 年出生在英国，是世界近代科学技术史上伟大的物理学家、天文学家和数学家. 他由于发现了万有引力定律创立了天文学，由于提出了二项式定理和无限理论创立了数学，由于认识了力的本性创立了力学. 他是人类认识自然界的漫长历程中的一个重要人物，他的科学贡献已成为人类认识自然的里程碑.

在牛顿的全部科学贡献中，数学成就占有突出的地位. 他的数学生涯中的第一项创造性成果就是发现了二项式定理. 据牛顿本人回忆，他是在 1664 年和 1665 年间的冬天，在研读沃利斯博士的《无穷算术》并试图修改他的求圆面积的级数时发现这一定理的. 牛顿在老师巴罗的指导下，在钻研笛卡儿的解析几何的基础上，找到了新的出路. 可以把任意时刻的速度看

附图 3-1-1

作在微小的时间范围里的速度的平均值，这就是一个微小的路程和时间间隔的比值，当这个微小的时间间隔缩小到无穷小的时候，就是这一点的准确值. 这就是微分的概念.

微积分的创立是牛顿最卓越的数学成就. 牛顿为了解决运动问题才创立了这种和物理概念直接联系的数学理论，牛顿称之为"流数术". 它所处理的一些具体问题，如切线问题、求积问题、瞬时速度问题以及函数的极大和极小值问题等，在牛顿前已经得到人们的研究，但牛顿超越了前人，他站在了更高的角度，对以往分散的结论加以综合，将自古希腊以来求解无限小问题的各种技巧统一为两类普通的算法——微分和积分，并确立了这两类运算的互逆关系，从而完成了微积分发明中最关键的一步，为近代科学发展提供了最有效的工具，开辟了数学上的一个新纪元.

2. 莱布尼茨（Gottfried Wilhelm Leibniz，1646—1716 年）

莱布尼茨（附图 3-1-2）是德国最重要的自然科学家、数学家、物理学家、历史学家和哲学家，一位举世罕见的科学天才，他和牛顿（1643 年 1 月 4 日—1727 年 3 月 31 日）同为微积分的创建人. 他的研究成果还遍及力学、逻辑学、化学、地理学、解剖学、动物学、植物学、气体学、航海学、地质学、语言学、法学、哲学、历史、外交等，"世界上没有两片完全相同的树叶"就出自他之口. 他还是最早研究中国文化和中国哲学的德国人，对

附图 3-1-2

丰富人类的科学知识宝库做出了不可磨灭的贡献．然而，由于他创建了微积分，并精心设计了非常巧妙简洁的微积分符号，这使他以伟大数学家的称号闻名于世．

3. 洛必达（L'Hospital，1661—1704年）

洛必达（附图3-1-3）是法国的数学家，于1661年出生于法国．

他早年就显露出数学才能，在15岁时就解出帕斯卡的摆线难题，之后又解出约翰伯努利向欧洲挑战的"最速降曲线"问题．稍后他投入了更多的时间在数学上，在瑞士数学家伯努利的门下学习微积分，并成为法国新解析的主要成员．洛必达的《无限小分析》（1696年）一书是微积分学方面最早的教科书，在18世纪为一模范著作，书中创造了一种算法（洛必达法则），用以寻找满足一定条件的两函数之商的极限．他最重

附图3-1-3

要的著作是《阐明曲线的无穷小分析》（1696年），这本书是世界上第一本系统的微积分学教科书，他由一组定义和公理出发，全面地阐述变量、无穷小量、切线、微分等概念，这对传播新创建的微积分理论起了很大的作用．

4. 欧拉（Leonhard Euler，1707—1783年）

欧拉（附图3-1-4）是瑞士数学家和物理学家．他是一位数学神童，被称为历史上最伟大的两位数学家之一（另一位是卡尔·弗里德里克·高斯）和遗产最多的数学家，他的全集共计75卷．欧拉是第一个使用"函数"一词来描述包含各种参数的表达式的人，他是把微积分应用于物理学的先驱者之一．

他对微分方程理论做出了重要贡献．他还是欧拉近似法的创始人，这些计算法被用于计算力学．其中最有名的被称为欧拉方法．

附图3-1-4

在数论里他引入了欧拉函数．欧拉将虚数的幂定义为 $e^{ix} = \cos(x) + i\sin(x)$，这就是欧拉公式，它成为指数函数的中心．在1735年，他定义了微分方程中有用的欧拉-马歇罗尼常数．

欧拉实际上支配了18世纪的数学，对于当时的新发明微积分，他推导出了很多结果．

5. 高斯（Carl Friedrich Gauss，1777—1855年）

高斯（附图3-1-5）是德国数学家、科学家，他和牛顿、阿基米德被誉为"有史以来的三大数学家"．高斯是近代数学的奠基者之一，在历史上影响之大，可以和阿基米德、牛顿、欧拉并列，有"数学王子"之称．

高斯的数学研究几乎遍及所有领域，他在数论、代数学、非欧几何、复变函数和微分几

何等方面都做出了开创性的贡献. 他还把数学应用于天文学、大地测量学和磁学的研究, 发明了最小二乘法原理. 高斯一生共发表 155 篇论文, 他对待学问十分严谨, 只是把他自己认为十分成熟的作品发表出来.

高斯最出名的故事就是在他 10 岁时, 小学老师出了一道算术难题"计算 $1+2+3\cdots+100=?$". 这难住了初学算术的学生, 但是高斯却在几秒钟后将答案解了出来, 他利用算术级数（等差级数）的对称性, 像求一般算术级数和一样, 把数目一对对地凑在一起: $1+100, 2+99, 3+98, \cdots, 49+52, 50+51$, 而这样的组合有 50 组, 所以答案很快就可以求出: $101 \times 50 = 5050$.

附图 3-1-5

由于高斯在数学、天文学、大地测量学和物理学中的杰出研究成果, 他被选为许多科学院和学术团体的成员. "数学王子"的称号是对他一生恰如其分的赞颂.

6. 泰勒 (Taylor Brook, 1685—1731 年)

泰勒（附图 3-1-6）是英国数学家, 于 1685 年 8 月 18 日生于英格兰德尔塞克斯郡的埃德蒙顿市.

1708 年, 23 岁的泰勒得到了"振动中心问题"的解, 引起了人们的注意. 他的两本著作——《正和反的增量法》及《直线透视》都出版于 1715 年. 1712—1724 年, 他在《哲学会报》上共发表了 13 篇文章, 其中有些是通信和评论. 文章中还包含毛细管现象、磁学及温度计的实验记录.

泰勒以微积分学中将函数展开成无穷级数的定理著称于世. 这条定理大致可以叙述为: 函数在一个点的邻域内的值可以用函数在该点的值及各阶导数值组成的无穷级数表示出来. 然而, 在半个世纪里, 数学家们并没有认识到泰勒定理的重大价值. 这一重大价值是后来由拉格朗日发现的, 他把这一定理刻画为微积分的基本定理. 泰勒定理的严格证明是在定理诞生一个世纪之后由柯西给出的.

附图 3-1-6

7. 麦克劳林 (Maclaurin, 1698—1746 年)

麦克劳林（附图 3-1-7）是英国数学家, 于 1698 年 2 月生于苏格兰基尔莫丹.

他最有影响的著作《流数论》为分析形式化的前驱. 他在书中还叙述了级数收敛性的积分判别准则, 并给出了后来以他的名字命名的麦克劳林级数, 这个级数实际是泰勒定理的特例. 《流数论》中对转动流体平衡问题的讨论, 是麦克劳林早年论文《论潮汐》思想的发展, 其对 18 世纪关于地球形状的研究有重要影

附图 3-1-7

响. 他曾因《论潮汐》一文而与欧拉、丹尼尔、伯努利共同获得 1740 年的法国科学院奖. 麦克劳林是 18 世纪英国数学最后一位重要的代表人物, 他的《流数论》维护了牛顿的学说, 但也助长了英国学术界对牛顿传统的保守倾向. 在他之后, 英国数学日益落后于欧洲大陆国家.

8. 傅里叶（Jean Baptiste Joseph Fourier, 1768—1830 年）

傅里叶（附图 3-1-8）是法国数学家及物理学家, 是傅里叶级数（三角级数）的创始人. 傅里叶生于法国中部欧塞尔的一个裁缝家庭, 他的主要贡献是在研究热的传播时创立了一套数学理论. 1807 年他向巴黎科学院呈交《热的传播》论文, 推导出著名的热传导方程, 并在求解该方程时发现解函数可以由三角函数构成的级数形式表示, 从而提出任一函数都可以展开成三角函数的无穷级数. 1822 年他在代表作《热的分析理论》中解决了热在非均匀加热的固体中分布传播问题, 成为分析学在物理中应用的最早例证之一, 对 19 世纪数学和理论物理学的发展产生深远影响. 傅里叶级数（即三角级数）、傅里叶分析等理论均由此创始.

附图 3-1-8

傅里叶还证明了所有的乐声——不管是器乐还是声乐都能用数学表达式来描述, 它们是一些简单的正弦周期函数的和. 每种声音都有三种品质——音调、音量和音色, 并以此与其他的乐声区别. 傅里叶的发现, 使人们可以将声音的三种品质通过图解加以描述并区分. 音调与曲线的频率有关, 音量与曲线的振幅有关, 音色则与周期函数的形状有关. 对乐声本质的研究, 在 19 世纪法国数学家傅里叶的著作中达到了顶峰.

傅里叶的其他贡献还有: 最早使用定积分符号, 改进了代数方程符号法则的证法和实根个数的判别法等.

9. 拉普拉斯（Laplace, Pierre-Simon, 1749—1827 年）

拉普拉斯（附图 3-1-9）是法国数学家、天文学家、法国科学院院士, 于 1749 年 3 月 23 日生于法国西北部卡尔瓦多斯的博蒙昂诺日. 拉普拉斯的研究领域很广, 涉及天文、数学、物理、化学等方面的许多课题, 他一生中最主要的精力花费在天体力学方面. 他把数学当作解决问题的重要工具, 而他在运用数学的同时又创造和发展了许多新的数学方法. 在微分方程中有以他的名字命名的拉普拉斯方程. 他在 1782 年就考虑过形如积分的方程, 后来人们称它为拉普拉斯变换. 他较早地考虑了复函数求积法, 并把实积分转换为复积分来计算实积分的值. 在代数学中有关于行列式的拉普拉斯展开定理. 他还被公认为概率论的奠基人之一. 拉普拉斯的研究成果大都包括在他的 3 部总结性的名著中: 《宇宙体系论》, 其

附图 3-1-9

中有著名的关于太阳系起源的星云假说,因为康德也曾发表过类似的假说,所以在科学史上通常称为"康德-拉普拉斯星云说";《天体力学》,这部 5 卷 16 册的著作实际上是牛顿、克莱罗、欧拉、拉格朗日以及他本人的天文学研究工作的总结和统一;《概率的分析理论》是概率论方面的一部内容丰富的奠基性著作,书中首次明确给出了概率的古典定义,系统叙述了概率论的基本定理,建立了观测误差理论(包括最小二乘法),并把概率论应用于人口统计,书中大量运用了拉普拉斯变换,生成函数和许多数学工具.

10. 棣莫弗(Abraham De Moivre,1667—1754 年)

棣莫弗(附图 3-1-10)于 1667 年 5 月 26 日生于法国维特里的弗朗索瓦.

在早期所学的数学著作中,他最感兴趣的是惠更斯(Huygens)关于赌博的著作,特别是惠更斯于 1657 年出版的《论赌博中的机会》一书启发了他的灵感. 棣莫弗还学习了欧几里得(Enclid)的《几何原本》及其他数学家的一些重要的数学著作. 在一个偶然的机会,他读到牛顿刚刚出版的《自然哲学的数学原理》,他深深地被这部著作吸引了. 后来,他曾回忆起自己是如何学习牛顿的这部巨著的:他靠做家庭教师糊口,必须给许多家庭的孩子上课,因此时间很紧,于是就将这部巨著拆开,当他教完一家的孩子后去另一家的路上,赶紧阅读几页,不久便把这部书学完了. 这样,棣莫弗很快就有了充实的学术基础,并开始进行学术研究.

附图 3-1-10

1692 年,棣莫弗拜会了英国皇家学会秘书哈雷(Halley),哈雷将棣莫弗的第一篇数学论文《论牛顿的流数原理》在英国皇家学会上宣读,引起了学术界的注意. 1697 年,由于哈雷的努力,棣莫弗当选为英国皇家学会会员.

棣莫弗的天才及成就逐渐受到了人们的广泛关注和尊重. 哈雷将棣莫弗的重要著作《机会的学说》呈送牛顿,牛顿对棣莫弗十分欣赏. 据说,后来遇到学生向牛顿请教概率方面的问题时,他就说:"这样的问题应该去找棣莫弗,他对这些问题的研究比我深入得多." 1735 年,棣莫弗被选为柏林科学院院士. 1754 年,他又被法国的巴黎科学院接纳为会员.

附录4 常用的基本初等函数的图像和性质

附表 4–1–1

函数	定义域与值域	图像	特性
$y=x$	$x\in(-\infty,+\infty)$, $y\in(-\infty,+\infty)$		奇函数,单调增加
$y=x^2$	$x\in(-\infty,+\infty)$, $y\in[0,+\infty)$		偶函数, 在$(-\infty,0)$内单调减少, 在$(0,+\infty)$内单调增加
$y=x^3$	$x\in(-\infty,+\infty)$, $y\in(-\infty,+\infty)$		奇函数, 单调增加
$y=\dfrac{1}{x}$	$x\in(-\infty,0)\cup(0,+\infty)$, $y\in(-\infty,0)\cup(0,+\infty)$		奇函数, 在$(-\infty,0)$内单调减少, 在$(0,+\infty)$内单调减少
$y=x^{\frac{1}{2}}$	$x\in[0,+\infty)$, $y\in[0,+\infty)$		单调增加

续表

函数	定义域与值域	图像	特性
$y=a^x$ $(a>1)$	$x\in(-\infty,+\infty)$, $y\in(0,+\infty)$	过点(0,1)的增函数图像	单调增加
$y=a^x$ $(0<a<1)$	$x\in(-\infty,+\infty)$, $y\in(0,+\infty)$	$y=a^x$ $(0<a<1)$，过点(0,1)的减函数图像	单调减少
$y=\log_a x$ $(a>1)$	$x\in(0,+\infty)$, $y\in(-\infty,+\infty)$	过点(1,0)的增函数图像	单调增加
$y=\log_a x$ $(0<a<1)$	$x\in(0,+\infty)$, $y\in(-\infty,+\infty)$	$y=\log_a x$ $(0<a<1)$，过点(1,0)的减函数图像	单调减少
$y=\sin x$	$x\in(-\infty,+\infty)$, $y\in[-1,1]$	$y=\sin x$ 图像	奇函数，周期为2π，有界
$y=\cos x$	$x\in(-\infty,+\infty)$, $y\in[-1,1]$	$y=\cos x$ 图像	偶函数，周期为2π，有界

续表

函数	定义域与值域	图像	特性
$y = \tan x$	$x \neq k\pi + \dfrac{\pi}{2}(k \in \mathbf{Z})$, $y \in (-\infty, +\infty)$		奇函数,周期为 π
$y = \cot x$	$x \neq k\pi (k \in \mathbf{Z})$, $y \in (-\infty, +\infty)$		奇函数,周期为 π
$y = \arcsin x$	$x \in [-1, 1]$, $y \in \left[-\dfrac{\pi}{2}, \dfrac{\pi}{2}\right]$		奇函数,单调增加,有界
$y = \arccos x$	$x \in [-1, 1]$, $y \in [0, \pi]$		单调减少,有界

续表

函数	定义域与值域	图像	特性
$y = \arctan x$	$x \in (-\infty, +\infty)$, $y \in \left(-\dfrac{\pi}{2}, \dfrac{\pi}{2}\right)$		奇函数, 单调增加, 有界
$y = \operatorname{arccot} x$	$x \in (-\infty, +\infty)$, $y \in (0, \pi)$		单调减少, 有界

附录5 科学计算器的使用技巧

计算器是一种现代的先进计算工具,它具有运算速度快、精度高、功能多以及体积小、使用方便等许多特点. 其种类、型号繁多,形式与功能也各有不同,下面根据 fx–350TL 计算器和 KK–106N 计算器的功能作简要的介绍.

1. fx–350TL 计算器的使用技巧

1)模式(MODE)

fx–350TL 计算器的模式见附表 5–1–1.

附表 5–1–1

应用	模式名	模式指示符
计算模式		
普通计算	COMP	—
标准差计算	SD	SD
回归计算	REG	REG
角度单位模式		
度	DEG	D
弧度	RAD	R
百分度	GRA	G
显示模式		
指数显示[取消小数位数(FIX)及有效位数(SCI)的设定]	NORM1	—
	NORM2	—
小数位数设定	FIX	Fix
有效位数设定	SCI	Sci

2)科学函数计算(使用 COMP 模式进行科学函数计算)

(1)三角函数/反三角函数.

范例1:计算 $\sin 63°052'41''$.

$$\boxed{\text{MODE}}\ \boxed{\text{MODE}}\ \boxed{1} \rightarrow \text{``}\boxed{\text{D}}\text{''}$$

$$\boxed{\sin}\ 63\ \boxed{.,,}\ 52\ \boxed{.,,}\ 47\ \boxed{.,,}\ \boxed{=} \qquad 0.897\ 859\ 012$$

范例2:计算 $\arccos\dfrac{1}{3}$.

$$\boxed{\text{MODE}}\ \boxed{\text{MODE}}\ \boxed{2} \rightarrow \text{``}\boxed{\text{R}}\text{''}$$

$$\boxed{\text{SHIFT}}\ \boxed{\cos^{-1}}\ \boxed{(}\ 1\ \boxed{\div}\ 3\ \boxed{)}\ \boxed{=} \qquad 1.230\ 959\ 417$$

$$\boxed{\text{Ans}}\ \boxed{\div}\ \boxed{\text{SHIFT}}\ \boxed{\pi}\ \boxed{=} \qquad 0.391\ 826\ 552$$

(2) 角度单位变换.

请按 SHIFT DRG 键在显示屏上调出以下菜单按 1，2，3 键选择显示数值所对应的角度单位：

D	R	G
1	2	3

范例 3：将 4.25 弧度变换为度.

MODE MODE 1 → " D "

4.25 SHIFT DRG 2 (r) =   243.507 062 9

(3) 坐标变换 (Pol(x,y), Rec(r,θ)).

计算结果会自动分派给变量 E 及 F.

范例 4：将极坐标 ($r=2$, $\theta=60°$) 变换为直角坐标 (x,y). (DEG 模式)

SHIFT Rec (2 , 60) =   1   (x)

RCL F   1.732 050 808   (y)

按 RCL E，RCL F 键可以存储器内的数值取代现在显示的数值.

范例 5：将直角坐标 (3,4) 变换为极坐标 (r,θ). (RAD 模式)

Pol (3 , 4) =   5   (r)

RCL F   53.130 102 35   (θ)

(4) 排列组合计算.

范例 6：用数字 1~7 能组成多少各不同的四位数？

7 SHIFT nPr 4 =   840

范例 7：在 10 个物品中取 4 个，问能有多少种组合？

10 nCr 4 =   210

2. KK–106N 计算器的使用技巧

KK–106N 计算器的大部分计算功能与 fx–350TL 计算器相同，下面只对直角坐标与极坐标的转换加以说明.

1) 直角坐标与极坐标的转换（附图 5–1–1）

(1) $x,y \to r(\theta)$：

$$r = \sqrt{x^2+y^2}, \theta = \arctan\frac{y}{x}.$$

(2) $r(\theta) \to x,y$：

$$x = r\cos\theta, y = r\sin\theta,$$
$$x = 6, y = 4 \to r(\theta).$$

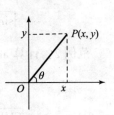

附图 5–1–1

科学计算器的使用技巧

DEG：6 [a] 4 [b] [2ndF] [→rθ]　　　　　　　　7.211 025 51　(r)

　　　　　　　　　[b]　　　　　　　　　　　33.690 067 53°　($θ$)

　　　　$r=14$，$θ=π/3$　→x，y

RAD：[2ndF] [π] [÷] 3 [=] [b] 14 [a] [2ndF] [→xy]　　　7　(x)

　　　　　　　　　[b]　　　　　　　　　　　12.124 355 65　(y)

(3) 复数的代数式与坐标式转换，方法同上.

　　$i = 12 + j9$

DEG：12 [a] 9 [b] [2ndF] [→rθ]　　　　　　　　15　(r)

　　　　　　　　　[b]　　　　　　　　　　　36.869 897 65°　($θ$)

这里，x（或 r）值必须输入[a]，y（或 $θ$）值必须输入[b]. 先输入[a]还是[b]可任意选择.

[a][b]键不能应用在二进制、八进制、十六进制或统计计算中.

[a]或[b]键操作，如果是其他计算顺序的中途结果，即使使用了括号予以保留，也会被清除，即输入的只能是定数，不能边算边输入.

2) 复数的计算

进行复数计算时，按[2ndF] [CPLX]键，显示 CPLX.

(1) 加法：$(a+jb)+(c+jd)=(a+c)+j(b+d)$，

　　　　$(5+j4)+(6+j3)=11+j7$.

[2ndF] [CPLX]：5 [a] 4 [b] [+] 6 [a] 3 [b]

　　　　　　　[=]　　11　　[a]　11　（最后的[a]键可不按）

　　　　　　　[b]　　　　　　　　　7　（j）

(2) 减法、乘法、除法方法同加法.

　　　　$(5+j4)(6+j3) = 18+j39$.

　　　　5 [a] 4 [b] [×] 6 [a] 3 [b]

　　　　　　　　　[=]　　　　　　　　18

　　　　　　　　　[b]　　　　　　　　39　（j）

(3) $r(\cos θ + j\sin θ)$ 三角函数式.

　　　　$10(\cos 60° + i\sin 60°) + 5(\cos 45° + i\sin 45°)$

　　　　$= 8.535\,533\,906 + 12.195\,787\,94i$

　　　　$= 14.885\,986\,12 ∠ 55.012\,765\,27°$.

DEG、CPLX：10 [a] 60 [b] [2ndF] [→xy] [+] 5 [a] 45 [b] [2ndF] [→xy] [=]

　　　　　　　　　　　　　　　　　　　　　　　　　　8.535 533 906

b	12. 195 787 94	(i)
2ndF →rθ	14. 885 986 12	(r)
b	55. 012 765 27°	(θ)

①进行复数计算时,一定要转入 CPLX 形式.

②复数计算时,记忆计算、常用计算,以及同括号一起的计算,都停止进行.

③如果 a 或 b 中有一个是 0,则复数运算时,0 的部分不能省略,仍要输入 0.

2. 正弦量的相量运算

在正弦稳态电路计算中,相量法之所以能成功地代替许多三角运算,实现化难为易的目的,主要有以下几方面原因:

(1) 在正弦稳态电路中,交流电压和电流都是同频率的正弦波,它们与复数相量之间存在一一对应的关系,正弦量可以用复数相量来表示.

(2) 同频率的正弦量代数和、正弦量乘以常数、正弦量的导数和积分,其运算结果仍然是一个与原频率相同的正弦量.

(3) 运用相量法与运用常规的三角运算所求得的结果完全一致.

注意:并非任意正弦量之间的任何运算都可以套用相量法,上面的第(2)、第(3)两个条件是非常关键的.

请看一个简单的反例:计算 $(\sin\omega t)^2$.

(1) 用三角公式计算:$(\sin\omega t)^2 = \frac{1}{2} - \frac{1}{2}\cos 2\omega t$.

(2) 用相量法计算:$(\sin\omega t)^2 = \sin\omega t \cdot \sin\omega t$.

将正弦量改写成相量形式并运算:$1\angle 0° \times 1\angle 0° = 1\angle 0°$.

还原为正弦量:$\sin\omega t$,可是这个结果显然是错误的.

再看一个简单的反例:计算 $\frac{\sin(\omega t + 90°)}{\sin\omega t}$.

(1) 用三角公式计算:$\frac{\sin(\omega t + 90°)}{\sin\omega t} = \frac{\cos\omega t}{\sin\omega t} = \cot\omega t$.

(2) 用相量法计算:

将正弦量改写成相量形式并运算:$\frac{1\angle 90°}{1\angle 0°} = 1\angle 90°$.

还原为正弦量:$\sin(\omega t + 90°)$. 这个结果显然也是错误的.

可见,频率相同的正弦量之间的乘法、除法运算都不能用相量法计算.

为什么同频率正弦量的代数和、正弦量乘以常数、正弦量的导数和积分的运算结果仍是一个正弦量,而且运用相量法与运用常规的三角运算所求得的结果完全一致呢?下面予以说明:

(1) 正弦量的导数仍然是一个同频率的正弦量,其对应的相量等于原正弦量的相量乘以 jω.

证明:设正弦量为 $u(t) = U\sqrt{2}\sin(\omega t + \varphi)$.

根据复合函数的求导法则及三角函数的导数公式：

$$\frac{\mathrm{d}u}{\mathrm{d}t} = U\sqrt{2}\cos(\omega t + \varphi) \cdot (\omega t + \varphi)' = U\sqrt{2}\cos(\omega t + \varphi) \cdot \omega$$
$$= \omega U\sqrt{2}\sin(\omega t + \varphi + 90°),$$
（附 5 - 1 - 1）

即正弦量的导数仍然是一个同频率的正弦量.

将式（附 5 - 1 - 1）的右端改写为相量形式，得导数对应的相量：

$$\omega U \angle (\varphi + 90°) = 1\angle 90° \times \omega U \angle \varphi = \mathrm{j}\omega \cdot \dot{U}.$$

其中 $\dot{U} = U\angle\varphi$ 是原正弦量 $u(t) = U\sqrt{2}\sin(\omega t + \varphi)$ 对应的相量.

所以，正弦量的导数仍然是一个同频率的正弦量，其对应的相量等于原正弦量的相量乘以 $\mathrm{j}\omega$.

（2）正弦量的积分仍然是一个同频率的正弦量，其对应的相量等于原正弦量的相量除以 $\mathrm{j}\omega$.

证明：设正弦量为 $u(t) = U\sqrt{2}\sin(\omega t + \varphi)$.

根据换元积分法及三角函数的积分公式：

$$\int u(t)\mathrm{d}t = \int U\sqrt{2}\sin(\omega t + \varphi)\mathrm{d}t$$
$$= U\sqrt{2}\frac{1}{\omega}\int \sin(\omega t + \varphi)\mathrm{d}(\omega t + \varphi) = -U\sqrt{2}\frac{1}{\omega}\cos(\omega t + \varphi)$$
$$= \frac{1}{\omega}U\sqrt{2}\sin(\omega t + \varphi - 90°),$$
（附 5 - 1 - 2）

即正弦量的积分仍然是一个同频率的正弦量.

将式（附 5 - 1 - 2）的右端改写为相量形式，得积分对应的相量：

$$\frac{1}{\omega}U\angle(\varphi - 90°) = \angle 90° \frac{1}{\omega}U\angle\varphi \div 1\angle 90°$$
$$= \dot{U} \div (\mathrm{j}\omega) = \frac{1}{\mathrm{j}\omega}\dot{U}.$$

所以，正弦量的积分仍然是一个同频率的正弦量，其对应的相量等于原正弦量的相量除以 $\mathrm{j}\omega$.

（3）正弦量乘以实常数仍然是一个同频率的正弦量，其对应的相量等于原正弦量的相量乘以这个常数.

证明：设正弦量为 $u(t) = U\sqrt{2}\sin(\omega t + \varphi)$，$a$ 为已知的常数.

$au(t) = aU\sqrt{2}\sin(\omega t + \varphi)$，它显然是一个同频率的正弦量.

上式右端的相量形式是 $a \cdot U\angle\varphi = a \cdot \dot{U}$. 这就是结论.

（4）两个同频率正弦量的代数和仍然是一个同频率的正弦量，且用相量法求得的结果与三角运算一致.

证明：设 $y_1(t) = a\sqrt{2}\sin(\omega t + \alpha)$，$y_2(t) = b\sqrt{2}\sin(\omega t + \beta)$.

①用三角公式运算：

$$y_1(t) + y_2(t) = a\sqrt{2}\sin(\omega t + \alpha) + b\sqrt{2}\sin(\omega t + \beta)$$
$$= \sqrt{2}(a\sin\omega t\cos\alpha + a\cos\omega t\sin\alpha + b\sin\omega t\cos\beta + b\cos\omega t\sin\beta)$$
$$= \sqrt{2}[(a\cos\alpha + b\cos\beta)\sin\omega t + (a\sin\alpha + b\sin\beta)\cos\omega t] \quad (附5-1-3)$$

由于 a、b、α、β 都是常数，根据三角函数知识，式（附 5 - 1 - 3）可化为正弦型：
$$\sqrt{2}A\sin(\omega t + \varphi),$$

即
$$y_1(t) + y_2(t) = \sqrt{2}A\sin(\omega t + \varphi). \quad (附5-1-4)$$

其中 A、φ 分别由式（附 5 - 1 - 5）、式（附 5 - 1 - 6）确定：
$$A = \sqrt{(a\cos\alpha + b\cos\beta)^2 + (a\sin\alpha + b\sin\beta)^2}$$
$$= \sqrt{a^2 + b^2 + 2ab\cos(\beta - \alpha)}$$
$$= \sqrt{a^2 + b^2 - 2ab\cos[\pi - (\beta - \alpha)]}, \quad (附5-1-5)$$
$$\tan\varphi = \frac{a\sin\alpha + b\sin\beta}{a\cos\alpha + b\cos\beta}. \quad (附5-1-6)$$

② 用相量法运算：

a. 将已知的正弦量用对应的相量表示：
$$y_1(t) = a\sqrt{2}\sin(\omega t + \alpha) \Rightarrow \dot{Y}_1 = a\angle\alpha,$$
$$y_2(t) = b\sqrt{2}\sin(\omega t + \beta) \Rightarrow \dot{Y}_2 = b\angle\beta.$$

b. 计算对应相量的和：
$$\dot{Y}_1 + \dot{Y}_2 = a\angle\alpha + b\angle\beta$$
$$= a(\cos\alpha + j\sin\alpha) + b(\cos\beta + j\sin\beta)$$
$$= (a\cos\alpha + b\cos\beta) + j(a\sin\alpha + b\sin\beta)$$
$$= r\angle\theta. \quad (附5-1-7)$$

其中 r、θ 分别由式（附 5 - 1 - 8）、式（附 5 - 1 - 9）确定：
$$r = \sqrt{(a\cos\alpha + b\cos\beta)^2 + (a\sin\alpha + b\sin\beta)^2}$$
$$= \sqrt{a^2 + b^2 + 2ab\cos(\beta - \alpha)}$$
$$= \sqrt{a^2 + b^2 - 2ab\cos[\pi - (\beta - \alpha)]}. \quad (附5-1-8)$$

这正是用余弦定理求复平面上相量 $\dot{Y}_1 + \dot{Y}_2$ 长度（模）的表达式，与式（附 5 - 1 - 5）完全相同.
$$\tan\theta = \frac{a\sin\alpha + b\sin\beta}{a\cos\alpha + b\cos\beta}. \quad (附5-1-9)$$

这与式（附 5 - 1 - 6）中确定 φ 的式子也完全相同.

c. 写出与式（附 5 - 1 - 6）（复数）对应的正弦量：
$$y_1(t) + y_2(t) = \sqrt{2}r\sin(\omega t + \theta). \quad (附5-1-10)$$

比较式（附5-1-4）与式（附5-1-10），其结果是完全一致的.

所以，两个同频率正弦量的代数和仍然是一个同频率的正弦量，且用相量法求得的结果与三角运算一致.

此命题可以推广到求有限多个同频率正弦量的代数和.

参 考 答 案

课后训练 1.1

1. (1) 不同，定义域不同；(2) 相同；(3) 不同，对应关系不同；(4) 相同.
2. (1) $[-2,0)\cup(0,2]$；(2) $[-1,2)$；(3) $[0,2]$；(4) $[1,+\infty]$.
3. (1) 奇函数；(2) 偶函数.
4. $f(0)=1, f(1)=0, f\left(\dfrac{5}{4}\right)=-\dfrac{1}{4}$.
5. (1) $y=\begin{cases} 0.15x, & 0<x\leqslant 50, \\ 7.5+0.25(x-50), & x>50, \end{cases}$ $(0,+\infty)$；

   (2) 图像略；

   (3) 4.5 元，7.5 元，13.75 元.
6. $u=\begin{cases} -t, & -1\leqslant t<0, \\ t, & 0\leqslant t\leqslant 1. \end{cases}$

课后训练 1.2

1. (1) $y=u^5, u=2x-3$；

   (2) $y=e^u, u=-\sin x$；

   (3) $y=\sin u, u=5x$；

   (4) $y=u^2, u=\cos x$；

   (5) $y=\sqrt{u}, u=x^2-1$；

   (6) $y=\arctan u, u=x^2+1$；

   (7) $y=\arcsin u, u=\sqrt{v}, v=1-x^2$；

   (8) $y=\ln u, u=\tan v, v=\dfrac{1}{x}$；

   (9) $y=\sqrt{u}, u=\cos v, v=3x$.
2. $v=10+0.05t$，1 800 分钟.
3. 略.

课后训练 1.3

1. (1) 0；(2) 0；(3) $+\infty$；(4) 0.

2. (1) 无穷小；(2) 无穷大；(3) 无穷大；(4) 无穷小.

3. (1) 3；(2) 4；(3) $-\dfrac{2}{3}$；(4) -4；(5) $\dfrac{2}{7}$；(6) $\dfrac{1}{4}$；(7) ∞；(8) e^2；

(9) $e^{-\frac{1}{3}}$；(10) e^{-4}．(11) 2；(12) 1；(13) $\dfrac{5}{6}$.

4. (1) 0；(2) 0.

5. $\dfrac{A}{r}$.

6. 小狗奔波了 3 千米；当他们到达学校时小狗在家.

自测题 1

1. (1) 错；(2) 错；(3) 错；(4) 错；(5) 对.

2. (1) $\sin^2 x$；(2) $\left[-\dfrac{1}{2}, 3\right]$；(3) $\dfrac{1}{2}$；

(4) $+\infty, 0$；(5) $y = e^u$, $u = \arctan v$, $v = \sqrt{x}$.

3. (1) B；(2) B；(3) C；(4) B.

4. $\dfrac{1+x}{1-x}$, $\dfrac{x-1}{x+1}$, $\dfrac{1-x-\Delta x}{1+x+\Delta x}$.

5. (1) $y = \sqrt{u}$, $u = \tan x$；

(2) $y = \ln u$, $u = \ln x$；

(3) $y = u^4$, $u = 3x^2 - 2x + 1$；

(4) $y = e^u$, $u = \cos v$, $v = 2x$；

(5) $y = \sqrt{u}$, $u = \sin v$, $v = 4x - 2$；

(6) $y = u^2$, $u = \tan v$, $v = \dfrac{x}{2}$.

6. (1) -1；(2) 6；(3) $\dfrac{1}{3}$；(4) 0；(5) $\dfrac{1}{2}$；(6) e^3.

7. 96.46（万元）.

8. $p = 10.3(1+2\%)^t$.

课后训练 2.1

1. $\dfrac{5\sqrt{2}}{2}$, 35.79°.

2. (1) $\dfrac{16}{65} = 0.246$；(2) 16.

3. 60°.

4. $\dfrac{55}{2}\sqrt{3}$.

5. (1) 1；(2) -6；(3) $2\sqrt{2}$；(4) 0.125.

6. (1) $\dfrac{\sqrt{3}}{2}$；(2) $\dfrac{\sqrt{3}}{3}$；(3) $-\dfrac{\sqrt{3}}{2}$；(4) $-\dfrac{\sqrt{2}}{2}$.

7. (1) $\dfrac{33}{65}$；(2) 9.38.

8. 斜坡 AD 的坡角为 30°，坝底宽 AB 为 $27+8\sqrt{3}$（米）.

课后训练 2.2

1. (1) 2π；(2) π；(3) 4π.

2. 横坐标缩短 1/2，向左移动 $\dfrac{\pi}{3}$ 个单位，再向上伸长 3 倍.

3. $\dfrac{\sqrt{2}}{10}$.

4. $y = 2\sin\left(3x - \dfrac{5\pi}{9}\right)$.

5. (1) 最大值 $U_m = 220\sqrt{2}$（伏），$I_m = 10\sqrt{2}$（安），有效值 $U = 220$（伏），$I = 10$（安）；
(2) 角频率为 314 弧度/秒，频率为 50 赫兹，周期为 0.02 秒；
(3) 初相角 $\varphi_u = 60°$，$\varphi_i = -30°$，相位差为 90°；
(4) 略.

6. (1) 10，50，0°；(2) 5，$\dfrac{50}{\pi}$，30°；(3) 4，$\dfrac{1}{\pi}$，-30°；(4) $8\sqrt{2}$，$\dfrac{1}{\pi}$，-45°.
波形图略.

7. $u = 220\sqrt{2}\sin(314t + 45°)$（伏）.

8. 60°，$\dfrac{15}{2}\sqrt{3}$.

课后训练 3.1

1. 2，-45°；3，-90°；5，0°；10，53.13°；2，120°.

2. (1) 1.73，1；(2) -3.25，-3.25；(3) 0.836，3.12；(4) -5，0.

3. (1) 2.5 + j4.33；(2) 4.39 − j2.39；(3) −2.49 + j14.10；(4) −j2.

4. (1) 220∠0°；(2) 2∠−45°；(3) 5∠143.13°；(4) 4.4∠90°

5. (1) $x_{12} = -\dfrac{3}{2} \pm j\dfrac{\sqrt{19}}{2}$；(2) $x_{12} = \pm j2$；

(3) $x_{12} = 2 \pm j\dfrac{\sqrt{30}}{2}$；(4) $x_{12} = \pm j9$.

课后训练 3.2

1. (1) 3 + j3；(2) 4；(3) $\dfrac{1}{10}\angle 143.13°$；(4) $\dfrac{6}{5}\angle 135°$.

2. (1) 5 + j35，$25\sqrt{2}\angle 81.87°$，0.415∠−4.76°；

(2) $7.08\angle-8.17°$；

(3) $4.47\angle 26.56°$.

3. $11+j10$，$-5-j2$，$50\angle 90°$，$0.5\angle 16.26°$.

4. （1）$0.04\angle 90°$；（2）$6.32\angle-18.43°$；（3）$22\angle 150°$.

5. $2.62\angle 19.95°$.

6. （1）-2^{10}；（2）-1.

7. $i=5\sqrt{2}\sin(314t-23.078°)$.

8. $i=\sqrt{2}\sin(1\,000t+30°)$.

课后训练 4.1

1. （1）-21；（2）1；（3）5；（4）13；（5）0.

2. （1）$\begin{cases}x_1=-1,\\x_2=-1,\\x_3=0;\end{cases}$ （2）$\begin{cases}x_1=\dfrac{55}{28},\\x_2=\dfrac{25}{14},\\x_3=\dfrac{9}{4};\end{cases}$ （3）$\begin{cases}x_1=1,\\x_2=-2,\\x_3=0,\\x_4=0.5.\end{cases}$

3. $I_1=1$（安），$I_2=-0.5$（安），$I=0.5$（安）.

课后训练 4.2

1. $A+B=\begin{pmatrix}0&4\\-1&8\\5&9\end{pmatrix}$；$3A-2B=\begin{pmatrix}5&7\\-3&-6\\5&7\end{pmatrix}$.

2. （1）$\begin{pmatrix}-1&2&3\\3&-6&-9\\-2&4&6\end{pmatrix}$；（2）$\begin{pmatrix}2&8\\13&3\end{pmatrix}$；

（3）$\begin{pmatrix}0&8&12\\5&8&9\\15&10&6\end{pmatrix}$；（4）$\begin{pmatrix}5\\-1\\6\end{pmatrix}$.

3. （1）$A^{-1}=\begin{pmatrix}\dfrac{1}{10}&-\dfrac{3}{10}\\\dfrac{3}{20}&\dfrac{1}{20}\end{pmatrix}$；

（2）$A^{-1}=\begin{pmatrix}2&-1&1\\4&-2&1\\-\dfrac{3}{2}&1&-\dfrac{1}{2}\end{pmatrix}$；

(3) $A^{-1} = \begin{pmatrix} \frac{1}{4} & \frac{1}{4} & \frac{1}{4} & \frac{1}{4} \\ \frac{1}{4} & \frac{1}{4} & -\frac{1}{4} & -\frac{1}{4} \\ \frac{1}{4} & -\frac{1}{4} & \frac{1}{4} & -\frac{1}{4} \\ \frac{1}{4} & -\frac{1}{4} & -\frac{1}{4} & \frac{1}{4} \end{pmatrix}$.

4. (1) $r(A) = 1$; (2) $r(A) = 2$; (3) $r(A) = 3$.

5. $\begin{cases} -I_1 - I_2 + I_3 = 0.1, \\ 1I_1 + 2I_3 = 4, \\ -1I_2 - 2I_3 = -2, \end{cases}$ 可得 $\begin{cases} I_1 = 1.56（安）, \\ I_2 = -0.44（安）, \\ I_3 = 1.22（安）. \end{cases}$

课后训练 4.3

1. (1) $\begin{cases} x_1 = 9, \\ x_2 = -1, \\ x_3 = -6; \end{cases}$ (2) $\begin{cases} x_1 = -2 + k, \\ x_2 = 3 - 2k, \\ x_3 = k, \end{cases}$ k 为任意常数;

(3) $\begin{cases} x_1 = -8, \\ x_2 = 0, \\ x_3 = 0, \\ x_4 = -3; \end{cases}$ (4) $\begin{cases} x_1 = 1 - 3k, \\ x_2 = 2 + 2k, \\ x_3 = -1 + 2k, \\ x_4 = k, \end{cases}$ k 为任意常数.

2. $i_1 = -0.0088$（安）, $i_2 = 0.5221$（安）, $i_3 = -0.531$（安）.

自测题 4

1. (1) 0, 10; (2) $(-1)^{2+3}\begin{vmatrix} 5 & 3 \\ -1 & 2 \end{vmatrix}$;

(3) $n = r$, $m \times s$; (4) 54; (5) 可逆.

2. (1) C; (2) A; (3) C; (4) D; (5) C.

3. (1) $\begin{pmatrix} 1 & 4 \\ 5 & 4 \end{pmatrix}$; (2) $\begin{pmatrix} 2 & 4 & 0 \\ 1 & 2 & 0 \\ 3 & 6 & 0 \end{pmatrix}$; (3) $\begin{pmatrix} 1 & 5 \\ 2 & 1 \end{pmatrix}$; (4) $\begin{pmatrix} 1 \\ 5 \\ 2 \end{pmatrix}$.

4. (1) $\begin{pmatrix} -5 & 0 & -8 \\ -3 & -1 & -6 \\ 2 & 0 & 3 \end{pmatrix}$; (2) $\begin{pmatrix} -\frac{1}{2} & -\frac{3}{2} & -\frac{5}{2} \\ \frac{1}{2} & \frac{1}{2} & \frac{1}{2} \\ 0 & 1 & 1 \end{pmatrix}$.

5. (1) $r(A) = 3$; (2) $r(A) = 2$.

6. (1) $\begin{cases} x_1 = 1, \\ x_2 = -2, \\ x_3 = 2; \end{cases}$

(2) $\begin{cases} x_1 = -1 + c_1 - c_2, \\ x_2 = c_1, \\ x_3 = 1 + 2c_2, \\ x_4 = c_2, \end{cases}$ k 为任意常数.

7. $\begin{pmatrix} 100 & 200 \\ 150 & 180 \\ 120 & 210 \end{pmatrix} \begin{pmatrix} 50 & 20 \\ 45 & 15 \end{pmatrix} = \begin{pmatrix} 9\,000 & 7\,500 \\ 11\,100 & 9\,450 \\ 10\,200 & 8\,550 \end{pmatrix}$,

即一、二、三车间的总产值分别为 9 000、11 100、10 200；一、二、三车间的总利润分别为 7 500、9 450、8 550.

课后训练 5.1

1. (1) √; (2) ×; (3) √; (4) ×; (5) ×.

2. (1) $f'(x_0)$; (2) $-f'(x_0)$.

3. 6.

4. (1) $5x^4$; (2) $\dfrac{2}{3\sqrt[3]{x}}$; (3) $-\dfrac{1}{2\sqrt{x^3}}$; (4) $-2x^{-3}$.

5. (1) $\dfrac{1}{2\ln 2}$; (2) -1.

课后训练 5.2

1. (1) ×; (2) ×; (3) ×; (4) ×; (5) ×; (6) ×; (7) √.

2. (1) $\dfrac{1}{2\sqrt{x}}$; (2) $3x^2 - \dfrac{1}{x^2}$; (3) $1 - \dfrac{2}{x^2}$;

(4) $-\dfrac{19}{6}x^{-\frac{25}{6}}$; (5) $\dfrac{1}{x\ln 2} + 5^x \ln 5$; (6) $e^x(\cos x - \sin x)$;

(7) $y'|_{x=1} = 4$, $y'|_{x=-1} = -4$;

(8) $f'(0) = -2$, $f'(\pi) = 2$;

(9) $y = 5(x-1)^4$;

(10) $-\dfrac{x}{\sqrt{1-x^2}}$.

3. (1) $6x + \dfrac{4}{x^3}$; (2) $12x^2 - \dfrac{1}{\sqrt{x}} - \dfrac{3}{x^4}$; (3) $\dfrac{3\sqrt{x}}{2} + 2$; (4) $\dfrac{8}{3}x^{\frac{5}{3}} + 3x^{-4}$;

(5) $\cos 2x$; (6) $\tan x + x\sec^2 x + \csc^2 x$; (7) $\dfrac{1-x^2}{(1+x^2)^2}$; (8) $-\dfrac{2}{x(1+\ln x)^2}$.

4. (1) $-3e^{-3x}$;

(2) $15(5x+2)^2$;

(3) $2\sin(1-2x)$;

(4) $\dfrac{4}{(\sqrt{4-x^2})^3}$;

(5) $\dfrac{1}{x\ln x}$; (6) $\dfrac{1}{2x}\left(1-\dfrac{1}{\sqrt{\ln x}}\right)$;

(7) $2\cos 2x + \sin 2x$;

(8) $e^{2x}(2\cos 3x - 3\sin 3x)$;

(9) $\dfrac{1}{|x|\sqrt{x^2-1}}$;

(10) $\dfrac{3}{\sqrt{1-9x^2}}$.

5. (1) $f'(-1)=10, f'(1)=10$;

(2) $f'(0)=0, f'(\pi)=-\pi^2$;

(3) $f'(e)=\dfrac{\sqrt{2}}{2e}$.

6. (1) $v = v_0 - gt$; (2) $t = \dfrac{v_0}{g}$.

课后训练 5.3

1. (1) √; (2) √; (3) ×; (4) ×.

2. (1) $\cos x$, $-\sin x$; (2) gt, g, g; (3) -1.

3. (1) $2\sec^2 x\tan x$; (2) $3^x \ln^2 3 - \dfrac{1}{x^2}$; (3) $2e^{x^2}(1+2x^2)$.

4. (1) 192; (2) 4.

课后训练 5.4

1. (1) √; (2) ×; (3) ×; (4) ×; (5) √; (6) ×.

2. (1) $x^3 + C$; (2) $\arctan x + C$; (3) $\sin 2x + C$; (4) $\sec x + C$;

(5) $\ln|x-1| + C$; (6) $-1/2$; (7) $-1/2$; (8) $1/2$; (9) 0.04; (10) -0.06.

3. (1) $(15x^2+4x)dx$; (2) $2\cos(2x+1)dx$;

(3) $\dfrac{-x}{\sqrt{1-x^2}}dx$; (4) $\dfrac{-1}{1+x^2}dx$;

(5) $\dfrac{2\ln 2x}{x}dx$; (6) $e^x(\sin 3x + 3\cos 3x)dx$.

课后训练 5.5

1. (1) ×; (2) ×; (3) ×; (4) ×; (5); (6) √.

2. （1）极小值 $y|_{x=2} = 2$；

(2) 极小值 $y|_{x=3} = -22$，极大值 $y|_{x=-1} = 10$；

(3) 极小值 $y|_{x=0} = 0$.

3. （1）最小值 $f(-1) = f(1) = 4$，最大值 $f(3) = 68$；

(2) 最小值 $f(-1) = -5$，最大值 $f(4) = 80$.

自测题 5

1. （1）$\log_2 x + \ln 2$；（2）$12x(2x^2-1)^2$；（3）$\dfrac{2}{\sqrt{1-4x^2}}$；（4）$\dfrac{\sec^2 x}{\tan x}$；

(5) $e^{2x}(2\sin 3x + 3\cos 3x)$；(6) $\dfrac{e^x(x^2-1)^2}{(x^2+1)^2}$；(7) $\dfrac{2x^2 y - y}{2xy^2 + x}$；(8) $x^x(\ln x + 1)$.

2. （1）$\dfrac{-1}{(x-1)^2}$. (2) $2\cos x - x\sin x$.

3. （1）$\dfrac{1}{2\sqrt{x+\sqrt{x}}}\left(1 + \dfrac{1}{2\sqrt{x}}\right)dx$；

(2) $\dfrac{2^x \ln 2}{1+2^x} dx$；

(3) $e^{-x}(1-x)dx$；

(4) $-2x\sin 2x^2 dx$.

4. $3dx$.

5. 在 $(1/2, +\infty)$ 单调递增，在 $(-\infty, 1/2)$ 递减，极小值 $f(1/2) = -27/16$.

6. 在房租定为每月 350 元时收益最大，最大收益为 10 890 元.

7. $R = r$.

课后训练 6.1

1. （1）$1 - \int_0^1 x^2 dx$；(2) $\int_0^\pi \sin x dx - \int_\pi^{2\pi} \sin x dx$；(3) $\int_{-1}^2 x^2 dx$.

2. （1）$1/2$；(2) $\dfrac{9}{4}\pi$.

课后训练 6.2

1. （1）√；(2) √；(3) ×；(4) ×.

2. （1）$\sqrt{1+x^2}$；(2) $e^{2x}\sin x^2 + c$.

3. （1）$-\dfrac{1}{x^3} + C$；(2) $-\dfrac{2}{\sqrt{x}} + C$；(3) $\dfrac{1}{2}x^2 + \dfrac{1}{3}x^3 - \dfrac{1}{4}x^4 + C$；

(4) $-\dfrac{1}{x} + \ln|x| - x + C$；(5) $\dfrac{3^x}{\ln 3} - \dfrac{\left(\dfrac{3}{2}\right)^x}{\ln \dfrac{3}{2}} + C$；(6) $\dfrac{1}{2}(x + \sin x) + C$.

4. $y = \dfrac{x^3}{3} + \dfrac{5}{3}$.

5. (1) 21/8; (2) π/3; (3) $e-2$; (4) $1-\pi/4$.

课后训练 6.3

1. (1) 1/3; (2) 1/2; (3) 1/2; (4) 2; (5) -1; (6) -1; (7) 1/3; (8) 1/2.

2. (1) ×; (2) ×; (3) ×; (4) ×.

3. (1) $\dfrac{(3x-1)^5}{15} + C$; (2) $-e^{-x} + C$;

   (3) $-\dfrac{1}{4(2x-1)^2} + C$; (4) $\dfrac{\ln^4 x}{4} + C$;

   (5) $-\sqrt{2-x^2} + C$; (6) $\dfrac{1}{2}\sin^2 x + C$;

   (7) $\dfrac{1}{2}\ln(1+e^{2x}) + C$; (8) $\dfrac{e^{x^3}}{3} + C$;

   (9) $\dfrac{1}{3}(\arctan x)^3 + C$; (10) $-\sin\dfrac{1}{x} + C$;

   (11) $\arctan(\sin x) + C$; (12) $\sin x - \dfrac{\sin^3 x}{3} + C$.

4. (1) 0; (2) -1; (3) 1/2; (4) 1/2;

   (5) $\dfrac{\pi}{8} + \dfrac{1}{4}$; (6) $e - \sqrt{e}$; (7) 1/4; (8) $\dfrac{\pi^2}{32}$.

课后训练 6.4

1. (1) $-e^{-x}(x+1) + C$; (2) $-\dfrac{1}{2}x\cos 2x + \dfrac{1}{4}\sin 2x + C$;

   (3) $(x+1)\ln(x+1) - x + C$; (4) $x^2 \sin x + 2x\cos 2x - 2\sin x + C$;

   (5) $x\arccos x - \sqrt{1-x^2} + C$; (6) 略.

2. (1) $\dfrac{\pi}{2} - 1$; (2) $\dfrac{1}{4} + \dfrac{e^2}{4}$; (3) $\dfrac{1}{4} + \dfrac{e^2}{4}$; (4) $\dfrac{\pi}{4} - \dfrac{\ln 2}{2}$.

课后训练 6.5

1. (1) 2; (2) $e + e^{-1} - 2$; (3) 5; (4) 1.

2. (1) $e - \dfrac{4}{3}$; (2) 5/12; (3) $1/2 + \ln 2$; (4) 32/3; (5) 9/2.

3. 0.882 焦.

4. 9.8×10^7 焦.

5. 3.92×10^4 牛.

自测题 6

1. (1) ×; (2) ×; (3) ×; (4) √.

2. (1) C；(2) B；(3) C；(4) D；(5) A.

3. (1) $\dfrac{4}{7}x^{\frac{7}{4}}+C$；(2) $\arctan x + \dfrac{1}{2}\ln(1+x^2)+C$；

(3) $\dfrac{(2x-1)^7}{14}+C$；(4) $-\arctan(\cos x)+C$；

(5) $-\dfrac{e^{-2x}(2x+1)}{4}+C$；(6) $1/3$；(7) $\dfrac{\pi}{12}+\dfrac{\sqrt{3}}{2}-1$.

4. $2\sqrt{2}-2$.

5. 7.693×10^7 焦.

6. 6.816×10^7 牛.

课后训练 7.1

1. (1) 一阶微分方程，是线性微分方程；
(2) 一阶微分方程，不是线性微分方程；
(3) 一阶微分方程，不是线性微分方程；
(4) 四阶微分方程，是线性微分方程；
(5) 二阶微分方程，是线性微分方程；
(6) 一阶微分方程，是线性微分方程.

2. 略.

3. 略.

4. 略.

5. $\dfrac{\mathrm{d}i}{\mathrm{d}t}+i=11\sin 35t$.

课后训练 7.2

1. (1) 是可分离变量的微分方程；(2) 两者都不是；
(3) 是一阶线性微分方程；(4) 是一阶线性微分方程.

2. (1) $y=\dfrac{3}{2}x^2+C$ （C 是任意常数）；

(2) $y=Cx^2$ （C 是任意常数）；

(3) $y=Ce^{-x^2}$ （C 是任意常数）；

(4) $u=Ce^{\frac{1}{3}t^3}$ （C 是任意常数）；

(5) $y=\dfrac{1}{x}\sin x+\dfrac{C}{x}$ （C 是任意常数）；

(6) $y=2+Ce^{-x^2}$ （C 是任意常数）；

(7) $y=\dfrac{x^3}{5}+\dfrac{x^2}{2}+C$；

(8) $y^3+e^y=\sin x+C$；

(9) $y = e^{Cx}$;

(10) $y = (x + C)e^{-x}$;

(11) $y = -\cos x + \dfrac{\sin x}{x} + \dfrac{C}{x}$;

(12) $y = C\cos x + \sin x$;

(13) $y = x^2(1 - e^{\frac{1}{x}-1})$;

(14) $y = 3e^x + 2(x-1)e^{2x}$.

3. (1) $y = Ce^x - \dfrac{1}{2}(\sin x + \cos x)$;

(2) $i = Ce^{-3t} + \dfrac{1}{5}e^{2t}$;

(3) $s = Ce^{-\sin t} + \sin t - 1$;

(4) $y = x^n(e^x + C)$;

(5) $y = x^2(1 + Ce^{\frac{1}{x}})$.

4. $i(t) = e^{-5t} + 2\sin 5t - 2\cos 5t$.

课后训练 7-3

1. (1) 线性相关;(2) 线性无关;(3) 线性无关;(4) 线性无关.
2. 略.
3. 略.
4. 略.
5. (1) $y = C_1 e^{-2x} + C_2 e^x$;

(2) $y = C_1 \cos x + C_2 \sin x$;

(3) $y = C_1 + C_2 e^{4x}$;

(4) $y = (C_1 + C_2 x)e^{\frac{5}{2}x}$;

(5) $y = e^{2x}(C_1 \cos 3x + C_2 \sin 3x)$;

(6) $x = C_1 e^{-\frac{1}{2}t}\cos\dfrac{\sqrt{3}}{2}t + C_2 e^{-\frac{1}{2}t}\sin\dfrac{\sqrt{3}}{2}t$;

(7) $x = C_1 e^{-2t} + C_2 e^{-5t}$.

6. (1) $y = 2(1+x)e^{-\frac{1}{2}x}$;

(2) $y = e^{-x} - e^{4x}$;

(3) $y = 2\cos 5x + \sin 5x$.

7. $U_C = E(1 - e^{-\frac{t}{RC}})$.

自测题 7

1. (1) 2;(2) 1;(3) 二;(4) $\dfrac{dy}{dx} = -1 - \dfrac{y}{x}$;(5) $\dfrac{dy}{dx} = -\dfrac{x}{y}, y(0) = 1$.

2. (1) B; (2) B; (3) C; (4) B.
3. (1) $x^4 - y^4 = C$;
(2) $y = x(\ln|x| + 1)$;
(3) $y = C_1 e^x + C_2 e^{-x}$;
(4) $y = (C_1 \cos 3x + C_2 \sin 3x) e^{-x}$.
4. $y = \dfrac{1}{3} x^3 + 1$.
5. $M = M_0 e^{-kt}$.
6. $i = \dfrac{U_0}{R} e^{-\frac{t}{RC}}$.

参 考 文 献

[1] 姜启源. 数学模型（第2版）[M]. 北京：高等教育出版社，1993.

[2] 袁震东，蒋鲁敏，束金东. 数学建模简明教程 [M]. 上海：华东师范大学出版社，2002.

[3] 姜启源，谢金星，叶俊. 数学模型（第3版）[M]. 北京：高等教育出版社，2003.

[4] 张珠宝. 数学建模与数学实验 [M]. 北京：高等教育出版社，2005.

[5] 陆春桃，梁薇，梁宝兰. 高等数学：上册 [M]. 桂林：广西师范大学出版社，2010.

[6] 陆春桃，梁薇，梁宝兰. 高等数学：下册 [M]. 桂林：广西师范大学出版社，2010.

[7] 石博强，滕贵法，李海鹏，郭立芳. MATLAB 数学计算范例教程 [M]. 北京：中国铁道出版社，2004.

[8] 薛长虹，于凯. 大学数学实验——MATLAB 应用篇 [M]. 成都：西南交通大学出版社，2003.

[9] 徐金明. MATLAB 实用教程 [M]. 北京：清华大学出版社；北京交通大学出版社，2005.

[10] 张圣勤. MATLAB 7.0 实用教程 [M]. 北京：机械工业出版社，2006.

[11] 华东师范大学数学系. 数学分析：下册 [M]. 北京：人民教育出版社，1983.

[12] 陆庆乐. 高等数学：下册 [M]. 西安：西安交通大学出版社，1998.

[13] 尹清杰，朱维栩. 应用数学基础 [M]. 北京：机械工业出版社，2004.

[14] 韦建良. 工程数学 [M]. 桂林：广西师范大学出版社，1999.

[15] 林知秋，舒为清. 电路基础 [M]. 南昌：江西高校出版社，2004.